"十三五"示范性高职院校建设成果教材

模具学

主 编 孙晓林 范 宁

北京理工大学出版社

BEIJING INSTITUTE OF TECHNOLOGY PRESS

内容简介

本书系统地介绍了模具基础知识、端盖冲压工艺与冲压模设计、壳体塑料成型工艺与模具设计、模具零件加工与装配训练，结合近年来模具技术的发展，积极吸纳新技术，力求知识新而实用。本书注重理论知识的应用性、专业技术的针对性及实用性，体现了先进性。另外，本书最大特点是通过大量的生产实例来培养高职学生综合分析和解决问题的能力，强调了专业知识的综合应用性。

本书是高等职业技术院校模具专业教学用书，也可供机械类其他专业选用，还可供从事模具设计与制造的工程技术人员参考。

图书在版编目（CIP）数据

模具学/孙晓林，范宁主编. —北京：北京理工大学出版社，2017.1（2017.2 重印）
ISBN 978 - 7 - 5682 - 3621 - 8

Ⅰ.①模…　Ⅱ.①孙…②范…　Ⅲ.①模具 - 设计　Ⅳ.①TG76

中国版本图书馆 CIP 数据核字（2017）第 018238 号

出版发行 / 北京理工大学出版社有限责任公司
社　　址 / 北京市海淀区中关村南大街 5 号
邮　　编 / 100081
电　　话 / (010) 68914775（总编室）
　　　　　 (010) 82562903（教材售后服务热线）
　　　　　 (010) 68948351（其他图书服务热线）
网　　址 / http：//www. bitpress. com. cn
经　　销 / 全国各地新华书店
印　　刷 / 北京泽宇印刷有限公司
开　　本 / 787 毫米 × 1092 毫米　1/16
印　　张 / 21　　　　　　　　　　　　　　责任编辑 / 封　雪
字　　数 / 493 千字　　　　　　　　　　　文案编辑 / 封　雪
版　　次 / 2017 年 1 月第 1 版　2017 年 2 月第 2 次印刷　责任校对 / 孟祥敬
定　　价 / 48. 00 元　　　　　　　　　　　责任印制 / 马振武

前　言

　　本教材是以高职高专人才培养目标的要求作为指导思想，根据从事模具设计与制造的工程技术应用型人才的实际要求编写而成。主要面向高职高专院校，同时也适用于同等学力的职业教育和继续教育。

　　为适应新形势下高等职业教育教学的需求，本教材力求体现"实用、适用、先进"的编写原则和"通俗、精练、可操作"的编写风格。以学生就业所需的专业知识和技能作为着眼点，在适度的基础知识与理论体系覆盖下，培养学生分析与解决实际问题的能力。

　　全书共分为四个模块。内容包括模块一　模具基础知识认知、模块二　端盖冲压工艺与冲压模设计、模块三　壳体塑料成型工艺与模具设计、模块四　模具零件加工与装配训练。全书将工艺、设计、制造融为一体，内容力求理论联系实际，反映国内外先进水平，适应高职教学要求，旨在培养高职学生综合分析和解决问题的能力，强调了专业知识的综合应用性。采用实例教学法，选编了各种实际应用中的例子，用较大篇幅介绍典型模具的设计示例，在每个示例里都安排了工艺分析、主要设计方法和步骤、模具结构分析和主要零部件设计等，从而体现出高等职业教育的实用性、灵活性、快捷性、适应性等特点。

　　本教材注重理论知识的应用性、专业技术的针对性和实用性。又因为模具技术是一门综合性很强的学科，发展迅速，所以本书力求知识新而实用，结合近年来模具技术的发展，积极吸纳新技术，体现先进性，因此，在模块三中介绍了气辅注射成型工艺与模具设计和热流道模具的设计。

　　为了方便学生学习，使其在学习中抓住重点并提高思考问题的能力，在每个项目结束后均有"学习小结"，在每个模块结束后均有"思考与练习"，便于学生巩固所学知识。

　　本教材根据模具课程教学大纲编写而成，是高等职业技术院校模具专业教学用书，但不同学校教学情况存在差异，各校可根据课程教学大纲对教学内容进行适当调整。

　　本教材由辽宁建筑职业学院孙晓林和范宁主编。在编写过程中，参阅了多种同类教材、著作和杂志，在此特向广大著者致谢。

　　由于编者水平有限，书中错误缺点在所难免，恳请广大读者批评指正。

编　者

2015 年 08 月

Contents 目 录

目 录　　　*Contents*

Contents   目　录

目 录

模块一 模具基础知识认知

●知识目标

1. 理解模具的定义、分类、特点及应用
2. 了解模具在现代制造业中的地位、模具工业的发展现状及模具工业的发展趋势
3. 理解模具标准化意义
4. 掌握常用模具材料、热处理及其选用

●技能目标

1. 初步了解模具结构、模具工作过程、不同模具产品的特点
2. 了解模具在现代制造业中的地位、发展现状及发展趋势
3. 掌握模具标准件的选用
4. 掌握模具材料的选用原则
5. 能够根据不同模具零件性能要求选择热处理方法

模具制造业作为现代制造业的基础和重要组成部分，现已成为国家经济建设中的朝阳产业和重要的支柱产业，在国民经济发展中发挥着越来越重要的作用。模具生产技术水平甚至成为衡量一个国家机械制造技术水平的重要标志之一。

●知识准备

项目一 模具的定义、分类及特点认知

任务一 模具的定义

模具是工业产品生产用的工艺装备，主要应用于制造业和加工业。它是和冲压、锻造、铸造成型机械，同时和塑料、橡胶、陶瓷等非金属材料制品成型加工用的成型机械相配套，作为成形工具来使用的。

一、模具的定义

模具是制造一定数量产品的专用模型、工具。其定义见表 1 - 1。

表 1 - 1 模具定义

模型、工具	模具既是制作零件（或坯件）用的模型，又是其工具，它是一种工艺装置，工艺装置也是产品或商品
专用	模具有汽车模具、电视机壳模具、洗衣机内筒模具、垫圈冲模、曲轴锻模等，实际上是一副模具一种用途，不同于车床、活动扳手那样可以通用
一定数量	用模具生产的产品数量，有试制、小批量、中批量、大批量之分，还有多品种、小批量的概念
制造	确切地说，模具是通过对原材料的成型加工来制造产品零件的，属于制造业范畴；模具本身要制造出来，为此，先要进行（包括产品、工艺与模具结构）设计，然后制造出来，再用模具成型出所需的产品

二、模具学的含义

模具学是研究模具功能、结构及特点、设计理论与方法、加工制造及使用与保养的一门系统科学。它隶属于应用技术科学，是一门系统科学，是反映模具技术的本质和规律的知识体系。

三、模具技术主要内容

模具技术是一门系统工程技术，模具工程技术可分解出以下三个方面的技术内容。

（1）模具设计技术——包括产品设计、成型工艺设计、模具结构设计以及计算机辅助工艺设计（CAPP）和模具 CAD/CAE 技术；

（2）模具制造技术——包括模具零件的加工方法、精度和强度保证、成本核算以及利用计算机软件的测量、数控与加工中心的切削加工等模具 CAM 技术；

（3）模具使用与保养技术——包括模具操作、拆装、保养、组织管理等以及这方面的计算机辅助技术。

一般而言，人们所说的模具技术，是指模具设计技术。

任务二　模具的分类

总体上说模具可分为三大类：金属板材成型模具，如冲模等；金属体积成型模具，如锻（镦、挤压）模、压铸模等；非金属材料制品用成型模具，如塑料注射模和压缩模，橡胶制品、玻璃制品、陶瓷制品用成型模具等。

模具的具体分类方法很多，常用的有：

（1）按模具结构形式可分为冲模中的单工序模、复合模、级进模等；塑料成型模具中的压缩模、注射模、挤出模等。

（2）按模具使用对象可分为电工模具、汽车模具、电视机模具等。

（3）按模具材料可分为硬质合金模具和钢模等。

（4）按工艺性质可分为冲孔模，落料模，拉深模，弯曲模，塑料成型模具中的吸塑模、吹塑模等。

按照中国模具工业协会的划分，我国模具基本分为十大类，其中，冲压模和塑料成型模两大类占主要部分。本书将以冲模和注射模为重点介绍与模具有关的基本概念、基本理论与基本知识，以点带面，适当扩展以反映本领域的最新成果与发展趋势。

任务三　模具的特点及应用

每一类、每一种模具都有其特定的用途和使用方法及与其相配套的成型加工机床和设备。模具的功能和应用与模具类别、品种有着密切的关系。模具和产品零件的形状、尺寸大小、精度、材料、材料形式、表面状态、质量和生产批量等，都需吻合，要满足零件要求的技术条件，即每一个产品零件相对应的生产用模具，只能是一副或一套特定的模具。为适应模具不同的功能和用途，需进行创造性设计，因此模具结构形式多变，模具类别和品种繁多，并具有单件生产的特征。

一、模具的适应性强

针对产品零件的生产规模和生产形式，可采用不同结构和档次的模具与之相适应。

二、制件的互换性好

在模具一定使用寿命范围内，合格制件（冲件、塑件、锻件等）的相似性好，可完全互换。

三、生产效率高、低耗

采用模具成形加工，产品零件的生产效率高、消耗低。

四、社会效益高

模具是现代工业生产中广泛应用的优质、高效、低耗、适应性很强的生产技术装置，或称成型工具、成型工装产品。模具是技术含量高、附加值高、使用广泛的新技术产品，是价值很高的社会财富。

【学习小结】

（1）模具具有高效、节材、成本低、保证质量等优点，是工业生产的重要手段和工艺发展方向。

（2）科学地对模具进行分类，对有计划地发展模具工业、系统地研究和开发模具生产技术研究和制定模具技术标准、实现专业化生产，都具有重要意义。

项目二　模具发展

任务一　模具在现代制造业中的地位

一、模具和模具工业的评价

模具生产技术水平，已成为衡量一个国家产品制造水平的重要标志，因为模具在很大程度上决定着产品的质量、效益和新产品的开发能力。

在20世纪中期甚至更早，国外就已经出现很多对模具及模具工业的高度评价与精辟的比喻，例如："模具是美国工业的基石"（美国），"模具是促进社会繁荣富强的原动力"（日本），"模具工业是金属加工的帝王"（德国），"模具是黄金"（东欧），等等。在20世纪末，中国开始认识到模具的重要性，做出了科学的评价："模具工业是现代工业之母。"

二、模具在现代制造业中的地位

在电子、汽车、电机、电器、仪器、仪表、家电和通信等产品中，60%～80%的零部件都要依靠模具成形。用模具生产制件所具备的高精度、高复杂程度、高一致性、高生产率和低消耗，是其他加工制造方法所不能比拟的。模具又是"效益放大器"，用模具生产的最终产品的价值，往往是模具自身价值的几十倍，甚至上百倍。

三、模具在国民经济中的地位

国民经济的很多行业需要用模具进行生产制造，模具在制造业中起着极为重要的作用。

在工业化国家中，从20世纪70年代起，模具工业总产值就开始超过了机床工业总产值，并开始从机床工业或机械工业中分离出来；20世纪80年代末，模具工业已经摆脱了从属地位而发展成为独立的国民经济基础产业。

任务二　模具工业的发展现状

一、模具行业

在世界上大多数国家和地区，模具及模具工业早已成为一个行业，有专门的行业组织机构指导和推动模具工业的发展。比如日本有"绿色成型技术交流协会"，中国台湾地区有"台湾模具工业同业公会"，中国大陆有"中国模具工业协会"，各省市均有其分会。模具行业已成为一个大行业，仅我国的模具企业已达数万个。

二、国家重视程度

1. 模具技术的研发

工业化国家及它们的模具企业，非常重视模具技术的研发工作，有各类模具技术研究机构，模具技术的创新工作从未停止，并总是置于生产和经营的首位，促进了模具技术水平的提高。

2. 模具技术人员的培养

工业发达国家很重视对模具技术人员的培养，采取了包括高等院校培养等很多方法和措施。我国的高等院校培养模具技术人员，以前主要是通过设立锻压专业和铸造专业，现今是通过设立材料成形与控制工程等专业进行的。

3. 政策支持

从 20 世纪后期开始，我国对模具技术和模具工业的发展十分重视，政府陆续推出了很多扶植的政策。

从"九五"开始，国家对 80 多家国有专业模具厂实行增值税返还 70% 的政策；"十五"期间，享受此优惠政策的企业已扩大到 160 家，不仅有国有、集体企业，还有私有和个体企业；"十一五"期间，政府进一步促进模具行业的体制改革，制定相关法规、法则，继续推动模具工业的发展。

三、我国模具工业的发展现状

1. 模具工业协会

1984 年成立的中国模具工业协会（各省、市、区及有关行业均有其相应的模具工业协会），是中国机械工业成立最早的行业协会之一，是模具行业的组织领导、协调推动机构。

2. 我国模具工业的发展

我国模具工业总产值一直是逐年递增的。从 1997 年起，其年产值已开始超过机床工业总产值。20 世纪末以来，我国模具工业总产值稳居亚洲第二，但进口模具仍为亚洲乃至世界第一。迄今为止，我国模具自主独立技术及模具工业总体技术水平仍与世界上发达国家有较大差距。

目前我国模具技术含量低，高精度、高自动化的高档模具比重很小，而中低档模具比重很大，近年来，在培养高级模具技术人员的同时，正在大力培养模具技工、技师。

任务三 模具工业的发展趋势

一、模具 CAD/CAE/CAM 正向集成化、三维化、智能化和网络化方向发展

1. 模具软件功能集成化

集成化程度较高的软件包括：Pro/ENGINEER、UG 和 CATIA 等。

2. 模具软件应用的网络化趋势

随着模具在企业竞争、合作、生产和管理等方面的全球化、国际化，以及计算机软硬件技术的迅速发展，在模具行业应用虚拟设计、敏捷制造技术变得既有必要，也有可能。

二、模具检测、加工设备向精密、高效和多功能方向发展

（1）模具检测设备日益精密、高效。

（2）出现高速铣削机床（HSM）。

（3）与模具相关的技术发展迅速。

①快速经济制模技术。缩短产品开发周期是在市场竞争中取胜的有效手段之一。与传统模具业务技术相比，快速经济制模技术具有制模周期短、成本较低的特点，精度和寿命又能满足生产需求，是综合经济效益比较显著的模具制造技术。

②模具毛坯快速制造技术。模具毛坯快速制造技术主要有干砂实型铸造、负压实型铸造、树脂砂实型铸造及失蜡精铸等技术。

③其他方面技术。其他方面技术有冷挤压及超塑成型制模技术，无模多点成型技术，采用氮气弹簧压边、卸料、快速换模技术，冲压单元组合技术，刃口堆焊技术及实型铸造冲模刃口镶块技术等。

三、模具材料及表面处理技术发展迅速

模具工业要提高水平，材料应用是关键。因选材和用材不当，致使模具过早失效，大约占失效模具的45%以上。

四、模具工业新工艺、新理念和新模式逐步得到了认同

在成型工艺方面，主要有冲压模具功能复合化技术、超塑性成型技术、塑性精密成型技术、塑料模气体辅助注射技术及热流道技术、高压注射成型技术等。随着先进制造技术的不断发展和模具行业整体水平的提高，在模具行业出现了一些新的设计、生产、管理理念与模式。

【学习小结】

（1）模具是工业生产中的基础工艺装备，是一种高附加值的精密型产品，也是高新技术产业的重要领域，其技术水平已经成为衡量一个国家制造业水平的重要标志。

（2）目前我国的模具工业技术水平参差不齐，总体上与工业发达国家及地区的先进水平相比，还有较大差距。

（3）模具工业广泛采用现代先进制造技术来促进模具工业的技术进步。

项目三　模具标准、材料热处理及其选用

任务一　模具标准化及标准件

为提高质量、性能、精度和生产效率，缩短制造周期，模具零部件（又称模具组合）多由标准零部件组成。所以，模具应属于标准化程度较高的产品。

一、模具标准化

1. 标准化在模具工业建设中的意义

（1）标准化可提高模具使用性能和质量。

（2）标准化可大幅度节约工时和原材料，缩短生产周期。

（3）标准化是采用现代化生产技术的基础。

（4）标准化可提高企业效益。

2. 模具技术标准

1）模具技术标准分类

模具技术标准共分 4 类：模具产品标准（含标准零部件标准等）、模具工艺质量标准（含技术条件标准等）、模具基础标准（含名词术语标准等）和相关标准。

2）模具标准体系

模具标准体系由全国模具标准化技术委员会制定，模具体系表分 4 层。第 1 层：模具；第 2 层：模具类别（10 大类）、模具名称；第 3 层：每类模具须制定的标准类别，包括基础标准、产品标准、工艺与质量标准、相关标准共 4 类标准的名称；第 4 层：在每类模具及其标准类别下，列出具体须制定的模具标准项目系列及其名称。

二、模具标准件

1. 冷冲模具标准件

1）冷冲模标准件

冷冲模常用的标准件有凹模板、模板、模柄、凹模、挡料销、推杆、导正销等。

2）冷冲模标准模架

模架由上、下模座和导向零件组成，是整副模具的骨架，模具的全部零件都固定在它的上面，并承受冲压过程的全部载荷。模架及其组成零件已经标准化，并对其规定了一定的技术条件。常用的模架为导柱模架，其基本形式如图 1-1 所示。

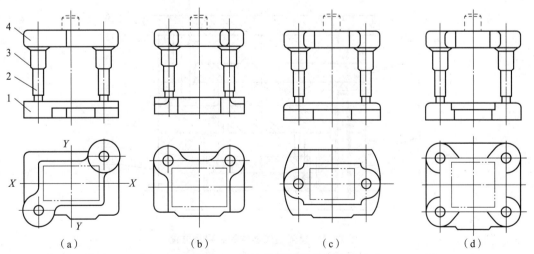

（a）　　　　　　（b）　　　　　　（c）　　　　　　（d）

图 1-1　导柱模架的基本形式

1—下模座；2—导柱；3—导套；4—上模座

2. 塑料注射模具标准件

1）塑料注射模标准件

塑料模的国家标准目前已发布和实施的有 6 种，见表 1-2。

表 1-2　有关塑料模的国家标准

序号	标准名称	标准号
1	塑料注射模具零件	GB/T 4169—1984
2	塑料注射模具零件技术条件	GB/T 4170—1984
3	塑料注射模具术语	GB/T 8846—1988
4	塑料注射模具零件技术条件	GB/T 12554—1990
5	塑料注射模大型模架	GB/T 12555—1990
6	塑料注射模中小型模架及技术条件	GB/T 12556—1990

该标准有 11 个通用零件，主要包括注射模中的推出、导向、定位和模块、模板等。这些零件之间具有相互配合关系，其尺寸范围适用于中小型模架的配套组装。设计模具时应按标准选用标准模架和通用零件。

2）塑料注射模标准模架

模架组成零件的名称及位置如图 1-2 所示。模架以模具所采用的浇注形式、制件脱模方法和定模动模组成分为基本型和派生型两类。标准中规定，中小型模架的周界尺寸范围为小于 560 mm×900 mm，并规定其模架结构型式为 4 种型号，即基本型，A1、A2、A3、A4 共 4 个品种；派生型，分为 P1 型到 P9 型 9 种，标准中还规定，以定模、动模座板有肩、无肩划分，又增加 13 个品种，共 26 个模架品种。模架组合标准主要根据浇注形式，分型面数，塑件脱模方式和推板行程，定模和动模组合形式来确定。因此，塑料注射模架具备了模具的主要功能。

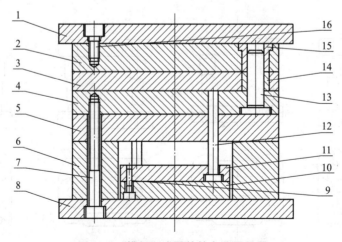

图 1-2　模架组成零件的名称及位置

1—定模座板；2—定模板；3—推件板；4—动模板；5—支承板；6—垫块；7, 9, 16—内六角螺钉；8—动模座板；
10—推板；11—推杆固定板；12—复位杆；13—带头导柱；14—直导套；15—带头导套

　　基本型组合以直接浇口（包括潜伏浇口）为主，其代号取 A，分 A1 型、A2 型、A3 型、A4 型 4 种，如图 1 - 3 所示。

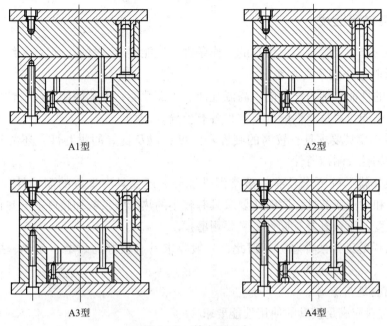

A1型　　　　　　　　　　　　　　A2型

A3型　　　　　　　　　　　　　　A4型

图 1 - 3　基本型组合

　　模架的派生型组合以点浇口和多分型面为主，其代号取 P，分为 P1 型到 P9 型 9 种。

任务二　常用模具材料、热处理及其选用

一、常用模具材料

　　根据工作条件的不同，模具材料可分为金属在常温（冷态）下成型的材料，称为冷作模具钢；在加热状态下成型的材料，称为热作模具钢。目前模具所用材料有各种碳素工具钢、合金工具钢、铸铁、硬质合金等。

二、模具热处理

　　一般来说，模具的使用寿命及其制件的质量，在很大程度上取决于热处理。热处理使其获得较高的硬度和较好的耐磨性，以及其他综合要求的力学性能。因此，在模具制造中，选用合理的热处理工艺尤为重要。

　　1. 普通热处理

　　普通热处理包括退火、正火、淬火、回火等工艺过程。

　　2. 表面热处理

　　表面热处理主要是化学表面处理法，包括渗碳、渗氮、渗硼、多元共渗、离子注入等。

　　3. 采用新的热处理

　　为提高热处理质量，做到硬度合理、均匀、无氧化、无脱碳、消除微裂纹，避免模具的偶

然失效，进一步挖掘材料的潜力，从而延长模具的正常使用寿命，可采用一些新的热处理工艺，如组织预处理、真空热处理、冰冷处理、高温淬火＋高温回火、低温淬火、表面强化等。

三、模具材料选用

模具材料的选用要综合考虑模具的工作条件、性能要求、材质、形状和结构。

1. 模具材料的一般性能要求

模具材料的性能包括力学性能、高温性能、表面性能、工艺性能及经济性能等。各种模具的工作条件不同，对材料性能的要求也各有差异。

（1）对冷作模具要求具有较高的硬度和强度，以及良好的耐磨性，还要具有高的抗压强度和良好的韧性及耐疲劳性。

（2）对热作模具除要求具有一般常温性能外，还要具有良好的耐蚀性、回火稳定性、抗高温氧化性和耐热疲劳性，同时还要求具有较小的热膨胀系数和较好的导热性，模腔表面要有足够的硬度，而且既要有韧性，又要耐磨损。

（3）压铸模的工作条件恶劣，因此，一般要求具有较好的耐磨、耐热、抗压缩、抗氧化性能等。

2. 模具材料选用原则

1）模具材料应满足模具的使用性能要求

选用模具材料时，主要从工作条件、模具结构、产品形状和尺寸、生产批量等方面加以综合考虑，确定材料应具有的性能。凡形状复杂、尺寸精度要求高的模具，应选用低变形材料；承受大载荷的模具，应选用高强度材料；承受大冲击载荷的模具，应选用韧性好的材料。

2）模具材料应具有良好的工艺性能

模具材料一般应具有良好的可锻性、切削加工与热处理等性能。对于尺寸较大、精度较高的重要模具，还要求具有较好的淬透性、较低的过热敏感性以及较小的氧化脱碳和淬火变形倾向。

3）模具材料要考虑经济性和市场性

在满足前两项要求的情况下，选用材料应尽可能考虑到价格低廉、来源广泛、供应方便等因素。

表1-3列出了各种注射模具材料的适用范围和热处理性能。

表1-3　各种注射模具材料的适用范围及热处理性能

模具零件	主要性能要求	材料	热处理	硬度
导柱、导套	表面耐磨，心部韧	1. 20、20Mn2B 2. T8A、T10A 3. 45钢	渗碳 表面淬火 调质加表面淬火	HRC≥55 HRC≥55 HRC≥55
型腔、型芯等	强度、表面耐磨、有时需耐腐蚀、淬火变形小	1. 9Mn2V、CrWMn、9CrSi、Cr12 2. 3Cr2W8V 3. T8A、T10A（主要用于小型腔和小型芯） 4. 45钢、45Mn2、40MnB、40MnVB 5. 球墨铸铁 6. 铸造铝合金 7. 10、15、20钢，锻造铝合金	淬火加低温回火 淬火加中温回火 淬火加低温回火 调质 正火或退火 采用冷挤压工艺	HRC≥55 HRC≥46 HRC≥55 HB≤240 正火 HB≥240 退火 HB≥160

续表

模具零件	主要性能要求	材料	热处理	硬度
浇口套等	表面耐磨、有时需耐腐蚀和热硬性、	1. T8A、T10A 2. 如型腔的各种合金钢、45 钢、工具钢 3. 20 钢、20Mn2B	淬火加低温回火 表面淬火	HRC≥55 HRC≥55
顶出杆、拉杆等	一定的强度及耐磨性	1. T8A、T10A 2. 45 钢	淬火加低温回火（端部淬火） 端部淬火	HRC≥55 HRC≥55
各种模板、顶出板、固定板、模脚等	一定的强度	1. 45、45Mn2、40MnB、40MnVB 2. A3 ~ A6 3. 球墨铸铁 4. HT20 ~ 40（只用于模脚）	调质 正火	HB≥200
螺钉等	一般强度	1. 45 钢 2. A3 ~ A5		

【学习小结】

（1）我国的模具标准件生产在 20 世纪 80 年代初才形成小规模，标准化程度和水平不高，从市场上能配到的标准件只有 30 个品种，且仅限于中小规格。

（2）根据模具工作条件的不同，模具材料可分为冷作模具钢和热作模具钢及压铸模具钢。

（3）模具的使用寿命及其制件的质量，在很大程度上取决于热处理的效果。

（4）模具材料的选用要综合考虑模具的工作条件、性能要求、材质、形状和结构。

【思考与练习】

1. 模具分类有哪几种划分方法，各可以分成哪些种类？
2. 模具标准化有什么意义？
3. 模具热处理方法有哪些？
4. 简述模具材料的选用原则。

模块二 端盖冲压工艺与冲压模设计

●知识目标

1. 理解冲压工艺的特点、类型
2. 理解冲压常用材料
3. 掌握常用冲压设备及选用
4. 了解冲压模具设计步骤
5. 掌握冲裁工艺与冲裁模设计
6. 掌握拉深工艺与拉深模设计
7. 掌握弯曲工艺与拉深模设计
8. 了解其他冲压工艺（挤压、翻边、胀形、缩口）
9. 掌握典型冷冲模实例设计

●技能目标

1. 能分析常用冲压工艺成形方法
2. 能根据冲压件特点选择常用材料
3. 能正确选择冲压设备
4. 具备设计简单冲裁模的能力
5. 具备计算拉深工艺主要参数的能力
6. 能分析金属拉深过程、流动情况
7. 能设计简单复合模的能力

　　冲压主要用于加工金属板料零件。冲压工艺的应用范围十分广泛，在飞机、汽车、电机、电器、仪表以及轻工等行业中均占有相当大的比例。

●任务描述

　　如图 2 - 1 所示的端盖为冲压模具生产的零件，材料为 10 钢，板料厚度 $t = 1.5$ mm。试分析如何设计生产该零件的模具。

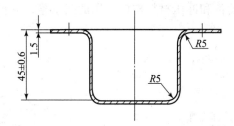

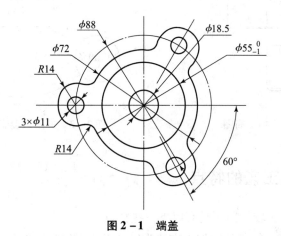

图 2-1　端盖

●任务分析

要正确设计生产图 2-1 所示端盖的冲压模具，就要掌握冲压的相关知识。本模块的主要内容包括冲压过程中的板料变形情况、冲压工艺分析及工艺参数设计、冲压模的典型结构等。

●知识准备

项目一　冲压及冲压工艺基础知识

任务一　冲压的概念

冲压是利用安装在冲压设备（主要是压力机）上的模具对材料施加压力，使其产生分离或塑性变形，从而获得所需零件（俗称冲压件或冲件）的一种压力加工方法。

如图 2-2 所示为冲压加工简图，平板毛坯在拉深凸模和凹模压力的作用下，冲制出开口空心的筒形件。

冲压工艺与模具、冲压设备和冲压材料构成冲压的三要素，它们之间的相互关系，如图 2 - 3 所示。

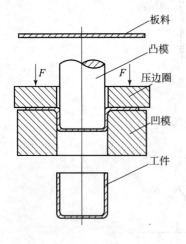

图 2 - 2　冲压加工简图

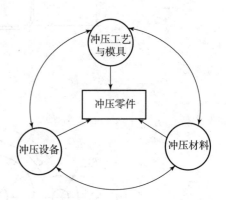

图 2 - 3　冲压三要素之间的关系

任务二　冲压工艺的特点

与其他加工方法相比较，冲压具有以下一些特点：

（1）冲压工艺能够获得其他的加工方法难以加工或无法加工的形状复杂的制件；

（2）加工的制件尺寸稳定、互换性好，尺寸精度高，一般可达 IT14 ~ IT10 级，最高可达 IT6 级；

（3）材料的利用率高、废料少且加工后的制件强度高、刚度好、重量轻；

（4）操作简单，生产过程易于实现机械化和自动化，生产效率高；

（5）在大批量生产的条件下，冲压制件成本较低。

但由于模具制造周期长、费用高，因此，冲压加工在小批量生产中的应用受到一定限制。

任务三　冲压工艺的类型

由于零件形状、尺寸、精度、批量要求和原材料性能等的不同，冷冲压加工的方法也多种多样，概括起来主要有以下几种分类方法：

一、分离工序

分离工序是指将冲压件或毛坯沿一定的轮廓相互分离，从而形成一定形状的零件。分离工序主要包括落料、冲孔、切断、切边、剖切、切舌等，见表 2 - 1。

二、变形工序

变形工序是指在材料不产生破坏的前提下使毛坯发生塑性变形，使之成为所需要形状及尺寸的制件。变形工序主要包括弯曲、拉深、起伏和冷挤压等，见表2-2。

表2-1 分离工序

工序名称	工序简图	工序特点及应用范围
落料	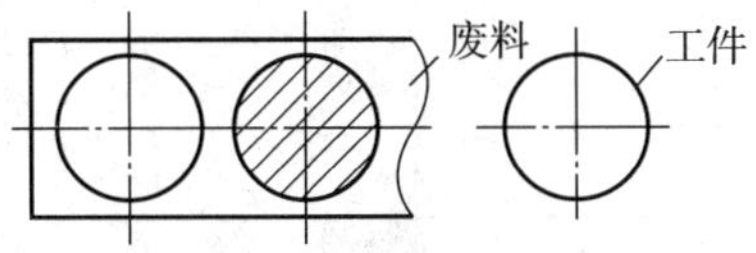	将板料沿封闭轮廓分离，冲下部分是工件
冲孔	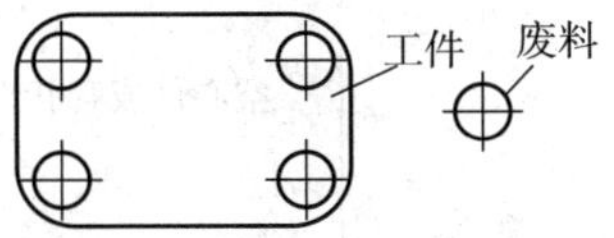	将板料沿封闭轮廓分离，冲下部分是废料
切断	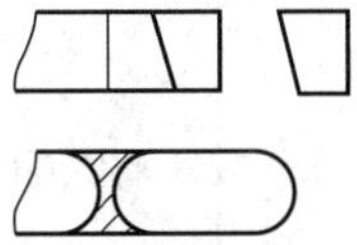	将板料沿不封闭轮廓分离
切边	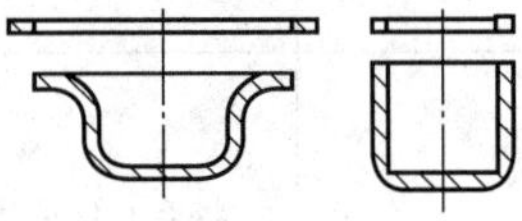	将工件边缘的多余材料切下来
剖切	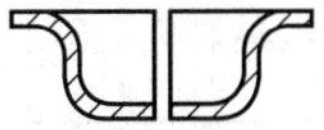	将冲压成形的半成品切开成为两个或两个以上工件
切舌	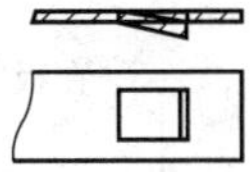	沿不封闭轮廓将部分板料切开并使其下弯

表2-2 变形工序

工序名称	工序简图	工序特点及应用范围
弯曲	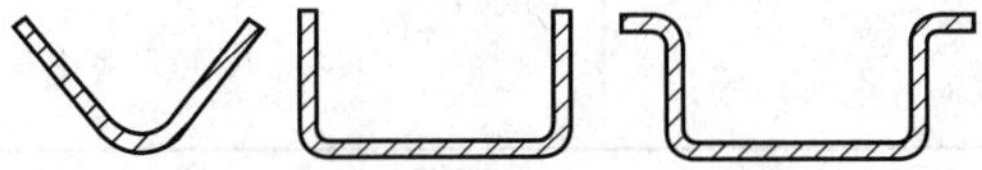	将板料沿弯曲线弯成各种角度和形状
卷边	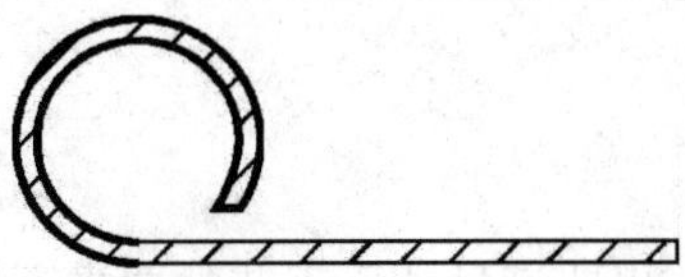	将板料端部弯成接近封闭的圆筒形
拉深	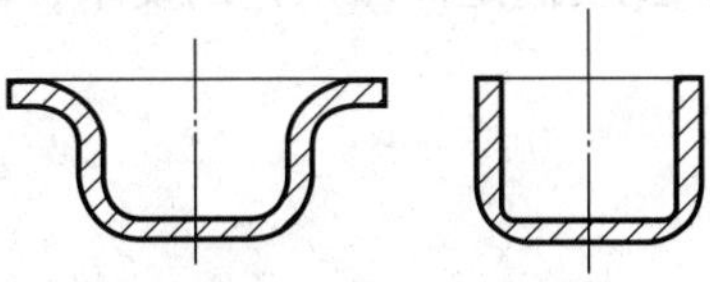	将板料毛坯冲制成各种开口空心件

工序名称	工序简图	工序特点及应用范围
翻边		将工件上的孔边缘或外缘翻成竖立的直边
缩口		空心件或管状毛坯的径向尺寸缩小
扩口		将空心件或管状毛坯的端部径向尺寸扩大
胀形		将空心件或管状毛坯的局部向外扩张，胀出所需要的凸起曲面
起伏		在板料或工件表面上制成各种形状的起伏
冷挤压		使金属沿凸、凹模间隙或凹模模口流动，从而使厚毛坯转变为薄壁空心件或横断面不等的半成品

任务四　冲压常用材料

冲压材料的选择既要符合产品使用性能，也要满足冲压工艺的要求，因此，选用合适的冲压材料是生产冲压件的重要条件之一。

一、冲压材料的基本要求

冲压所用的材料不仅要满足使用要求，还应满足冲压工艺要求和后续加工要求。

二、冲压材料的种类

冲压生产最常用的材料是金属材料，有时也用非金属材料。常用的金属材料分黑色金属和有色金属两种。

三、冲压材料的规格

冲压用金属材料大部分都是各种规格的板料和带料。

四、冲压材料的合理选用

1. 按冲压件的使用要求合理选择材料

所选择的材料应能使冲压件在机器或部件中正常工作，并具有一定的使用寿命。为此，应根据冲压件的使用条件，使所选择的材料满足相应的强度、刚度、韧性和耐蚀性等方面的要求。

2. 按冲压工艺要求合理选择材料

对于一个冲压件，所选择的材料应能够按照其冲压工艺要求，稳定地成形出不致开裂和起皱的合格产品，这是对材料最基本也是最重要的要求。

任务五　常用冲压设备及选用

一、冲压设备的分类

冲压设备按机身结构可分为开式压力机及闭式压力机，如图2-4所示。

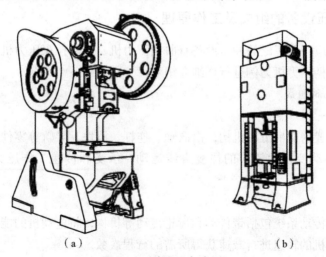

（a）　　　　　　　　　　　（b）

图2-4　冲压设备类型

（a）开式双柱可倾压力机；（b）闭式压力机

二、冲压设备的代号

我国锻压机械的分类和代号，见表2-3。

表2-3 我国锻压机械的分类和代号

序号	类别名称	汉语简称及拼音	拼音代号
1	机械压力机	机 ji	J
2	液压机	液 ye	Y
3	自动锻压机	自 zi	Z
4	锤	锤 chui	C
5	锻机	锻 duan	D
6	剪切机	切 qie	Q
7	弯曲校正机	弯 wan	W
8	其他	他 ta	T

例如：型号为 JB23 - 63A 锻压机械的代号说明。

J——类代号，指机械压力机；

B——同一型号产品的变型顺序号，指第二种变型；

2——组代号；

3——型代号；

63——主参数，公称压力为 630 kN；

A——产品重大改进顺序号，第一次改进号。

三、典型冲压设备的组成及工作原理

实际生产中，应用最广泛的冲压设备有曲柄压力机、双动拉深压力机、螺旋压力机和液压机等。下面以曲柄压力机为例进行详细介绍。

1. 曲柄压力机的组成

1）工作机构

曲柄压力机一般为曲柄滑块机构，由曲轴、连杆、滑块、导轨等零件组成。其作用是将传动系统的旋转运动变换为滑块的往复直线运动；承受和传递工作压力；在滑块上安装模具。

2）传动系统

曲柄压力机的传动系统包括带传动和齿轮传动等机构，将电动机的能量和运动传递给工作机构，并对电动机的转速进行减速获得所需的行程次数。

3）操纵系统

曲柄压力机的操纵系统有如离合器、制动器及其控制装置等，用来控制压力机安全、准确地运转。

4）能源系统

曲柄压力机的能源系统，如电动机和飞轮，能将电动机空程运转时的能量储存起来，在

冲压时再释放出来。

5）支承部件

曲柄压力机的支承部件，如机身，把压力机所有的机构连接起来，承受全部工作变形力和各种装置的各个部件的重力，并保证整机所要求的精度和强度。

此外还有各种辅助系统和附属装置，如润滑系统、顶件装置、保护装置、滑块平衡装置、安全装置等。辅助装置在曲柄压力机的正常工作中起着重要作用，可以使压力机安全运转，扩大工艺范围，提高生产率，降低工人劳动强度。

2. 曲柄压力机的工作原理

尽管曲柄压力机类型众多，但其工作原理和基本组成是相同的。开式双柱可倾式压力机的运动原理如图 2-5 所示。

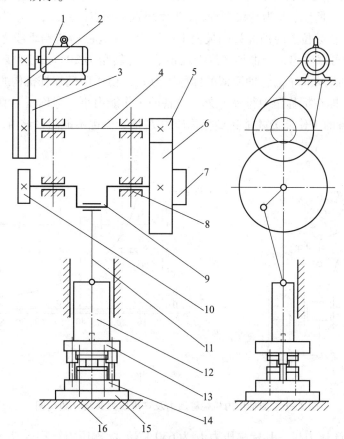

图 2-5　开式双柱可倾式压力机的运动原理

1—电动机；2—小带轮；3—大带轮；4—中间传动轴；5—小齿轮；6—大齿轮；7—离合器；8—机身；
9—曲轴；10—制动器；11—连杆；12—滑块；13—上模；14—下模；15—垫板；16—工作台

电动机 1 的能量和运动通过带传动传递给中间传动轴 4，再由小齿轮 5 和大齿轮 6 传动给曲轴 9，经连杆 11 带动滑块 12 做上下直线移动，因此曲轴的旋转运动通过连杆变为滑块的往复直线运动。将上模 13 固定于滑块上，下模 14 固定于工作台垫板 15 上，压力机便能对置于上、下模间的材料加压，依靠模具将其制成工件，实现压力加工。由于工艺需要，曲轴两端分别装有离合器 7 和制动器 10，以实现滑块的间歇运动或连续运动。压力机在整个工作周期内有负荷的工作时间很短，大部分时间为空程运动。为了使电动机的负荷均匀和有

效地利用能量，在传动轴端装有飞轮，起储能作用。该机上，大带轮 3 和大齿轮 6 均起飞轮的作用。

3. 曲柄压力机的主要技术参数

曲柄压力机的技术参数反映了压力机的性能指标。

1）标称压力 F_g 及标称压力行程 S_g

曲柄压力机标称压力（或称额定压力）F_g 就是滑块所允许承受的最大作用力，而滑块必须在到达下止点前某一特定距离之内允许承受标称压力，这一特定距离称为标称压力行程（或额定压力行程）S_g。标称压力行程所对应的曲轴转角称为标称压力角（或称额定压力角）α_g。

曲柄压力机滑块的压力在整个行程中不是一个常数，而是随曲轴转角的变化而不断变化，如图 2-6（a）所示，S 为滑块行程，x 为滑块距下死点的距离，F_{max} 为压力机的最大许用压力，F 为滑块在某位置时所允许的最大工作压力，α 为曲柄与铅垂线之间的夹角。从图 2-6（b）曲线中可以看出，当曲柄转到滑块距下死点转角为 20°～30° 中某一角度时，压力机的许用压力达到最大值 F_{max}，即所谓的标称压力 F_g。由于曲柄连杆机构的结构特征，F_g 与 S_g 是同时出现的，即在标称压力行程 S_g 外，设备的工作能力小于标称压力值，只有在标称压力行程 S_g 内，设备的工作能力才能达到标称压力 F_g 值，但也不能超过该值。

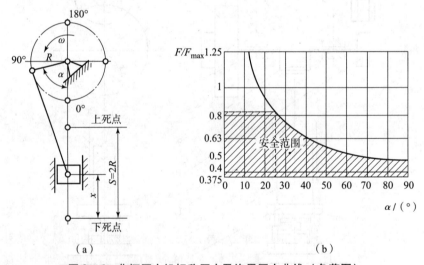

图 2-6　曲柄压力机标称压力及许用压力曲线（负荷图）

例如 JC23-63 压力机，其标称压力 F_g 为 630 kN，标称压力行程 S_g 为 8 mm，即指该压力机的滑块在离下止点前 8 mm 之内，滑块上允许承受的最大压力为 630 kN。

标称压力是压力机的主要技术参数，我国生产的压力机标称压力已系列化，如 160 kN、200 kN、250 kN、315 kN、400 kN、500 kN、630 kN、800 kN、1 000 kN、1 600 kN、2 500 kN、3 150 kN、4 000 kN、6 300 kN 等。

2）滑块行程

它是指滑块从上止点到下止点所经过的距离，等于曲柄偏心量的 2 倍。它的大小反映出压力机的工作范围。为满足生产实际需要，有些压力机的滑块行程做成可调节的。如 J11-50 压力机的滑块行程可在 10～90 mm 范围内调节，J23-10A、J23-10B 压力机的滑块行程均可在 16 ~ 140 mm 范围内调节。

3）滑块行程次数

它是指滑块每分钟往复运动的次数。如果是连续作业，它就是每分钟生产工件的个数。所以，行程次数越多，生产率越高。行程次数超过一定数值后，必须配备自动送料装置，否则不可能实现高生产率。

拉深加工时，行程次数越多，材料变形速度也越快，容易造成材料破裂报废，因此不能单纯追求高生产率而选择高行程次数。

4）最大装模高度及装模高度调节量

装模高度是指滑块在下止点时，滑块下表面的工作台垫板到上表面的距离。当装模高度调节装置将滑块调整到最高位置时，装模高度达到最大值，称为最大装模高度，如图 2 - 7 所示。滑块调整到最低位置时，得到最小装模高度。

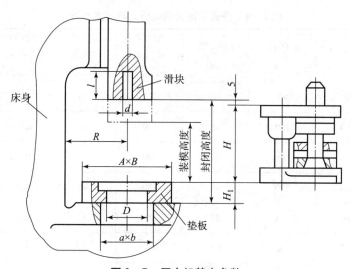

图 2 - 7 压力机基本参数

封闭高度是指滑块在下止点时，滑块下表面到工作台上表面的距离，它和装模高度之差等于工作台垫板的厚度。

装模高度和封闭高度均表示压力机所能使用的模具高度。模具的闭合高度应小于压力机的最大装模高度或最大封闭高度。装模高度调节装置所能调节的距离，称为装模高度调节量。例如，J31 - 315 压力机的最大装模高度为 500 mm，装模高度调节量为 250 mm，因此在设备上，除去极限位置的 5 mm，高度在 255 ~ 495 mm 的模具都可以正常安装及工作。

5）工作台板及滑块底面尺寸

它是指压力机工作空间的平面尺寸。工作台板（垫板）的上平面用"左右×前后"的尺寸表示，如图 2 - 7 中的 $A \times B$。滑块下平面，也用"左右×前后"的尺寸表示。闭式压力机，其滑块尺寸和工作台板的尺寸大致相同，而开式压力机滑块下平面尺寸则小于工作台板尺寸。所以，开式压力机所用模具的上模外形尺寸不宜大于滑块下平面尺寸，否则，当滑块在上止点时可能造成上模与压力机导轨干涉。

6）工作台孔尺寸

工作台孔尺寸 $a \times b$（左右×前后）、D（直径），如图 2 - 7 所示，为向下出料或安装顶

出装置的空间。

　　7）立柱间距和喉深

　　立柱间距是指双柱式压力机立柱内侧面之间的距离。对于开式压力机，其值主要关系到向后侧送料或出件机构的安装。对于闭式压力机，其值直接限制了模具和加工板料的最宽尺寸。

　　喉深 R 是开式压力机特有的参数，它是指滑块中心线至机身的前后方向的距离，如图2－7中的 R。喉深直接限制着加工件的尺寸，也与压力机机身的刚度有关。

　　8）模柄孔尺寸

　　模柄孔尺寸 $d \times l$ 是"直径×孔深"，冲模模柄尺寸应和模柄孔尺寸相适应。大型压力机没有模柄孔，而是开设T形槽，以T形槽螺钉紧固上模。

　　我国已制定出了通用曲柄压力机的技术参数标准，分别见表2－4、表2－5和表2－6。

表2－4　开式固定台曲柄压力机技术参数

型号	标称压力 /kN	滑块行程 /mm	行程次数/ (次·min^{-1})	最大装模高度 /mm	连杆调节长度 /mm	工作台尺寸 (前后×左右) / (mm×mm)	模柄孔尺寸 (直径×孔深) / (mm×mm)
J21－40	400	80	80	330	70	460×700	$\phi50\times70$
J21－63	630	100	45	400	80	480×710	
JB21－63	630	80	65	320	70	480×710	
J21－80	800	130	45	380	90	540×800	$\phi60\times75$
J21－80A	800	14~130	45	380	90	540×800	
JA21－100	1 000	130	38	480	100	710×1080	
JB21－100	1000	60~100	70	390	85	600×850	
J21－160	1 600	160	40	450	100	710×710	$\phi70\times80$
J29－160	1 600	117	40	450	80	650×1 000	
J29－160A	1 600	140	37	450	120	630×1 000	
J21－400	4 000	200	25	550	150	900×1 400	T形槽

表2－5　开式双柱可倾式曲柄压力机技术参数

型号	标称压力 /kN	滑块行程 /mm	行程次数 /(次·min^{-1})	最大装模高度 /mm	连杆调节长度 /mm	工作台尺寸 (前后×左右) / (mm×mm)	模柄孔尺寸 (直径×孔深) / (mm×mm)
J23－10A	100	60	145	180	35	240×360	$\phi30\times50$
J23－16	160	55	120	220	45	300×450	

续表

型号	标称压力/kN	滑块行程/mm	行程次数/（次·min⁻¹）	最大装模高度/mm	连杆调节长度/mm	工作台尺寸（前后×左右）/（mm×mm）	模柄孔尺寸（直径×孔深）/（mm×mm）
J23 – 25	250	65	55/105	270	55	370×560	φ50×70
JD23 – 25	250	10～100	55	270	50	370×560	φ50×70
J23 – 40	400	80	45/90	330	65	460×700	φ50×70
JC23 – 40	400	90	65	210	60	380×630	φ50×70
J23 – 63	630	130	50	360	80	480×170	φ50×70
JB23 – 63	630	100	40/80	400	80	570×860	φ50×70
JC23 – 63	630	120	50	360	80	480×710	φ50×70
J23 – 80	800	130	45	380	90	540×800	φ60×75
JB23 – 80	800	115	45	417	80	480×720	φ60×75
J23 – 100	1 000	130	38	480	100	710×1 080	φ60×75
J23 – 100A	1 000	10～140	45	400	45	600×900	φ60×75
JA23 – 100	1 000	150	60	430	60	710×1 080	φ60×75
J23 – 125	1250	130	38	480	110	710×1 080	φ60×75

表 2 – 6 闭式单点曲柄压力机技术参数

型号	标称压力/kN	滑块行程/mm	行程次数/（次·min⁻¹）	最大装模高度/mm	连杆调节长度/mm	工作台尺寸（前后×左右）/（mm×mm）	模柄孔尺寸（直径×孔深）/（mm×mm）
J31 – 100	1000	165	35	280	100	630×635	φ70×80
J31 – 120	1200	100	46	550	200	6 080×800	φ70×80
JA31 – 160A	1 600	160	32	480	120	790×710	
JA31 – 160B	1 600	160	32	480	120	790×710	
J31 – 250	2 500	315	20	630	200	990×950	φ70×100
JB31 – 250	2 500	190	28	560	140	900×850	φ70×100
JC31 – 250	2 500	200	28	460	160	900×850	φ70×100
J31 – 315	3150	315	20	630	200	1 100×1 100	φ70×100
JA31 – 315	3150	460	13	600	150	980×1 100	φ70×100

型号	标称压力 /kN	滑块行程 /mm	行程次数 /（次·min⁻¹）	最大装 模高度 /mm	连杆调 节长度 /mm	工作台尺寸 （前后×左右） /（mm×mm）	模柄孔尺寸 （直径×孔深） /（mm×mm）
J31 – 400	4 000	230	23	660	160	1 060×990	
J31 – 400A	4 000	400	20	710	250	1 250×1 200	
JS31 – 500	5 000	250	25	530	160	1 060×990	T形槽
J31 – 630	6 300	460	12	850	200	1 500×1 200	
J31 – 1250	12 500	500	10	110	250	1 900×1 820	
J31 – 1600	16 000	500	10	110	200	1 900×1 750	

四、其他类型的冲压设备

其他类型的冲压设备有双动拉深压力机、螺旋压力机、精冲压力机、高速压力机、双动拉深液压机等。

任务六　冲压模具设计步骤

冲压模具的一般设计的主要内容及步骤如下：

一、冲压工艺设计

1. 冲压零件及其冲压工艺性分析

良好的冲压工艺性应保证材料消耗少、工序数目少、占用设备数量少、模具结构简单而寿命高、产品质量稳定、操作简单。

（1）读零件图时除了解零件形状尺寸外，重点要了解零件精度和表面粗糙度的要求。

（2）分析零件的结构和形状是否适合冲压加工。

（3）分析零件的基准选择及尺寸标注是否合理，尺寸、位置和形状精度是否适合冲压加工。

（4）冲裁件断面的表面粗糙度要求是否过高。

（5）是否有足够大的生产批量。

如果零件的工艺性太差，应与设计人员协商，提出修改设计的方案。如果生产批量太小，应考虑采用其他的生产方法进行加工。

2. 确定工艺方案

（1）根据冲压零件的形状尺寸，初步确定冲压工序的性质，如冲裁、弯曲、拉深、胀形、扩孔。

（2）核算各冲压成形方法的变形程度，若变形程度超过极限变形程度，应计算该工序的冲压次数。

（3）根据各工序的变形特点和质量要求，安排合理的冲压顺序。要注意确保每道工序的变形区都是弱区，已经成形的部分（含已经冲制出的孔或外形）在以后的工序中不得再参与变形，多角弯曲件要先弯外后弯内，要安排必要的辅助工序和整形、校平、热处理等工序。

（4）在保证制件精度的前提下，根据生产批量和毛坯定位与出料要求，确定合理的工序组合方式。

（5）要设计两个以上的工艺方案，并从质量、成本、生产率、模具的刃磨与维修、模具寿命及操作安全性等各个方面进行比较，从中选定一个最佳的工艺方案。

3. 主要工艺参数计算

工艺参数指制订工艺方案所依据的数据，如各种成形系数（拉深系数、胀形系数等）、零件展开尺寸以及冲裁力、成形力等。

4. 冲压零件毛坯设计及排样图设计

（1）按冲压件性质尺寸，计算毛坯尺寸，绘制毛坯图。

（2）按毛坯性质尺寸，设计排样图，进行材料利用率计算。要设计多种排样方案，经过比较选择其中的最佳方案。

5. 选择冲压设备

根据要完成的冲压工序性质和各种冲压设备的特点，考虑冲压加工所需的变形力、变形功及模具闭合高度和轮廓尺寸的大小等主要因素，结合工厂现有设备情况来合理选定设备类型和吨位。常用冲压设备有曲柄压力机、液压机等，其中曲柄压力机应用最广。冲裁类冲压工序多在曲柄压力机上进行，一般不用液压机；而成形类冲压工序可在曲柄压力机或液压机上进行。

二、冲压模具设计

1. 确定冲模类型及结构形式

根据所确定的工艺方案和冲压件的形状特点、精度要求、生产批量、模具制造条件、操作方便及安全的要求，以及利用现有通用机械化、自动化装置的可能，选定冲模类型（简单模、连续模还是复合模），并绘制模具装配图。

2. 选择工件定位方式

（1）工件在模具中的定位主要考虑定位基准、上料方式、操作安全可靠等因素。

（2）选择定位基准时应尽可能与设计基准重合，如果不重合，就需要根据尺寸链计算，重新分配公差，把设计尺寸换算成工艺尺寸。不过，这样将会使零件的加工精度要求提高。当零件是采用多工序分别在不同模具上冲压时，应尽量使各工序采用同一基准。

（3）为使定位可靠，应选择精度高、冲压时不发生变形和移动的表面作为定位表面。

（4）冲压件上能够用作定位的表面随零件的形状不同而不同，平板零件最好用相距较远的两孔定位，或者一个孔和外形定位；弯曲件可用孔或形体定位；拉深件可用外形、底面或切边后的凸缘定位。

3. 选择卸料方式

（1）为了把冲压后卡在凸模上、凹模上的制件或废料卸掉，将制件从凹模中推出来（凹模在上模）或顶出来（凹模在下模），以保证下次冲压正常进行，设计模具时，必须正

确选择卸料方式和设计卸料装置。

（2）在选用压料、卸料装置的形式时，应考虑操作方式，即板料送进和定位是手动操作还是自动化操作；出料方式是上出料，还是下出料。

（3）压料、卸料装置根据冲压件平整度要求或料的厚薄来决定。一般情况对于冲裁较硬、较厚且精度要求不高的工件，可选择刚性卸料方式；对于冲裁料厚在 1.5 mm 以下且要求冲裁件比较平整的制件，可选择弹性卸料方式；对于弯曲、拉深等成形零件的卸料方式选择及卸料装置的设计，应考虑既不损坏成形部位，又能满足卸料要求的卸料装置。

卸料装置设计得正确与否，直接影响工件的质量、生产效率和操作安全程度。

4. 进行必要的模具设计计算

（1）计算模具压力中心，检查压力中心与模柄中心线是否重合，防止模具因受偏心负荷作用影响模具精度和寿命。如果不重合，对模具结果做相应的修改。

（2）计算或估算模具各主要零件（凹模、凸模固定板、垫板、凸模）的外形尺寸，并确定标准模架以及卸料橡胶或弹簧的自由高度等。

（3）确定凸、凹模的间隙，计算凸凹模工作部分尺寸。

（4）校核压力机。

①压力机的选择必须满足以下要求：

$$H_{min} + 10 \text{ mm} \leqslant H_m \leqslant H_{max} - 5 \text{ mm}$$

式中：H_{max}，H_{min}——分别为压力机的最大、最小装模高度（mm）；

H_m——模具闭合高度（mm）。

当多副模具联合安装到一台压力机上时，多副模具应有同一个闭合高度。

②压力机的公称压力 F_g 必须大于冲压计算的总压力 $F_总$，即 $F_g \geqslant F_总$。

③压力机的滑块行程必须满足冲压件的成形要求。对于拉深工艺为了便于放料和取件，其行程必须大于拉深件高度的 2～2.5 倍。

④为了便于安装模具，压力机的工作台面尺寸应大于模具尺寸，一般每边大 50～70 mm。工作台垫板应保证冲压件或废料能漏下。

5. 绘制模具总图和非标准零件图

根据上述分析、计算及方案论证后，绘制模具总装配图及零件图。

（1）按比例绘制模具装配图。先用双点画线绘制毛坯，再绘制工作零件，然后绘制定位和定距零件，用连接零件把以上各部分连接起来，最后在适当的位置绘制压料和卸料零件。根据模具的具体情况，以上顺序也可做适当调整。

装配图上应该标注模具的外轮廓尺寸、模具闭合高度、配合尺寸及配合型式。装配图上要标注模具的制造精度和技术条件的要求。装配图要按国家制图标准绘制，有标准的标题栏和明细表。如果是落料模，要在装配图的左上角上绘制排样图。

（2）零件图要求按国家制图标准绘制，标注完整的尺寸、公差、表面粗糙度和技术要求。

6. 填写冲压加工工艺规程卡片

在所设计的模具零件图中，选择两个零件进行机械加工工艺分析、编制合理的机械加工工艺规程，并填写机械加工工艺规程卡片。

7. 编写设计说明书

根据设计内容和设计计算编写设计说明书一份。

【学习小结】

（1）冲压工艺与模具、冲压设备和冲压材料构成冲压的三要素。

（2）冲压加工的工序种类很多，只有对每种冲压工序的特征有一定的了解，才能根据冲压件的结构特点，选择合适的冲压工艺。

（3）只有掌握了冲压工艺对冲压材料的要求及常用冲压材料的性能和用途，才能根据冲压件选择合适的冲压材料。

（4）只有掌握不同冲压设备的特点，才能根据冲压工艺、生产批量、冲压件的几何尺寸和精度要求，选择合适的冲压设备。

项目二　端盖冲压工艺与冲模结构设计

任务一　冲裁工艺与冲裁模设计

冲裁是利用模具使板料沿着一定的轮廓形状产生分离的一种冲压工序。根据变形机理不同，冲裁工艺可以分为普通冲裁和精密冲裁。

此处只讲普通冲裁，如图 2-8 所示为冲裁模典型结构及尺寸关系。

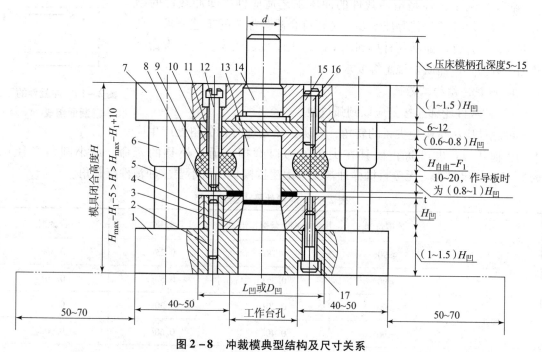

图 2-8　冲裁模典型结构及尺寸关系

1—下模座；2，15—销；3—凹模；4—镶套；5—导柱；6—导套；7—上模座；8—卸料板；9—橡胶；
10—凸模固定板；11—垫板；12—卸料螺钉；13—凸模；14—模柄；16，17—螺钉

一、冲裁变形过程分析

1. 冲裁变形过程

在冲裁过程中，凸模与凹模的刃口轮廓与制件相同。当凸模下行时，将处于凸、凹模之间的毛坯板料冲裁成制件。板料的分离是瞬间完成的，板料冲裁过程可分为 3 个阶段，如图 2 - 9 所示。

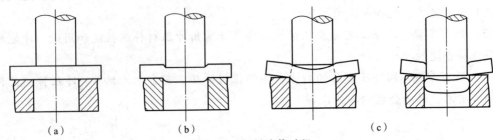

图 2 - 9 板料冲裁过程

（a）弹性变形阶段；（b）塑性变形阶段；（c）断裂分离阶段

2. 冲裁件断面质量

冲裁件的断面组成如图 2 - 10 所示。

冲裁件的断面由圆角带（图 2 - 10 中 a）、光亮带（图 2 - 10 中 b）、断裂带（图 2 - 10 中 c）和毛刺（图 2 - 10 中 d）四部分组成。

二、冲裁件的工艺性分析

冲裁件的工艺性是指冲裁件的冲压工艺适应性，即冲裁件的结构、形状、尺寸及公差等技术要求是否符合冲裁加工的工艺要求。良好的冲裁工艺性应能满足材料利用率高、工序数目较少、模具寿命高及加工容易、产品质量稳定等要求。

1. 冲裁件结构工艺性

1）冲裁件轮廓连接处应以圆弧过渡

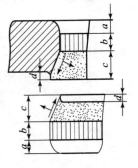

图 2 - 10 冲裁件的断面组成

冲裁件应尽量避免尖锐的转角，以防止热处理时在尖角处产生应力集中而开裂，也可防止模具在尖角处刃口磨损，延长模具的寿命。最小圆角半径见表 2 - 7。如果是少、无废料排样冲裁或采用镶拼模具，可不要求冲裁件有圆角。

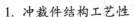

表 2 - 7 冲裁件最小圆角半径

工序	连接角度	黄铜、紫铜、铝	软钢	合金钢
落料	≥90°	0.18t	0.25t	0.35t
	<90°	0.35t	0.50t	0.70t
冲孔	≥90°	0.20t	0.30t	0.45t
	<90°	0.40t	0.60t	0.90t
注：t 为材料厚度（mm）。				

2）冲裁件孔径不能太小

冲裁件上孔的尺寸受到凸模强度的限制，不能太小，冲孔的最小尺寸见表 2 - 8。

表 2 - 8　冲孔的最小尺寸

材料	普通冲模冲孔		精密冲模冲孔	
	圆形孔	矩形孔	圆形孔	矩形孔
硬钢	1.3t	1.0t	0.5t	0.4t
软钢、黄铜	1.0t	0.7t	0.35t	0.3t
铝	0.8t	0.5t	0.3t	0.28t
酚醛层压布、纸板	0.4t	0.35t	0.3t	0.25t
注：t 为材料厚度（mm）。				

3）冲裁件孔距、孔边距不能太小

冲裁件孔与孔之间、孔与零件边缘之间的壁厚如图 2 - 11 所示，因受模具强度和零件质量的限制，其值不能太小。

一般要求 $c \geqslant 1.5t$，$c' \geqslant t$（c 为方形孔之间及方形孔与零件边缘的距离，c' 为圆形孔之间及圆形孔与零件边缘的距离）。若在弯曲或拉深件上冲孔，冲孔位置与件壁间距满足如图 2 - 12 所示尺寸关系。

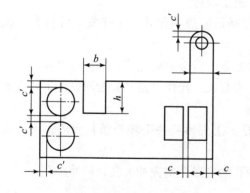

图 2 - 11　冲裁件的结构工艺性图

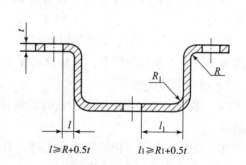

图 2 - 12　弯曲件的冲孔位置

4）冲裁件应尽量避免窄长的凸出悬臂和凹槽

如图 2 - 13 所示的 b 为冲裁件上悬臂和凹槽部分的宽度，它根据冲裁材料不同而不同。冲裁件材料为高碳钢时 $b \geqslant 2t$；冲裁件材料为黄铜、紫铜、铝、软钢等时，$b \geqslant 1.5t$。

2. 冲裁件的尺寸精度和断面的表面粗糙度

1）尺寸精度

冲裁件的尺寸精度一般不超过 IT11 级，最高可达 IT10 ~ IT8 级，冲孔比落料的尺寸精度高一级。

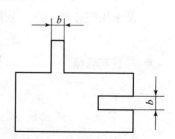

图 2 - 13　冲裁件的悬臂
和凹槽部分尺寸

2）断面的表面粗糙度

冲裁件断面的表面粗糙度 Ra 一般为 $50 \sim 12.5\ \mu m$，通过修整可以明显降低表面粗糙度。

3．冲裁工艺方案的确定

在冲裁工艺分析的基础上，根据冲裁件的特点确定冲裁工艺方案。

1）冲裁工艺方案

（1）单工序冲裁。它是指在压力机一次行程中，由单一工序模具完成的冲压。

（2）复合冲裁。它是指在压力机一次行程中，在模具的同一个工作位置同时完成多个工序的冲压。

（3）级进冲裁。它是指把冲裁件的若干个冲压工序排列成一定的顺序，在压力机一次行程中，条料在冲模的不同工序位置上，分别完成工件所要求的工序，并且在完成所有工序后，以后每次冲压都可以得到一个完整的冲裁件。

复合冲裁、级进冲裁的冲裁工序比单工序冲裁生产效率高，获得的工件精度更高。

2）冲裁工序组合

（1）生产批量。小批量生产采用单工序冲裁，中批和大批量生产采用复合冲裁或级进冲裁。

（2）工件尺寸公差等级。复合冲裁得到工件的尺寸公差等级较高，因为避免了多次冲压所造成的定位误差，而且工件较平整。级进冲裁得到工件的尺寸公差等级较复合冲裁低。

（3）工件尺寸、形状的适应性。工件尺寸较小时，常采用复合冲裁或级进冲裁，因为单工序冲裁下料不方便且生产率较低。中等尺寸的工件，常采用复合冲裁，因为若用单工序冲裁，需要制造多副模具，价格较复合冲裁模昂贵。

（4）模具制造、安装调整和成本。复杂形状的工件，常采用复合冲裁，因为此时复合冲裁比级进冲裁的模具制造、安装调整较容易，成本较低。

（5）操作方便性和安全性。复合冲裁的取件或清除废料困难，工作安全性较差；级进冲裁较安全。

综上所述，对于某个工件可以确定多个工艺方案。但必须对这些方案进行比较，在满足工件质量与生产率的条件下，选择模具成本低、寿命长、操作方便又安全的最佳工艺方案。

3）冲裁顺序的安排

（1）多工序工件用单工序冲裁时的顺序安排。①先落料使毛坯与条料分离，再冲孔或冲缺口。

②冲裁大小相同、相距较近的孔时，为减少孔的变形，应先冲大孔，后冲小孔。

（2）级进冲裁的顺序安排。

①先冲孔或切口，最后落料或切断，将工件与条料分离。

②采用定距侧刃时，定距侧刃切边工序安排与首次冲孔同时进行，以便控制送料步距。

 任务实施

如图 2-1 所示端盖零件，分析工艺性并确定加工工艺方案。

1．零件工艺性分析

1）材料分析

10 钢为优质碳素结构钢，属于深拉深级别钢，具有良好的拉深成形性能。

2）结构分析

（1）该零件为结构较简单、形状对称的有凸缘筒形件，完全由圆弧和直线组成，没有长的悬臂和狭槽。

（2）零件凸缘上有3个孔，为保证孔的精度，其加工放在拉深结束后冲裁。

（3）零件底孔则选择在冲压成形后钻孔加工，因拉深后有一定高度，若采用冲孔，凸模长度较长，会影响模具寿命。

（4）零件底部圆角半径和口部圆角半径均为5 mm，满足拉深件底部圆角半径大于一倍料厚、口部圆角半径大于两倍料厚的要求。

3）精度分析

零件上只有高度和拉深件直径两个尺寸标注公差，经查表其公差等级都在IT14级以下，所以普通拉深即可达到零件图样的精度要求。

2. 工艺方案的确定

零件的生产包括落料、拉深（需要确定拉深次数）、切边、冲孔等工序，为了提高生产效率，可以考虑复合工序，因此，采用落料拉深→再次拉深→末次拉深→切边冲凸缘孔→钻底孔的加工工艺路线。

三、冲裁主要参数设计

1. 冲裁间隙对模具质量的影响

冲裁间隙指凸、凹模刃口尺寸的差值，包括单面间隙和双面间隙（双面间隙用 Z 表示）。冲裁间隙对冲裁件断面质量、冲裁件尺寸精度、模具寿命及冲裁力等有重要影响。

1）冲裁间隙对冲裁件断面质量的影响

冲裁间隙对冲裁件的断面质量起着决定性的作用。当间隙过大或过小时，上下裂纹便不能重合。如果间隙过小，形成二次剪切，在剪切面上会形成略带锥度的第二光亮带；间隙过大时，冲裁件断面上出现较大的断带，光亮带变小，毛刺和锥度增大，断面质量差。

2）冲裁间隙对冲裁件尺寸精度的影响

冲裁间隙对冲裁件精度有很大影响。当间隙适当时，落料的尺寸等于凹模的尺寸，冲孔的尺寸等于凸模的尺寸。如果间隙过大，对于落料件，其尺寸小于凹模尺寸；对于冲孔件，其尺寸大于凸模尺寸。如果间隙过小，对于落料件，其尺寸大于凹模尺寸；对于冲孔件，其尺寸小于凸模尺寸。

3）冲裁间隙对模具寿命的影响

模具寿命受多种因素的影响，而冲裁间隙是影响模具寿命最主要的因素之一。冲裁过程中，凸模与被冲的孔之间、凹模与落料件之间均有摩擦，而且间隙越小，摩擦越严重；较大的间隙可使凸模侧面与材料的摩擦减小，适当大的间隙还可补偿因模具制造和装配精度不够及动态间隙不匀所造成的不足，不至于啃伤刃口，从而延长模具寿命。

4）冲裁间隙对冲裁力的影响

随着冲裁间隙的增大，材料所受的拉应力增大，材料容易断裂分离，因此冲裁力减小。

2. 冲裁间隙值的确定

设计模具时，选择一个合理的冲裁间隙，可获得冲裁件断面质量好、尺寸精度高、模具寿命长、冲裁力小的综合效果。确定合理的冲裁间隙有理论计算法、查表法及经验确定法。

1）理论计算法

理论计算法在生产中使用不方便，故很少使用。

2）查表法

在生产实际中，通常利用试验方法得出的数据制成表格来确定合理的间隙值，见表2-9、表2-10。对于尺寸精度和断面质量要求高的冲裁件应选用较小间隙值，见表2-9，这时冲裁力与模具寿命作为次要因素考虑；对于尺寸精度和断面质量要求不高的冲裁件，在满足冲裁件要求的前提下，应以降低冲裁力、延长模具寿命为主要因素考虑，选用较大间隙值，见表2-10。

表2-9 冲裁模初始双面间隙值（较小间隙值）   mm

材料厚度 t	软铝		纯铜、黄铜、软钢		锻铝、中等硬钢		硬钢	
	Z_{min}	Z_{max}	Z_{min}	Z_{max}	Z_{min}	Z_{max}	Z_{min}	Z_{max}
0.2	0.008	0.012	0.010	0.014	0.012	0.016	0.014	0.018
0.3	0.012	0.018	0.015	0.021	0.018	0.024	0.021	0.027
0.4	0.016	0.024	0.020	0.028	0.024	0.032	0.028	0.036
0.5	0.020	0.030	0.025	0.035	0.030	0.040	0.035	0.045
0.6	0.024	0.036	0.030	0.042	0.036	0.048	0.042	0.054
0.7	0.028	0.042	0.035	0.049	0.042	0.056	0.049	0.063
0.8	0.032	0.048	0.040	0.056	0.048	0.064	0.056	0.072
0.9	0.036	0.054	0.045	0.063	0.054	0.072	0.063	0.081
1.0	0.040	0.060	0.050	0.70	0.060	0.080	0.070	0.090
1.2	0.050	0.084	0.072	0.096	0.084	0.108	0.096	0.120
1.5	0.075	0.105	0.090	0.120	0.105	0.135	0.120	0.150
1.8	0.090	0.126	0.108	0.144	0.126	0.162	0.144	0.180
2.0	0.100	0.140	0.120	0.160	0.140	0.180	0.160	0.200
2.2	0.132	0.176	0.154	0.198	0.176	0.220	0.198	0.242
2.5	0.150	0.200	0.175	0.225	0.200	0.250	0.225	0.275
2.8	0.168	0.224	0.196	0.252	0.224	0.280	0.252	0.308
3.0	0.180	0.240	0.210	0.270	0.240	0.300	0.270	0.330
3.5	0.245	0.315	0.280	0.350	0.315	0.385	0.350	0.420
4.0	0.280	0.360	0.320	0.400	0.360	0.440	0.400	0.480
4.5	0.315	0.405	0.360	0.450	0.405	0.490	0.450	0.540
5.0	0.350	0.450	0.400	0.500	0.450	0.550	0.500	0.600

续表

材料厚度 t	软铝		纯铜、黄铜、软钢		锻铝、中等硬钢		硬钢	
	Z_{min}	Z_{max}	Z_{min}	Z_{max}	Z_{min}	Z_{max}	Z_{min}	Z_{max}
6.0	0.480	0.600	0.540	0.660	0.600	0.720	0.660	0.780
7.0	0.560	0.700	0.63	0.770	0.700	0.840	0.770	0.910
8.0	0.720	0.880	0.800	0.960	0.880	1.040	0.960	1.120
9.0	0.870	0.990	0.900	1.080	0.990	1.170	1.080	1.260
10.0	0.900	1.100	1.000	1.200	1.100	1.300	1.200	1.400

表 2 – 10　冲裁模初始双面间隙值（较大间隙值）　　　　　　　　　　　　　　　mm

材料厚度 t	08、10、35、09Mn、Q235		16Mn		40、50		65Mn	
	Z_{min}	Z_{max}	Z_{min}	Z_{max}	Z_{min}	Z_{max}	Z_{min}	Z_{max}
<0.5	极小间隙							
0.5	0.040	0.060	0.040	0.060	0.040	0.060	0.040	0.060
0.6	0.048	0.072	0.048	0.072	0.048	0.072	0.048	0.072
0.7	0.064	0.092	0.064	0.092	0.064	0.092	0.064	0.092
0.8	0.072	0.104	0.072	0.104	0.072	0.104	0.064	0.092
0.9	0.090	0.126	0.090	0.126	0.090	0.126	0.090	0.126
1.0	0.100	0.140	0.100	0.140	0.100	0.140	0.090	0.126
1.2	0.126	0.180	0.132	0.180	0.132	0.180	—	—
1.5	0.132	0.240	0.170	0.240	0.170	0.230	—	—
1.75	0.220	0.320	0.220	0.320	0.220	0.320	—	—
2.0	0.246	0.360	0.260	0.380	0.260	0.380	—	—
2.1	0.260	0.380	0.280	0.400	0.280	0.400	—	—
2.5	0.360	0.500	0.380	0.540	0.380	0.540	—	—
2.75	0.400	0.560	0.420	0.600	0.420	0.600	—	—
3.0	0.460	0.640	0.480	0.660	0.480	0.660	—	—
3.5	0.540	0.740	0.580	0.780	0.580	0.780	—	—

续表

材料厚度 t	08、10、35、09Mn、Q235		16Mn		40、50		65Mn	
	Z_{min}	Z_{max}	Z_{min}	Z_{max}	Z_{min}	Z_{max}	Z_{min}	Z_{max}
4.0	0.640	0.880	0.680	0.920	0.680	0.920	—	—
4.5	0.720	1.000	0.680	0.960	0.780	1.040	—	—
5.5	0.940	1.280	0.780	1.100	0.980	1.320	—	—
6.0	1.080	1.440	0.840	1.200	1.140	1.500	—	—
6.5	—	—	0.940	1.300	—	—	—	—
8.0	—	—	1.200	1.680	—	—	—	—

注：1. 冲裁皮革、石棉和纸板时，间隙取 08 钢的 25%。

2. Z_{max}、Z_{min} 分别为最大合理双面间隙和最小合理双面间隙。

3）经验确定法

对尺寸精度、断面垂直度要求高的制件应选用较小间隙值；对断面垂直度与尺寸精度要求不高的制件，应以降低冲裁力、延长模具寿命为主，可用较大间隙值。

（1）软材料。

当 $t < 1$ mm 时，$Z/2 = (3\% \sim 4\%)t$；当 $t = 1 \sim 3$ mm 时，$Z/2 = (5\% \sim 8\%)t$；当 $t = 3 \sim 5$ mm 时，$Z/2 = (8\% \sim 10\%)t$。

（2）硬材料。

当 $t < 1$ mm 时，$Z/2 = (4\% \sim 5\%)t$；当 $t = 1 \sim 3$ mm 时，$Z/2 = (6\% \sim 8\%)t$；当 $t = 3 \sim 5$ mm 时，$Z/2 = (8\% \sim 13\%)t$。

3. 凸、凹模刃口尺寸的确定

1）凸、凹模刃口尺寸的原则

由于凸、凹模之间存在间隙，使落下的料或冲出的孔都带有锥度，落料件的大端尺寸等于或接近于凹模刃口尺寸，冲孔件的小端尺寸等于或接近于凸模刃口尺寸，如图 2-14 所示。

在测量与使用中，落料件以大端尺寸为基准，冲孔件以小端尺寸为基准。冲裁时，凸模和凹模与制件或废料发生摩擦，凸模越磨越小，凹模越磨越大，使间隙越来越大。因此在确定模具刃口尺寸及制造公差时，需遵循以下原则：

（1）设计落料模时，凹模刃口基本尺寸应趋向于工件的最小极限尺寸，设计冲孔凸模时其刃口基本尺寸趋向于工件孔的最大极限尺寸。

（2）考虑凹模的磨损，设计落料模时，凹模基本尺

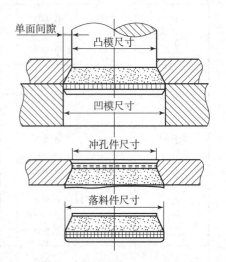

图 2-14 刃口尺寸与
冲裁件尺寸关系

寸应取尺寸公差范围内的较小尺寸；设计冲孔模时，凸模基本尺寸则应取工件孔尺寸公差范围的较大尺寸。以保证凸、凹模磨损一定程度后，仍能冲出合格的制件。凸、凹模间隙应取最小合理间隙值。

（3）凸、凹模刃口尺寸的制造公差，主要取决于冲裁件的精度和形状。一般冲模的制造精度比冲裁件的精度高 1~2 级。冲模制造精度与冲裁件精度的关系见表 2−11。

表 2−11　冲模制造精度与冲裁件精度的关系

冲模制造精度	料厚度 t/mm												
	0.5	0.8	1.0	1.5	2.0	3.0	4.0	5.0	6.0	7.0	8.0	10.0	12.0
IT7 ~ IT6	IT8	IT8	IT9	IT10	IT10	—		—			—		
IT8 ~ IT7	—	IT9	IT10	IT10	IT12	IT12	IT12			—			
IT9	—	—	IT12	IT12	IT12	IT12	IT12			IT14			

若制件未注公差，对于规则形状的制件，冲模可按 IT7 ~ IT6 级精度制造；对于不规则制件，通常按 IT14 级处理，冲模可按 IT11 级制造。冲裁件的尺寸公差应按"入体"原则标注，落料件上偏差为零，下偏差为负值；冲孔件下偏差为零，上偏差为正值。

2）凸、凹模刃口尺寸的计算方法

（1）凸、凹模分开加工时的刃口尺寸计算。这种方法适用于圆形或形状简单的制件。采用这种方法时，要分别标注凸模与凹模刃口尺寸与制造公差。同时，为保证一定的间隙，凸、凹模制造公差必须满足下列条件：

$$\delta_{凸} + \delta_{凹} \leq Z_{max} - Z_{min} \tag{2-1}$$

式中：$\delta_{凸}$——凸模制造公差（mm）；

$\delta_{凹}$——凹模制造公差（mm）；

Z_{max}——最大合理双面间隙（mm）；

Z_{min}——最小合理双面间隙（mm）。

若 $\delta_{凸} + \delta_{凹} > Z_{max} - Z_{min}$，可取 $\delta_{凸} = 0.4(Z_{max} - Z_{min})$、$\delta_{凹} = 0.6(Z_{max} - Z_{min})$ 作为凸、凹模的制造公差。

这种方法的计算公式见表 2−12。

表 2−12　凸、凹模分开加工时刃口尺寸和制造公差的计算公式

工序性质	工件尺寸	凸模尺寸	凹模尺寸
落料	$D_{-\Delta}^{\ 0}$	$D_{凸} = (D - X\Delta - Z_{min})_{-\delta_{凸}}^{\quad 0}$	$D_{凹} = (D - X\Delta)_{\ 0}^{+\delta_{凹}}$
冲孔	$d_{\ 0}^{+\Delta}$	$d_{凸} = (d + X\Delta)_{-\delta_{凸}}^{\quad 0}$	$d_{凹} = (d + X\Delta + Z_{min})_{\ 0}^{+\delta_{凹}}$
注：计算时，先将工件尺寸转化成 $D_{-\Delta}^{\ 0}$、$d_{\ 0}^{+\Delta}$ 的形式。			

表 2−12 中，$D_{凸}$、$D_{凹}$ 分别为落料凸、凹模的刃口尺寸（mm）；$d_{凸}$、$d_{凹}$ 分别为冲孔凸、凹模的刃口尺寸（mm）；D、d 分别为落料件外径和冲孔件孔径的基本尺寸（mm）；

$\delta_凸$、$\delta_凹$ 分别为凸、凹模的制造公差（mm），一般情况下凸模按 IT6 级、凹模按 IT7 级制造，也可按表 2 – 13 选取，或取 $\delta_凸 = (1/5 \sim 1/4)\Delta$ $\delta_凹 = (1/4)\Delta$；Δ 为零件（工件）的公差（mm）；Z_{min} 为凸、凹模最小合理双面间隙（mm）；X 为磨损系数，其值选取见表 2 – 14。

表 2 – 13　规则形状（圆形、方形工件）冲裁时凸、凹模的制造公差　　　　　　　mm

基本尺寸	$\delta_凸$	$\delta_凹$	基本尺寸	$\delta_凸$	$\delta_凹$
≤18	0.020	0.020	180 ~ 260	0.030	0.045
18 ~ 30	0.020	0.025	260 ~ 360	0.035	0.050
30 ~ 80	0.020	0.030	360 ~ 500	0.040	0.060
80 ~ 120	0.025	0.035	>500	0.050	0.070
120 ~ 180	0.030	0.040			

表 2 – 14　磨损系数 X

材料厚度 t/mm	非圆形			圆形	
	1	0.75	0.5	0.75	0.5
	工件公差 Δ/mm				
<1	≤0.16	0.17 ~ 0.35	≥0.36	<0.16	≥0.16
1 ~ 2	≤ 0.20	0.21 ~ 0.41	≥0.42	<0.20	≥0.20
2 ~ 4	≤ 0.24	0.25 ~ 0.49	≥0.50	<0.24	≥0.24
>4	≤ 0.30	0.31 ~ 0.59	≥0.60	<0.30	≥0.30

例 2 – 1　如图 2 – 15 所示的垫圈，材料为 08 钢，材料厚度 $t = 3$ mm，试计算凸、凹模刃口尺寸及制造公差。

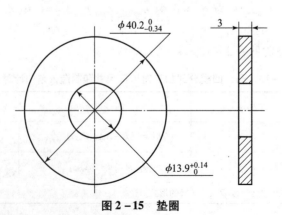

图 2 – 15　垫圈

解： 由表 2 – 10 查得 $Z_{min} = 0.460$ mm，$Z_{max} = 0.640$ mm

$$Z_{max} - Z_{min} = (0.640 - 0.460) \text{ mm} = 0.180 \text{ mm}$$

对落料尺寸：

$\phi 40.2_{-0.34}^{0}$ 的凸、凹模制造公差查表 2 – 13 得

$$\delta_{凸} = 0.020 \text{ mm}, \quad \delta_{凹} = 0.030 \text{ mm}$$

$$\delta_{凸} + \delta_{凹} = (0.020 + 0.030) \text{ mm} = 0.050 \text{ mm} < Z_{\max} - Z_{\min} = 0.180 \text{ mm}$$

尺寸 $\phi 40.2_{-0.34}^{0}$ 的公差 $\Delta = 0.34$ mm，由表 2 – 14 查得 $X = 0.5$，则凸、凹模刃口尺寸为

$$D_{凹} = (D - X\Delta)_{0}^{\delta_{凹}} = (40.2 - 0.5 \times 0.34)_{0}^{+0.030} \text{mm} = 40.03_{0}^{+0.030} \text{mm}$$

$$D_{凸} = (D - X\Delta - Z_{\min})_{-\delta_{凸}}^{0} = (40.2 - 0.5 \times 0.34 - 0.460)_{-0.020}^{0} \text{mm} = 39.57_{-0.020}^{0} \text{mm}$$

对冲孔尺寸：

$\phi 13.9_{0}^{+0.14}$ 的凸、凹模制造公差查表 2 – 13 得

$$\delta_{凸} = 0.020 \text{ mm}, \quad \delta_{凹} = 0.020 \text{ mm}$$

$$\delta_{凸} + \delta_{凹} = (0.020 + 0.020) \text{ mm} = 0.040 \text{ mm} < Z_{\max} - Z_{\min} = 0.180 \text{ mm}$$

尺寸 $\phi 13.9_{0}^{+0.14}$ 的公差 $\Delta = 0.14$ mm，由表 2 – 14 查得 $X = 0.75$，则凸、凹模刃口尺寸为

$$d_{凸} = (d + X\Delta)_{-\delta_{凸}}^{0} = (13.9 + 0.75 \times 0.14)_{-0.020}^{0} \text{mm} = 14.005_{-0.020}^{0} \text{mm}$$

$$d_{凹} = (d + X\Delta + Z_{\min})_{0}^{+\delta_{凹}} = (13.9 + 0.75 \times 0.14 + 0.460)_{0}^{+0.020} \text{mm} = 14.465_{0}^{+0.020} \text{mm}$$

（2）凸、凹模配合加工时刃口尺寸的计算。对于冲制复杂零件的模具或单件生产的模具，其凸、凹模常采用配合加工方法。凸、凹 模刃口尺寸的计算，落料件凹模磨损后有尺寸增大的 A 类尺寸、减小的 B 类尺寸和不变的 C 类尺寸 3 种。具体计算公式见表 2 – 15。

表 2 – 15　凸、凹模配合加工时刃口尺寸和制造公差的计算公式

工序性质	工件尺寸		凸模尺寸	凹模尺寸
落料	$A_{-\Delta}^{0}$		按凹模尺寸配制其双面间隙为 $Z_{\max} - Z_{\min}$	$A_{凹} = (A - X\Delta)_{0}^{+0.25\Delta}$
	$B_{0}^{+\Delta}$			$B_{凹} = (B + X\Delta)_{-0.25\Delta}^{0}$
	C	$C_{0}^{+\Delta}$		$C_{凹} = (C + 0.5\Delta) \pm 0.125\Delta$
		$C_{-\Delta}^{0}$		$C_{凹} = (C - 0.5\Delta) \pm 0.125\Delta$
		$C \pm \Delta'$		$C_{凹} = C \pm 0.125\Delta$
冲孔	$A_{-\Delta}^{0}$		$A_{凸} = (A + X\Delta)_{-0.25\Delta}^{0}$	按凸模尺寸配制其双面间隙为 $Z_{\max} - Z_{\min}$
	$B_{0}^{+\Delta}$		$B_{凸} = (B - X\Delta)_{0}^{+0.25\Delta}$	
	C	$C_{0}^{+\Delta}$	$C_{凸} = (C + 0.5\Delta) \pm 0.125\Delta$	
		$C_{-\Delta}^{0}$	$C_{凸} = (C - 0.5\Delta) \pm 0.125\Delta$	
		$C \pm \Delta'$	$C_{凸} = C \pm 0.125\Delta$	

表 2 – 15 中 $A_{凸}$、$B_{凸}$、$C_{凸}$ 为凸模刃口尺寸（mm）；$A_{凹}$、$B_{凹}$、$C_{凹}$ 为凹模刃口尺寸（mm）；A、B、C 为工件基本尺寸（mm）；Δ 为工件的公差（mm）；Δ' 为工件的偏差（mm），对称偏差时，$\Delta' = (1/2)\Delta$；X 为磨损系数，其值的选取见表 2 – 14。

例 2 - 2　冲制变压器铁芯片零件，材料为 D42 硅钢片，材料厚度 $t = (0.35 \pm 0.04)$ mm，尺寸如图 2 - 16 所示，确定落料凸、凹模刃口尺寸及制造公差。

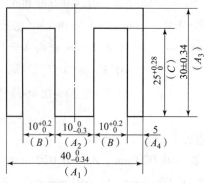

图 2 - 16　变压器铁芯片

解： 由图可知该零件结构较为复杂，采用凸、凹模分开加工。凹模磨损后其尺寸变化有 3 种。

①尺寸增大。凹模磨损后尺寸增大的是 A_1、A_2、A_3、A_4，它们的尺寸公差分别为 $\Delta_1 = 0.34$ mm、$\Delta_2 = 0.3$ mm、$\Delta_3 = 0.68$ mm（由于 A_4 尺寸未注公差，所以 Δ_4 未给出），由表 2 - 14 查磨损系数 X 分别为 $X_1 = 0.75$、$X_2 = 0.75$、$X_3 = 0.5$。

根据表 2 - 12 中公式得

$$A_{1凹} = (A_1 - X_1\Delta_1)_0^{+0.25\Delta_1} = (40 - 0.75 \times 0.34)_0^{+(0.25 \times 0.34)} \text{mm} = 39.745_0^{+0.085} \text{mm}$$

$$A_{2凹} = (A_2 - X_2\Delta_2)_0^{+0.25\Delta_2} = (10 - 0.75 \times 0.3)_0^{+(0.25 \times 0.3)} \text{mm} = 9.775_0^{+0.075} \text{mm}$$

$$A_{3凹} = (A_3 - X_3\Delta_3)_0^{+0.25\Delta_3} = (30.34 - 0.5 \times 0.68)_0^{+(0.25 \times 0.68)} \text{mm} = 30_0^{+0.17} \text{mm}$$

由于 A_4 未注公差，所以在计算 $A_{4凹}$ 时，只要确定了 A_1、A_2 及 B 的尺寸，即可得出 $A_{4凹}$。

②尺寸减小。凹模磨损后尺寸减小的是图中的尺寸 B，其尺寸公差 $\Delta_B = 0.2$ mm，由表 2 - 14 查得磨损系数 $X_B = 0.75$。根据表 2 - 12 中公式得

$$B_{凹} = (B + X_B\Delta_B)_{-0.25\Delta_B}^0 = (10 + 0.75 \times 0.2)_{-(0.25 \times 0.2)}^0 \text{mm} = 10.15_{-0.05}^0 \text{mm}$$

③凹模磨损后没变化的尺寸。凹模磨损后没变化的尺寸是 C，其尺寸公差 $\Delta_C = 0.28$ mm。

按照表 2 - 15 中公式得

$$C_{凹} = (C + 0.5\Delta_C) \pm 0.125\Delta_C = [(25 + 0.5 \times 0.28) \pm 0.125 \times 0.28] \text{mm}$$
$$= (25.14 \pm 0.035) \text{mm}$$

④凸模刃口尺寸确定。由材料厚度及材料查表 2 - 10 得，冲裁合理间隙值取 $Z_{min} = 0.040$ mm、$Z_{max} = 0.060$ mm，故所有凸模刃口尺寸按照凹模相应部分的尺寸配制，保证凸、凹模双面间隙为 $0.04 \sim 0.06$ mm。

 任务实施

如图 2 - 1 所示端盖零件落料、拉深、冲孔工艺，计算凸、凹模刃口尺寸及公差。

采用凸凹模分别加工，凸凹模分别加工是指凸模与凹模分别按各自图样上标注的尺寸及公差进行加工，冲裁间隙由凸凹模刃口尺寸及公差保证，这样就需要分别计算出凸模和凹模

的刃口尺寸及公差，并标注在凸凹模设计图样上，这种加工方法具有互换性，便于成批制造，主要用于简单、规范形状（圆形、方形或矩形）的冲件。

1. 落料拉深复合模——落料凸、凹模刃口尺寸计算

落料时，因为落料件表面尺寸与凹模刃口尺寸相等或基本一致，应该先确定凹模刃口尺寸，即以凹模刃口尺寸为基准，又因为落料件尺寸会随凹模刃口的磨损而增大，为了保证凹模磨损到一定程度仍能冲出合格零件，故凹模基本尺寸应该取落料件尺寸公差范围内的较小尺寸，落料凸模的基本尺寸则是凹模基本尺寸减去最小合理间隙。

计算公式查表 2 – 12：

$$D_{凹} = (D - X\Delta)^{+\delta_{凹}}_{0}$$

$$D_{凸} = (D - X\Delta - Z_{min})^{0}_{-\delta_{凸}}$$

为避免多数冲裁件尺寸都偏向于极限尺寸，此处可取磨损系数 $X = 0.5$。$\delta_{凹}$、$\delta_{凸}$ 按 IT8 来选取，落料尺寸 $\phi 157^{0}_{-0.1}$ mm，查表 2 – 13 得 $\delta_{凸} = 0.030$ mm，$\delta_{凹} = 0.040$ mm。

落料刃口最大尺寸 $\phi 157$ mm 计算，对于未标注公差可按 IT14 级计算，查表 2 – 10 得，冲裁模刃口双面间隙：$Z_{min} = 0.132$ mm，$Z_{max} = 0.240$ mm。

校核间隙：$|\delta_{凸}| + |\delta_{凹}| \leqslant Z_{max} - Z_{min}$ 条件，经校验不等式成立，则

$$D_{凹} = (D - X\Delta)^{+\delta_{凹}}_{0} = (157 - 0.5 \times 0.1)^{+0.04}_{0} \text{mm} = 156.95^{+0.04}_{0} \text{mm}$$

$$D_{凸} = (D - X\Delta - Z_{min})^{0}_{-\delta_{凸}} = (157 - 0.5 \times 0.1 - 0.132)^{0}_{-0.03} \text{mm} = 156.818^{0}_{-0.03} \text{mm}$$

2. 冲孔切边复合模——切边凸、凹模刃口尺寸计算

凸、凹模刃口尺寸计算采用分开制造法，具体尺寸计算略。

3. 冲孔切边复合模——冲孔凸、凹模刃口尺寸计算

凸、凹模刃口尺寸计算采用分开制造法，对于冲孔 $\phi 11^{+0.043}_{0}$ mm，查得该零件冲裁凸、凹模 $Z_{min} = 0.132$ mm，$Z_{max} = 0.240$ mm，$\delta_{凸} = \delta_{凹} = 0.020$ mm。

校核间隙：$|\delta_{凸}| + |\delta_{凹}| \leqslant Z_{max} - Z_{min}$，满足条件，故可以采用凸模与凹模配合加工方法，查得 $X = 0.5$，则

$$d_{凸} = (d + X\Delta)^{0}_{-\delta_{凸}} = (11 + 0.5 \times 0.43)^{0}_{-0.043} \text{mm} = 11.215^{0}_{-0.043} \text{mm}$$

$$d_{凹} = (d + X\Delta + Z_{min})^{+\delta_{凹}}_{0} = (11 + 0.5 \times 0.43 + 0.132)^{+0.065}_{0} \text{mm} = 11.347^{+0.065}_{0} \text{mm}$$

4. 冲裁力的计算

1）冲裁力的计算

冲裁力是冲裁过程中凸模对板料施加的压力，它是随凸模进入板料的深度（凸模行程）而变化的。通常所说的冲裁力是指冲裁力的最大值，它是选用压力机和设计模具的重要依据之一。

平刃口模具冲裁时其冲裁力 $F_{冲}$ 计算公式为

$$F_{冲} = KLt\tau \qquad\qquad (2 - 2)$$

式中：$F_{冲}$——冲裁力（N）；

　　　K——修正系数，一般取 1.3。

　　　L——冲裁周边长度（mm）；

　　　t——材料厚度（mm）；

　　　τ——材料的抗冲剪强度（MPa）；

为了方便计算，也可近似计算冲裁力：

$$F_{\text{冲}} = LtR_{\text{m}} \tag{2-3}$$

式中：R_{m}——材料的抗拉强度（MPa）。

2）卸料力、推件力和顶件力的计算

冲裁后，带孔部分的材料会紧箍在凸模上，而冲下的部分材料会卡在凹模洞中。冲裁时，工件或废料从凸模上取下来的力称为卸料力，从凹模内将工件或废料顺着冲裁方向推出的力称为推件力，逆着冲裁方向顶出的力称为顶件力，如图 2-17 所示。

影响卸料力、推件力、顶件力的因素很多，生产中常采用经验公式计算。

$$F_{\text{卸}} = K_{\text{卸}} F_{\text{冲}} \tag{2-4}$$

$$F_{\text{推}} = nK_{\text{推}} F_{\text{冲}} \tag{2-5}$$

$$F_{\text{顶}} = K_{\text{顶}} F_{\text{冲}} \tag{2-6}$$

式中：$F_{\text{卸}}$——卸料力（N）；

$F_{\text{推}}$——推件力（N）；

$F_{\text{顶}}$——顶件力（N）；

$K_{\text{卸}}$——卸料力系数；

$K_{\text{推}}$——推件力系数；

$K_{\text{顶}}$——顶件力系数；

n——同时卡在凹模内的工件（或废料）数目，$n = h/t$（其中 h 为凹模直刃口高度，t 为材料厚度）。

系数值见表 2-16。

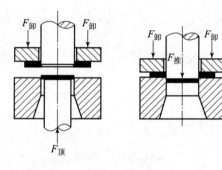

图 2-17 卸料力、推件力和顶件力

表 2-16 $K_{\text{卸}}$、$K_{\text{推}}$、$K_{\text{顶}}$数值

材料及厚度 t/mm		$K_{\text{卸}}$	$K_{\text{推}}$	$K_{\text{顶}}$
钢	≤0.1	0.065~0.075	0.1	0.14
	0.1~0.5	0.045~0.055	0.063	0.08
	0.5~2.5	0.04~0.05	0.055	0.06
	2.5~6.5	0.03~0.04	0.045	0.05
	>6.5	0.02~0.03	0.025	0.03
铝及铝合金		0.025~0.08	0.03~0.07	
紫铜、黄铜		0.02~0.06	0.03~0.09	
注：卸料力系数在冲多孔、大搭边及轮廓复杂时取上限值。				

3）总冲裁工艺力的计算

冲裁时压力机的公称压力必须大于或等于冲裁工艺力的总和 $F_{\text{总}}$。

（1）采用弹性卸料装置和上出料方式的总冲裁工艺力为

$$F_{\text{总}} = F_{\text{冲}} + F_{\text{卸}} + F_{\text{顶}} \tag{2-7}$$

（2）采用刚性卸料装置和下出料方式的总冲裁工艺力为

$$F_总 = F_冲 + F_推 \qquad (2-8)$$

（3）采用弹性卸料装置和下出料方式的总冲裁工艺力为

$$F_总 = F_冲 + F_卸 + F_推 \qquad (2-9)$$

（4）采用弹性卸料装置和刚性出料方式的总冲裁工艺力为

$$F_总 = F_冲 + F_卸 \qquad (2-10)$$

4）冲压模具压力中心的计算

模具压力中心是指冲压时各个冲压力合力的作用点位置。为保证冲裁模正确和稳定地工作，冲裁模的压力中心必须通过模柄轴线并与压力机滑块的中心线重合，才能减少冲裁模和压力机导轨的磨损，延长模具和压力机的寿命，避免冲压事故。

压力中心的确定主要有作图法和解析法两种。作图法是用匀质金属丝将冲裁件轮廓封闭，用细线沿一点悬挂冲裁件，并以悬挂点为起点作铅垂线，再选另一点用同样的方法作出一条铅垂线，则两条铅垂线的交点即为压力中心。解析法则是根据力矩平衡原理进行计算。

（1）简单几何形状压力中心的位置。冲模对称形状工件，其压力中心位于工件轮廓图形的几何中心；冲裁直线段时，其压力中心位于直线段的中心。冲裁圆弧段时，其压力中心的位置如图2–18所示，并按式（2–11）计算：

$$y = \frac{180°R\sin\alpha}{\pi a} = \frac{Rs}{b} \qquad (2-11)$$

式中：y——圆弧重心（即为压力中心的位置）到圆心的
　　　　　距离（mm）；

　　　R——圆弧半径（mm）；

　　　α——圆弧中心半角（°）；

　　　b——弧长（mm）；

　　　s——弦长（mm）。

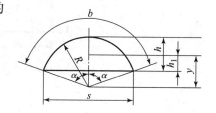

图2–18　圆弧压力中心

（2）复杂形状压力中心和多凸模冲裁的压力中心。形状复杂零件的压力中心和多凸模冲裁的压力中心可用解析法求解，如图2–19所示。

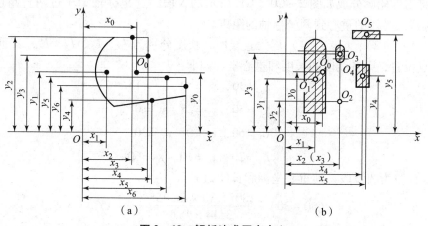

（a）　　　　　　　　　　　　　（b）

图2–19　解析法求压力中心

（a）复杂零件冲裁压力中心；（b）多凸模冲裁压力中心

解析法计算是根据力矩平衡原理，各分力对某坐标轴的力矩之和等于各力的合力对该坐标轴的力矩，求出合力作用点的位置 $(x_0，y_0)$，计算公式为

$$x_0 = \frac{F_{冲1}x_1 + F_{冲2}x_2 + \cdots + F_{冲n}x_n}{F_{冲1} + F_{冲2} + \cdots + F_{冲n}} \qquad (2-12)$$

$$y_0 = \frac{F_{冲1}y_1 + F_{冲2}y_2 + \cdots + F_{冲n}y_n}{F_{冲1} + F_{冲2} + \cdots + F_{冲n}} \qquad (2-13)$$

因为冲裁力与冲裁周边长度成正比，所以上两式中的各冲裁力 $F_{冲1}$，$F_{冲2}$，$\cdots$，$F_{冲n}$，可分别用各冲裁周边长度 L_1，L_2，$\cdots$，L_n 代替，即

$$x_0 = \frac{L_1x_1 + L_2x_2 + \cdots + L_nx_n}{L_1 + L_2 + \cdots + L_n} \qquad (2-14)$$

$$y_0 = \frac{L_1y_1 + L_2y_2 + \cdots + L_ny_n}{L_1 + L_2 + \cdots + L_n} \qquad (2-15)$$

例 2 – 3 冲制如图 2 – 20（a）所示的工件，求其压力中心。

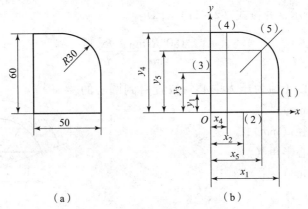

图 2 – 20 落料件的压力中心
（a）工件图；（b）坐标图

解： 将工件轮廓分成如图 2 – 20（b）所示的 5 段，选坐标轴 xOy 过两直角边（2）和（3），并标注出各段的重心到两坐标轴的距离。

线段（1）、（2）、（3）、（4）均为直线段，长度分别为 L_1、L_2、L_3、L_4，其重心为各自线段的中点位置，则各线段的长度和重心坐标如下：

$$L_1 = 30，x_1 = 50、y_1 = 15$$
$$L_2 = 50，x_2 = 25、y_2 = 0$$
$$L_3 = 60，x_3 = 0、y_3 = 30$$
$$L_4 = 20，x_4 = 10、y_4 = 60$$

第（5）段为圆弧段，其重心坐标和长度如下：

$$x_5 = \left[(50 - 30) + \frac{180° \times 30 \times \sin 45°}{3.14 \times 45°} \times \cos 45° \right] = 39.1$$

$$y_5 = \left[(60 - 30) + \frac{180° \times 30 \times \sin 45°}{3.14 \times 45°} \times \cos 45° \right] = 49.1$$

$$L_5 = \frac{90° \times 3.14 \times 30}{180°} = 47.1$$

求工件的压力中心坐标：

$$x_0 = \frac{30 \times 50 + 50 \times 25 + 60 \times 0 + 20 \times 10 + 47.1 \times 39.1}{30 + 50 + 60 + 20 + 47.1} = 23.14$$

$$y_0 = \frac{30 \times 15 + 50 \times 0 + 60 \times 30 + 20 \times 60 + 47.1 \times 49.1}{30 + 50 + 60 + 20 + 47.1} = 27.83$$

 任务实施

如图 2-1 所示端盖零件的落料、拉深、冲孔工艺力计算。

1. 模具为落料拉深复合模

动作顺序是先落料后拉深，需分别计算落料力 $F_落$、拉深力 $F_拉$ 和压边力 $F_压$。

平刃凸模落料力的计算公式：

$$F_落 = KLt\tau = 1.3 \times (3.14 \times 157) \times 1.5 \times 320 = 307\ 619.52(\text{N}) \approx 308(\text{kN})$$

在实际应用中，抗冲剪强度 τ 的值一般取材料抗拉强度 σ_b 的 0.7~0.85。为便于估算，通常取抗冲剪强度等于该材料抗拉强度 σ_b 的 80%。即 $\tau = 0.8\sigma_b$，σ_b 取 400 MPa。

2. 模具为冲孔切边复合模

模具采用废料切刀去除切边废料，其所需冲裁力和推件力分别为

$$F_冲 = K(L_{切边} + L_{冲孔})t\tau$$
$$= 1.3 \times (325.74 + 3 \times 3.14 \times 11) \times 1.5 \times 320 = 267\ 920.64(\text{N}) \approx 268(\text{kN})$$
$$F_推 = nKF_冲 = 4 \times 0.055 \times 268 \approx 59(\text{kN})$$

则需总的工作力：

$$F_总 = F_冲 + F_推 = 268 + 59 = 327(\text{kN})$$

初选设备 J23-40。

3. 计算压力中心

本零件为对称几何体，其压力中心就在它的圆心处，不必计算它的压力中心。

5）排样与搭边

冲裁件在条料或板料上布置的方法称为排样。它对材料的利用率、工件的质量和模具寿命有较大影响。

（1）排样分类。根据材料的经济利用程度，排样方法可分为有废料、少废料和无废料排样 3 种。根据工件在条料上的布置形式，可分为直排、斜排、对排、混合排、多行排等形式，见表 2-17。

（2）搭边。排样时工件之间以及工件与条料侧边之间留下的工艺余料称为搭边。搭边的作用是补偿条料的定位误差，保证冲出合格的工件；搭边还可以保持条料有一定的刚度，便于送料。搭边过大，浪费材料；搭边过小，冲裁时条料容易翘曲或被拉断，不仅会增大工件毛刺，有时还会拉入凸、凹模间隙中损坏刃口，缩短模具寿命并且影响工件表面质量。搭边值通常根据经验确定，冲裁时常用的搭边值见表 2-18。工件之间的搭边用 a_1 表示，工件与条料侧边之间的搭边用 a 表示。

表 2 – 17　排样分类

排样方式		有废料排样	少、无废料排样
直排			
斜排			
对排	直对排		
	斜对排		
混合排			
多行排			

表2-18　搭边a和a_1的数值（低碳钢）   mm

材料厚度t	圆件及圆角r>2t		矩形件边长l≤50		矩形件边长l>50或r≤2t	
	工件间a_1	侧边a	工件间a_1	侧边a	工件间a_1	侧边a
≤0.25	1.8	2.0	2.2	2.5	2.8	3.0
0.25~0.5	1.2	1.5	1.8	2.0	2.2	2.5
0.5~0.8	1.0	1.2	1.5	1.8	1.8	2.0
0.8~1.2	0.8	1.0	1.2	1.5	1.5	1.8
1.2~1.6	1.0	1.2	1.5	1.8	1.8	2.0
1.6~2.0	1.2	1.5	1.8	2.5	2.0	2.2
2.0~2.5	1.5	1.8	2.0	2.2	2.2	2.5
2.5~3.0	1.8	2.2	2.2	2.5	2.5	2.8
3.0~3.5	2.2	2.5	2.5	2.8	2.8	3.2
3.5~4.0	2.5	2.8	2.5	3.2	3.2	3.5
4.0~5.0	3.0	3.5	3.5	4.0	4.0	4.5
5.0~12	0.6t	0.7t	0.7t	0.8t	0.8t	0.9t

注：对于其他材料，将表中的数值乘以如下系数：中等硬度钢0.9，硬钢0.8，硬黄铜1~1.1，硬铝1~1.2，软黄铜、紫铜1.2，铝1.3~1.4，非金属1.5~2。

（3）送料步距。模具每冲裁一次，条料在模具上前进的距离称为送料步距。当单个步距内只冲裁一个零件时，送料步距等于条料上两个零件对应点之间的距离。

$$s = H + a_1 \qquad (2-16)$$

式中：s——送料步距（mm）；

　　　H——平行于送料方向的冲裁件宽度（mm）；

　　　a_1——冲裁件之间的搭边值（mm）。

（4）条料宽度的确定。排样方式和搭边值确定后，条料的宽度和步距就可以设计出来。

确定的原则：最小条料宽度要保证冲裁时工件周边有足够的搭边值；最大条料宽度保证能在冲裁时顺利地在导料板之间送进条料，并有一定的间隙。步距是每次将条料送入模具进行冲裁的距离。步距与排样方式有关，是决定挡料销位置的依据。

①有侧压装置时条料的宽度。有侧压装置的模具，能使条料始终沿基准导料板一侧送料，如图 2-21 所示。因此条料宽度为

$$B = (D + 2a)_{-\delta}^{0} \qquad (2-17)$$

式中：B——条料宽度的基本尺寸（mm）；

    D——条料宽度方向零件轮廓的最大尺寸（mm）；

    a——侧面搭边（mm），其值见表 2-18；

    δ——条料下料剪切公差（mm），其值见表 2-19。

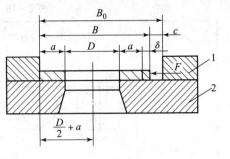

图 2-21　有侧压装置时条料宽度的确定
1—导料板；2—凹模

表 2-19　剪切公差 δ 及条料与导料板的间隙 c　　　mm

条料宽度 B	条料厚度 t							
	≤ 1		$1 \sim 2$		$2 \sim 3$		$3 \sim 5$	
	δ	c	δ	c	δ	c	δ	c
≤ 50	0.4	0.1	0.5	0.2	0.7	0.4	0.9	0.6
$50 \sim 100$	0.5	0.1	0.6	0.2	0.8	0.4	1.0	0.6
$100 \sim 150$	0.6	0.2	0.7	0.3	0.9	0.5	1.1	0.7
$150 \sim 220$	0.7	0.2	0.8	0.3	1.0	0.5	1.2	0.7
$220 \sim 300$	0.8	0.3	0.9	0.4	1.1	0.6	1.3	0.8

②无侧压装置时条料的宽度。无侧压装置的模具，其条料宽度应考虑在送料过程中因条料的摆动而使侧面搭边值减小。为了补偿侧面搭边值的减小部分，条料宽度应增加一个条料可能的摆动量，如图 2-22 所示。故条料的宽度为

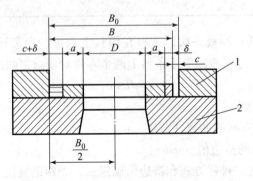

图 2-22　无侧压装置时条料宽度的确定
1—导料板；2—凹模

$$B = \left[D + 2(a + \delta + c) \right]_{-\delta}^{0} \qquad (2-18)$$

式中：c——条料与导料板的间隙（即条料的可能摆动量）（mm），其值见表 2 – 19。

③有定距侧刃时条料的宽度。当条料用定距侧刃定位时，条料宽度必须考虑侧刃切去的宽度，如图 2 – 23 所示。此时条料的宽度为

$$B = B_2 + nb = \left(D + 2a + nb \right)_{-\delta}^{0} \qquad (2-19)$$

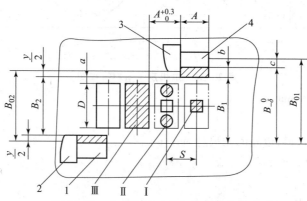

图 2 – 23　有定距侧刃时条料宽度的确定

Ⅰ—冲方孔；Ⅱ—冲圆孔；Ⅲ—落料

1—后侧刃；2—后侧刃挡块；3—前侧刃挡块；4—前侧刃

导料板之间的距离为

$$B_{01} = B + c, \quad B_{02} = B_2 + y = D + 2a + y \qquad (2-20)$$

式中：B_2——前后两侧刃间宽度（mm）；

　　　b——侧刃余料（mm），金属材料取 1 ~ 2.5 mm，非金属材料取 1.5 ~ 4 mm（薄材料取小值，厚材料取大值）；

　　　n——侧刃个数；

　　　B_{01}——前侧刃导料板之间的距离（mm）；

　　　B_{02}——后侧刃导料板间距离（mm）；

　　　y——侧刃冲切后条料与导料板之间的间隙（mm），常取 0.1 ~ 0.2 mm（薄材料取小值，厚材料取大值）。

（5）材料利用率。衡量材料经济利用性的指标是材料的利用率。合理的排样方式可以明显提高材料的利用率。一个步距内材料利用率为

$$\eta = \frac{nA}{sB} \times 100\% \qquad (2-21)$$

式中：A——冲裁件面积（包括内形结构废料）（mm^2）；

　　　n——一个步距内冲裁件数目；

　　　B——条料宽度（mm）；

　　　s——步距（mm）。

（6）排样图。在确定条料宽度后，还要选择板料规格，并确定裁板方法（纵向裁板或横向裁板）。在裁板时还要同时考虑材料的利用率、纤维方向、操作方便等因素。当条料长度确定后，就可以绘出排样图（图 2 – 24）。图中参数含义如下：

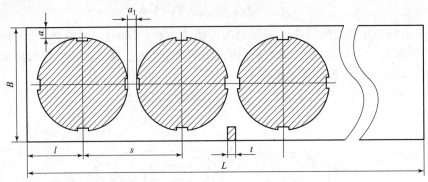

图 2-24　电机定子落料排样图

B——条料宽度（mm）；

L——条料长度（mm）；

l——工件中心与条料边界的距离（mm）；

t——材料厚度（mm）；

s——步距（mm）；

a_1——工件间搭边（mm）；

a——工件与条料侧面搭边（mm）。

任务实施

如图 2-1 所示端盖零件，排样计算如下：

零件采用单直排排样方式，查得零件间的搭边值 $a_1 = 1.2$ mm，零件与条料侧边之间的搭边值 $a = 1$ mm。若模具采用无侧压装置的导料板结构，则条料上零件的步距 s 和条料宽度 B 从毛坯图上可知：

$$s = 157 + 1 = 158 \text{ mm}$$

$$B = (D_{max} + 2a_1 + c)_{-\delta}^{0} = (157 + 2 \times 1.2 + 1)_{-0.7}^{0} \text{ mm} = 160.4_{-0.7}^{0} \text{ mm}$$

板料规格拟用 1.5 mm × 900 mm × 1 500 mm 热轧钢板。计算裁料方式如下：

（1）裁成宽 160.4 mm、长 900 mm 的条料，则每张板料所出零件数为

$$\left[\frac{1\ 500}{160.4}\right] \times \left[\frac{900}{158}\right] = 9 \times 5 = 45$$

（2）裁成宽 155.4 mm、长 1 500 mm 的条料，则每张板料所出零件数为

$$\left[\frac{900}{160.4}\right] \times \left[\frac{1\ 500}{158}\right] = 5 \times 9 = 45$$

两种裁法的材料利用率相同，为了便于工人的操作，选用第（1）种裁法。排样图如图 2-25 所示。

四、冲裁模类型及结构设计

1. 冲裁模类型

1）冲裁模的分类

（1）按工序性质可分为落料模、冲孔模、切断模、切口模、切边模和剖切模等。

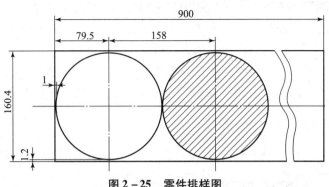

图 2-25　零件排样图

（2）按工序组合方式可分为单工序模、复合模和级进模。

（3）按上、下模的导向方式可分为无导向的开式模和有导向的导板模、导柱模和导筒模等。

（4）按凸、凹模的材料可分为硬质合金冲模、橡皮冲模、锌基合金冲模和聚氨酯橡胶冲模等。

（5）按凸、凹模的结构和布置方式可分为整体模和镶拼模、正装模和倒装模。

（6）按自动化程度可分为手动操作模、半自动模和自动模。

2）冲裁模的典型结构

（1）单工序冲裁模。单工序冲裁模是指在压力机一次行程内只能完成一个冲压工序的冲裁模，简称为单工序模。如落料模、冲孔模、切断模、切口模、切边模等。

①落料模。导柱式落料模如图 2-26 所示。上、下模依靠导柱导向，间隙容易保证，并且该模具采用弹压卸料板和弹压顶出结构，冲裁时材料被上下压紧完成分离。零件变形小，平整度高。

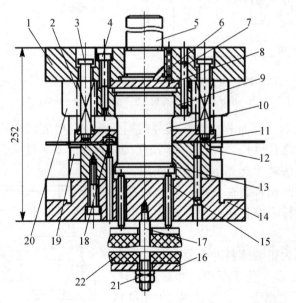

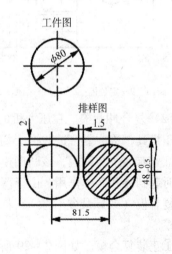

图 2-26　落料模

1—上模座；2—卸料弹簧；3—卸料螺钉；4，17—螺钉；5—模柄；6—防转销；7—销；8—垫板；9—凸模固定板；
10—落料凸模；11—卸料板；12—落料凹模；13—顶件板；14—下模座；15—顶杆；16—托板；
18—固定挡料销；19—导柱；20—导套；21—螺母；22—橡胶

②冲孔模。如图 2 – 27 所示，模具结构采用缩短凸模长度的方法来防止其在冲裁过程中产生弯曲变形而折断。小凸模由小压板 7 进行导向，同时小压板 7 由两个小导柱 6 进行导向。当上模下行时，大压板 8 与小压板 7 先后压紧工件，凸模 2、3、4 上端露出小压板 7 的上面，上模压缩弹簧继续下行，冲击块 5 冲击凸模 2、3、4 对工件进行冲孔。卸件工作由大压板 8 完成。冲裁件在凹模上由定位板 1、9 定位，并由后侧压块 10 使冲裁件紧贴定位面。

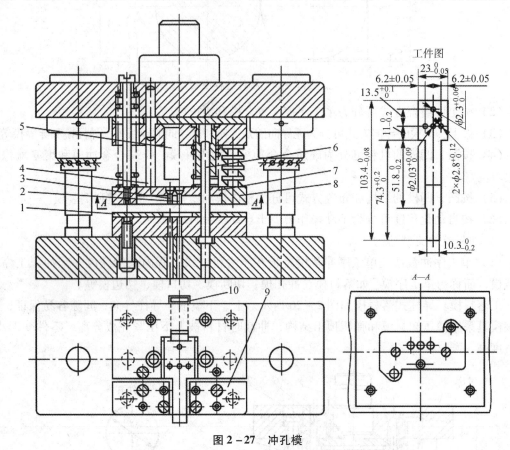

图 2 – 27　冲孔模

1，9—定位板；2，3，4—凸模；5—冲击块；6—小导柱；7—小压板；8—大压板；10—后侧压块

（2）复合冲裁模。在压力机的一次工作行程中，在模具的同一部位同时完成多道工序的冲压模具，称为复合冲裁模（简称复合模）。如图 2 – 28 所示为复合模的基本结构，其主要特征是有一个凸凹模，该凸凹模在落料时起到落料凸模作用，冲内孔时起到冲孔凹模作用。由于落料凹模常装在下模，该结构称为正装复合模（或顺装复合模）；若落料凹模装在上模，则称为倒装复合模。

①正装复合模。如图 2 – 29 所示为正装落料冲孔复合模。凸凹模 10 位于上模，落料凹模 7 和冲孔凸模 5 位于下模。冲裁工作时，条料以导料销 18 和挡料销 19 定位。上模下压，凸凹模 10 和落料凹模 7 进行落料，落料件卡在落料凹模 7 中，同时冲孔凸模 5 进行冲孔，冲孔废料卡在凸凹模 10 的内孔内。卡在落料凹模 7 中的冲裁件由顶件装置顶出，顶件装置由带肩顶杆 1 和顶件块 6 及装

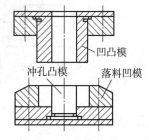

图 2 – 28　复合模的基本结构

在下模座底下的弹顶器组成（图中未画出）。卡在凸凹模 10 内孔中的冲孔废料由推件装置（推杆 9 和打杆 15 组成）推出。当上模上行至上止点时将废料推出，落料边料由弹压卸料装置卸下。

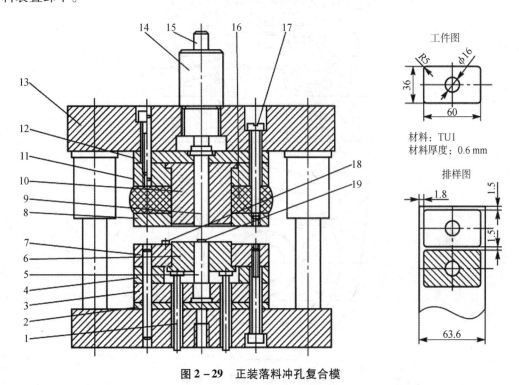

图 2 - 29　正装落料冲孔复合模

1—带肩顶杆；2、4、12—垫板；3—凸模固定板；5—冲孔凸模；6—顶件块；7—落料凹模；
8—卸料板；9—推杆；10—凸凹模；11—凸凹模固定板；13—上模座；14—模柄；
15—打杆；16—橡胶；17—卸料螺钉；18—导料销；19—挡料销

②倒装复合模。如图 2 - 30 所示为倒装落料冲孔复合模。落料凹模 16 位于上模，17 为冲孔凸模，4 为凸凹模。倒装复合模一般采用刚性推件装置把卡在凹模中的工件推出。刚性推件装置由推杆 11、推块 10、推销 9 及推件块 8 组成。冲孔废料可直接由冲孔凸模 17 从凸凹模 4 内孔中推出。

（3）级进冲裁模。级进冲裁模是指压力机在一次行程中，依次在模具几个不同位置上同时完成多道冲压工序的模具（简称为级进模、连续模、跳步模）。整个工件的成形是在级进过程中逐步完成的。级进成形属于工序集中的工艺方法，可使切边、切口、切槽、冲孔、塑性成形、落料等多种工序在一副模具上完成。

①用导正销定距的级进模。如图 2 - 31 所示为用导正销定距的落料冲孔级进模。上、下模用导板导向。冲孔凸模 4 与落料凸模 3 的距离就是送料步距 s。材料送进时，为了保证首件的正确定距，使用挡料销首次定位冲两个小孔；第二个工位由固定挡料销 1 进行初定位，由两个装在落料凸模上的导正销 2 进行精定位。始用挡料装置安装在导板下的导料板中间。在条料冲制首件时，用手推始用挡料销 7，使它从导料板中伸出抵住条料的前端即可冲第一个工件上的两孔。以后各次冲裁由固定挡料销 1 控制送料步距作初定位。

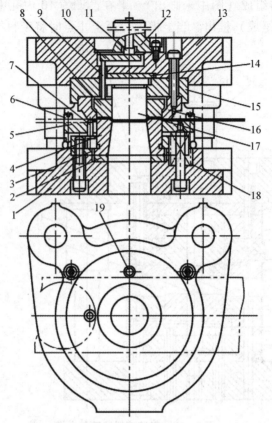

图 2 – 30 倒装落料冲孔复合模

1—下模座；2，14—垫板；3—上模固定板；4—凸凹模；5—卸料板；6—固定挡料销；

7，19—活动挡料销；8—推件块；9—推销；10—推块；11—推杆；12—模柄；

13—上模座；15—下模固定板；16—落料凹模；17—冲孔凸模；18—弹簧

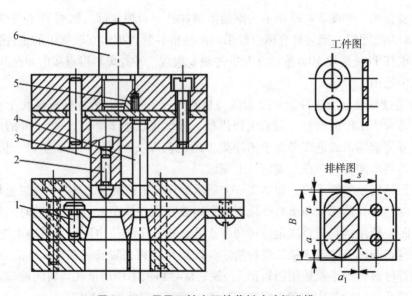

图 2 – 31 用导正销定距的落料冲孔级进模

1—固定挡料销；2—导正销；3—落料凸模；4—冲孔凸模；5—螺钉；6—模柄

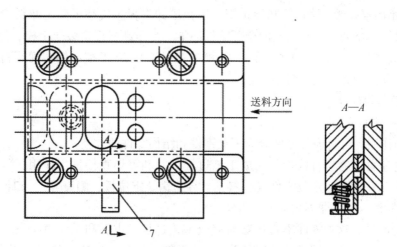

图 2-31 用导正销定距的落料冲孔级进模（续）
7—始用挡料销

②用侧刃定距的级进模。如图 2-32 所示为双侧刃定距的落料冲孔级进模。它用成形

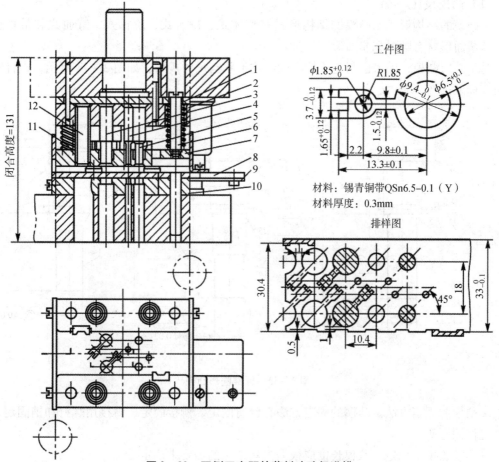

工件图

$\phi1.85^{+0.12}_{0}$　$R1.85$　$\phi9.4^{0}_{-0.1}$　$\phi6.5^{+0.1}_{0}$

$3.7^{0}_{-0.12}$　$1.65^{+0.12}_{0}$　$1.5^{0}_{-0.12}$

2.2　9.8 ± 0.1

13.3 ± 0.1

材料：锡青铜带 QSn6.5-0.1（Y）
材料厚度：0.3mm

排样图

30.4　18　$33^{0}_{-0.1}$　$45°$

0.5　10.4

闭合高度=131

图 2-32 双侧刃定距的落料冲孔级进模
1—垫板；2—固定板；3—落料凸模；4，5—冲孔凸模；6—卸料螺钉；7—弹压卸料板
8—导料板；9—承料板；10—凹模；11—弹簧；12—成形侧刃

侧刃 12 代替始用挡料销、挡料钉和导正销。用弹压卸料板 7 代替了固定卸料板。本模具采用前后双侧刃对角排列，可使料尾的全部零件冲下。弹压卸料板 7 装于上模，用卸料螺钉 6 与上模座连接。它的作用是当上模下降、凸模冲裁时，弹簧 11 被压缩实现压料；当凸模回程时，弹簧回复推动卸料板卸料。

2. 冲裁模结构设计

1）模具零件的分类

根据不同作用，可将模具零件分为工艺零件和结构零件两大类。

（1）工艺零件。零件直接参与完成工艺过程，并和毛坯直接发生作用，包括工作零件（凸模、凹模、凸凹模）、定位零件（挡料销、导正销、定位板、侧刃等）、卸料和压料零件（卸料板、压料板、顶件器等）。

（2）结构零件。这类零件不直接参与完成工艺过程，也不和毛坯直接发生作用，包括导向零件（导柱、导套、导板、导筒等）、支承零件（模柄、模座、垫板、固定板等）、紧固零件（螺钉、销、键等）和其他零件（弹簧、橡胶、传动零件等）。

2）工作零件设计

（1）凸模设计。

①凸模的结构形式。凸模的结构形式有整体式、镶拼式、阶梯式、直通式和带护套式等；其截面形状有圆形和非圆形。

对于圆形凸模，国家已制定了标准的结构形状与尺寸规格，如图 2 - 33 所示，设计时可按国家标准选择。

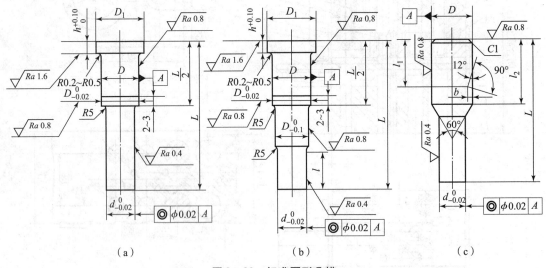

（a）　　　　　　　　　　（b）　　　　　　　　　　（c）

图 2 - 33　标准圆形凸模

②凸模的固定方法。凸模的固定方法有台肩固定、铆接固定、直接用螺钉和销固定、黏结剂浇注固定等。

③凸模长度的确定。凸模长度应根据模具结构的需要来确定。

当采用固定卸料板和导料板时，如图 2 - 34（a）所示，凸模长度 L 为

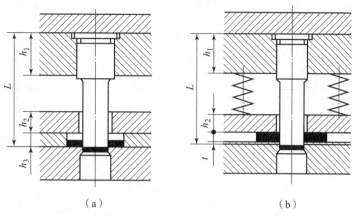

（a）　　　　　　　　　　（b）

图 2 – 34　凸模长度的确定

$$L = h_1 + h_2 + h_3 + (15 \sim 20) \tag{2 – 22}$$

当采用弹压卸料板时，如图 2 – 34（b）所示，凸模长度 L 为

$$L = h_1 + h_2 + t + (15 \sim 20) \tag{2 – 23}$$

式中：L——凸模长度（mm）；

　　　h_1——凸模固定板（mm）；

　　　h_2——卸料板（mm）；

　　　h_3——导料板（mm）；

　　　t——板料的厚度（mm）。

（15 ~ 20）——附加长度，包括凸模的修磨量、凸模进入凹模的深度及凸模固定板与卸料板间的安全距离。

④凸模的材料。凸模刃口要求有较高的耐磨性，并能承受冲裁时的冲击力，因此应有高的硬度与适当的韧性。形状简单、模具寿命要求不高的凸模可选用 T8A、T10A 等材料；形状复杂且模具有较高寿命要求的凸模可选用 Cr12、Cr12MoV、CrWMn 等材料，硬度取 58 ~ 62 HRC；要求长寿命、高耐磨性的凸模可选用硬质合金材料。

⑤凸模强度的校核。凸模一般不进行强度的校核，只有当板料很厚、强度很大、凸模很细长时才进行强度校核。

（2）凹模的结构设计。

①凹模刃口形式。常用凹模刃口形式如图 2 – 35 所示。

图 2 – 35（a）、（b）、（c）为直通式刃口，其特点是制造方便，刃口强度高，刃磨后工作部分尺寸不变，广泛用于带顶料装置的上出件模具和冲裁公差要求较小、形状复杂的精密制件。但因废料（或制件）的聚集而增大了推件力和凹模的胀裂力，给凸、凹模的强度带来不利影响。

图 2 – 35（d）、（e）为锥筒式刃口，在凹模内不聚集材料，侧壁磨损小，但刃口强度差，刃磨后刃口的径向尺寸略有增大，广泛用于工件或废料向下落的模具中。

凹模锥角 α、后角 β 和刃口高度 h 均随制件材料厚度 t 的增加而增大，一般取 $\alpha = 15' \sim 30'$、$\beta = 2° \sim 3°$、$h = 4 \sim 10$ mm。

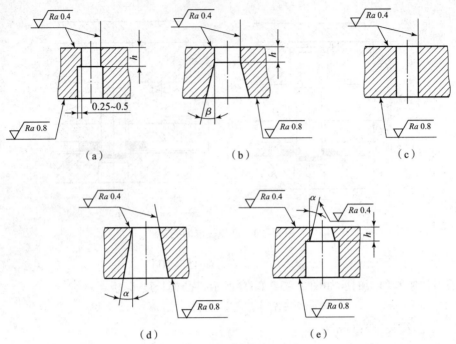

(a) (b) (c)

(d) (e)

图 2 – 35　常用凹模刃口形式

　　②凹模厚度及壁厚的确定。凹模外形一般有矩形和圆形两种。冲裁时，凹模承受冲裁力和侧向力的作用，凹模的外形尺寸应保证有足够的强度、刚度和修磨量。凹模的外形尺寸一般根据冲压材料厚度及冲裁件的最大外形尺寸，采用经验确定，如图 2 – 36 所示。

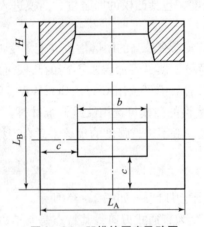

图 2 – 36　凹模的厚度及壁厚

　　凹模厚度 H 为

$$H = Kb \quad (\geqslant 15 \text{ mm}) \tag{2 – 24}$$

　　凹模壁厚 c 为

$$c = (1.5 \sim 2)H \quad (\geqslant 30 \text{ mm}) \tag{2 – 25}$$

式中：b——冲裁件的最大外形尺寸（mm）；

　　　　K——系数，其值见表 2 – 20。

表 2 – 20　系数 K 的值

b/mm	材料厚度/mm				
	0.5	1	2	3	>3
≤50	0.3	0.35	0.42	0.5	0.6
50 ~ 100	0.2	0.22	0.28	0.35	0.42
100 ~ 200	0.15	0.18	0.2	0.24	0.3
>200	0.1	0.12	0.15	0.18	0.22

根据凹模壁厚即可算出其相应凹模外形尺寸，然后可在冷冲模国家标准手册中选取标准值。

③凹模的固定方法。凹模一般采用螺钉和销固定。螺钉和销的数量、规格及它们的位置可根据凹模的大小，在标准的典型组合中查得。位置可根据结构需要做适当调整。螺孔、销孔之间及它们到模板边缘的尺寸，应满足有关设计要求。

④凹模的材料。凹模材料的选择一般与凸模一样，但热处理后的硬度应略高于凸模，一般取 60 ~ 64 HRC。凹模型孔轴线应与凹模顶面保持垂直，上、下平面应保持平行，型孔的表面粗糙度 Ra 为 0.8 ~ 0.4 μm。

3）定位零件设计

为保证条料的正确送进及在模具中的正确位置，条料在模具送料平面中必须有两个方向的限位：一是在与条料宽度方向上（横向）的限位，保证条料沿正确的方向送进，称为送进导向；二是在送料方向上（纵向）的限位，控制条料一次送进的距离（步距），称为送料步距。

（1）送进导向的定位零件。常见送进导向的定位零件有导料销、导料板、侧压板等。

①导料销。导料销导向定位多用于单工序模和复合模中，一般两个导料销设置在条料的同侧，分为固定式和活动式。图 2 – 26 就是利用固定导料销 18 来控制送料方向及步距。

②导料板。导料板一般设在条料两侧，两导料板的距离要比条料宽度大 0.02 ~ 1 mm，长度尺寸与凹模外形尺寸相同。其结构有两种：一种是标准结构，如图 2 – 37（a）所示，它与卸料板（或导板）分开制造；另一种是与卸料板制成整体结构，如图 2 – 37（b）所示。

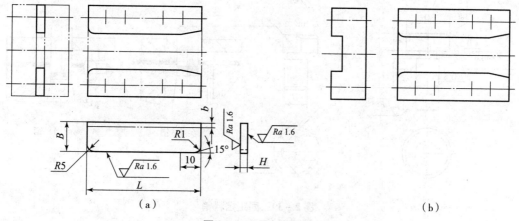

（a）　　　　　　　　　　　　　（b）

图 2 – 37　导料板结构

③侧压板。为了保证送料精度，使条料仅靠一侧的导料板送进，可采用侧压装置。如图2-38所示为常用的几种侧压装置结构。

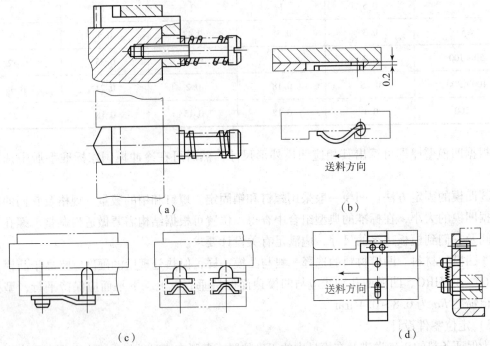

图2-38　常用的几种侧压装置结构

(a) 弹簧侧压式；(b) 簧片式；(c) 簧片侧压块式；(d) 压板式

(2) 送料步距的定位零件。常见送料步距的定位零件有挡料销、导正销和侧刃等。

①挡料销。常见的挡料销有固定挡料销、活动挡料销和始用挡料销三种形式。

固定挡料销安装在凹模上，用来控制送料步距，特点是结构简单，制造方便，但安装孔可能会削弱凹模强度。常用的固定挡料销有圆形和钩形两种，如图2-39所示。圆形挡料销结构简单、制造容易，销孔离凹模刃口较近，会削弱凹模的强度；钩形挡料销可离凹模刃口远一些。

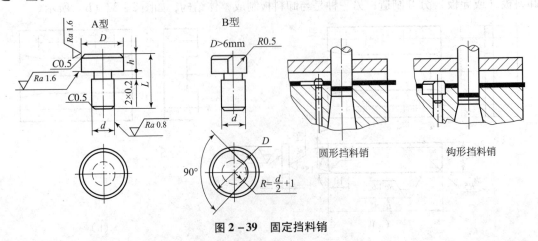

图2-39　固定挡料销

当凹模安装在上模座时，挡料销只能设置在位于下模的卸料板上，此时若在卸料板上安装固定挡料销，因凹模上要开设挡料销的让位会削弱凹模的强度，这时应采用活动挡料销。因此活动挡料销常用在倒装复合模中，其常见结构如图 2 – 40 所示。

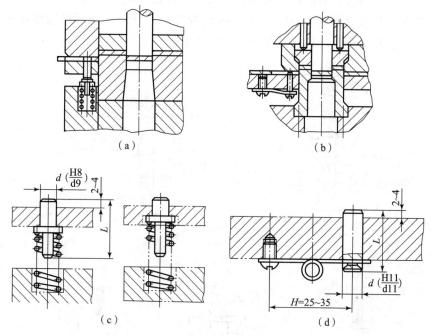

图 2 – 40 活动挡料销

始用挡料销常用于级进模中的初始定位，开始冲裁时，将挡料销向里压紧，以确定条料的准确位置，如图 2 – 41 所示。

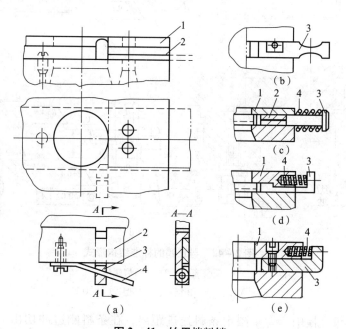

图 2 – 41 始用挡料销

1—固定卸料板；2—导料板；3—始用挡块；4—簧片

模具学

②导正销。当定距精度要求较高时，一般需增加导正销来精确定位。在级进模中，导正销通常与挡料销配合使用，以减小定位误差，保证孔与外形的相对位置尺寸要求。导正销的头部分直线与圆弧两部分，直线部分 h 不宜过大，一般取 $h=(0.5\sim1)t$。

导正销与导正销孔之间有 $0.04\sim0.20$ mm 的间隙，设计时需视零件精度而定，一般取 H7/h6 配合。导正销的标准结构形式如图 2-42 所示。

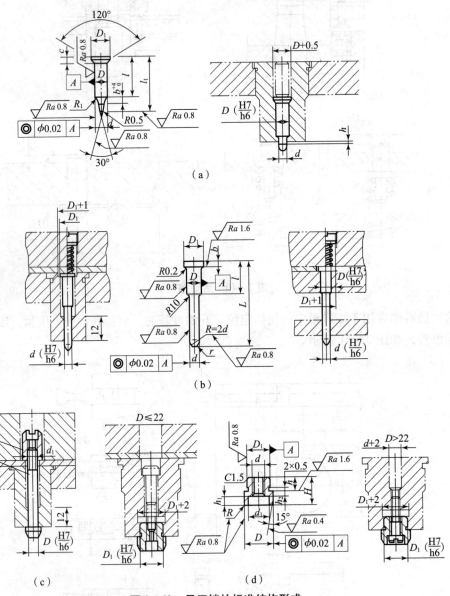

图 2-42　导正销的标准结构形式

1—导正部分；2—带台肩螺母

(a) A 型；(b) B 型；(c) C 型；(d) D 型

③侧刃。在级进模中，为了限定条料送进距离，在条料侧边冲切出一定尺寸缺口的凸模，称为侧刃。侧刃定位精度高且可靠，一般用于薄料、定距精度和生产率要求高的情况。如图 2-43 所示为几种常用的侧刃结构，其中 Ⅰ 型为无导向部分的侧刃，Ⅱ 型为有导向部分

| 060 |

的侧刃，这两类侧刃又可根据刃口形状分为 A 型（矩形侧刃）、B 型（成形侧刃）、C 型（成形侧刃）多种。

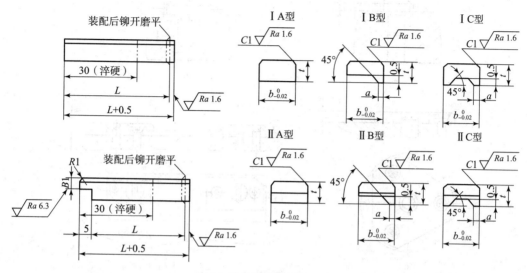

图 2 - 43 常用的侧刃结构

（3）毛坯的定位零件。定位板和定位销是用于单个毛坯的定位装置，以保证前后工序相对位置精度或工件内孔与外缘的位置精度。如图 2 - 44 所示为毛坯外缘定位用的定位板和定位销。如图 2 - 45 所示为毛坯内孔定位用的定位板和定位销。

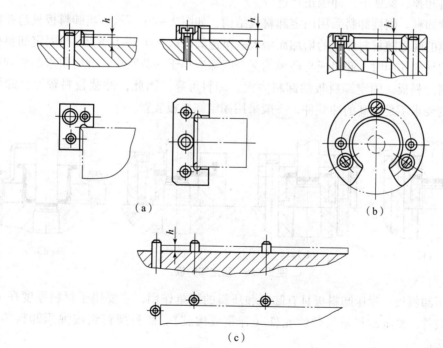

图 2 - 44 定位板和定位销（毛坯外缘定位）
（a）矩形毛坯用定位板；（b）圆形毛坯用定位板；（c）定位销

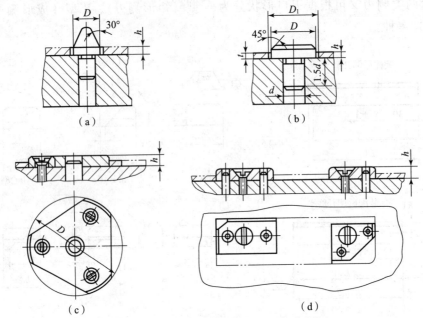

图 2-45 定位板和定位销（毛坯内孔定位）

(a) $D < 10$ mm 定位销；(b) $D = 10 \sim 30$ mm 定位销；(c) $D > 30$ mm 定位销；(d) 异形定位板

4）卸料、顶件和推件装置的设计

（1）卸料装置的设计。设计卸料零件的目的是将冲裁后卡、箍在凸模上或凸凹模上的制件或废料卸掉，保证下次冲压正常进行。

①刚性卸料。刚性卸料采用固定卸料板结构，如图 2-46 所示。当卸料板只起卸料作用时，与凸模的间隙随材料厚度的增加而增大，单边间隙取 $(0.2 \sim 0.5)t$。当固定卸料板还起到对凸模的导向作用时，卸料板与凸模的配合间隙应小于冲裁间隙，此时要求凸模卸料时不能完全脱离卸料板。固定卸料板的卸料力大，卸料可靠。因此，冲裁板料较厚、卸料力较大、平直度要求不是很高的冲裁件，一般采用固定卸料板装置。

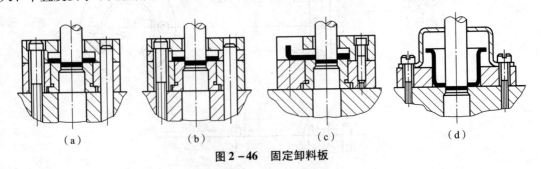

图 2-46 固定卸料板

②弹压卸料板。弹压卸料板具有卸料和压料的双重作用，主要用于材料厚度在 1.5 mm 以下的冲裁件。弹压卸料板与弹性元件（弹簧或橡胶）、卸料螺钉组成弹压卸料装置，如图 2-47 所示。

卸料板与凸模之间的单边间隙选择 $(0.1 \sim 0.2)t$，若弹压卸料板还要对凸模起导向作用，则二者的配合间隙应小于冲裁间隙。

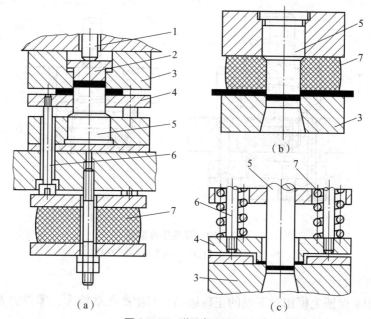

图 2 - 47　弹压卸料装置

1—推杆；2—推件块；3—凹模；4—卸料板；5—凸模；6—卸料螺钉；7—弹压元件；

（a）弹压卸料装置；（b）采用橡胶卸料；（c）采用弹簧卸料

（2）顶件装置和推件装置。顶件和推件的作用都是从凹模中卸下冲裁件或废料。

向上顶出的机构称为顶件装置，一般装在下模上。顶件装置通常是弹性珠，其基本组成有顶杆、顶件块和装在下模底下的弹顶器，弹顶器可以做成通用的，其弹性元件有弹簧、橡胶块等，如图 2 - 48 所示。

向下推出的机构称为推件装置，一般装在上模内。推件装置也分为刚性推件装置和弹性推件装置。推件力由压力机的横梁作用，通过推杆将推件力传递到推件板（块）上，从而将工件（或废料）推出凹模。常见的刚性推件装置如图 2 - 49 所示，弹性推件装置如图 2 - 50所示。

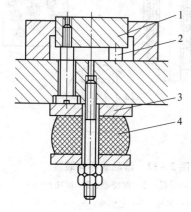

图 2 - 48　顶件装置

1—顶件块；2—顶杆；3—支承板；4—橡胶块

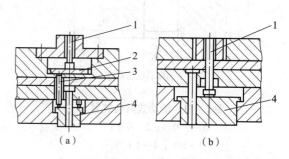

图 2 - 49　刚性推件装置

1—打杆；2—推板；3—推杆；4—推件块

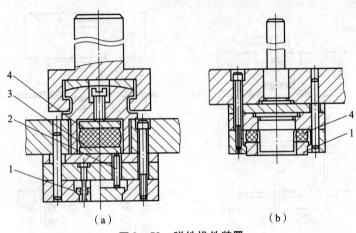

图 2-50 弹性推件装置

1—推件块；2—推杆；3—推板；4—橡胶

5）导向零件设计

导向零件用来保证上模相对下模的正确运动。对生产批量较大、零件公差要求较高、寿命要求较长的模具，一般都采用导柱、导套导向装置。

导柱和导套结构都已标准化。按导柱、导套导向方式的不同可分为滑动式导向装置和滚动式导向装置，分别如图 2-51 和图 2-52 所示。

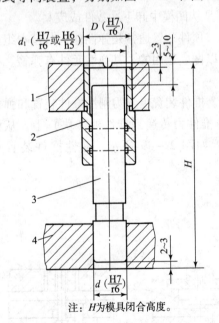

注：H 为模具闭合高度。

图 2-51 滑动式导向装置

1—上模座；2—导套；
3—导柱；4—下模座

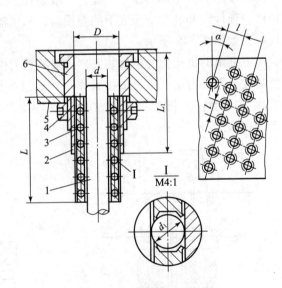

图 2-52 滚动式导向装置

1—导柱；2—保持器；3—滚珠；
4—螺母；5—上模座；6—导套

6）固定零件设计

模具的固定零件有模柄、凸模固定板、垫板、上下模座、销、螺钉等，这些零件的具体尺寸都可以从标准中查得。

（1）模柄。模柄是连接上模与压力机的零件，对它的基本要求：一是要与压力机滑块上的模柄孔正确配合，安装可靠；二是与上模正确且可靠连接。

中小型模具一般用模柄将上模座与压力机滑块连接，大型模具使用螺钉、压板将上模座与压力机滑块相连。模柄结构形式如图 2-53 所示。

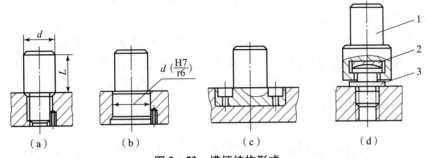

图 2-53　模柄结构形式
1—模柄；2—垫块；3—接头

（2）凸模固定板。凸模固定板的作用是将凸模（或凹模、凸凹模）连接固定在正确的位置，如图 2-8 中的 10。凸模装入固定板后，其顶面要与固定板顶面一起磨平。固定板的外形与凹模轮廓尺寸基本一致，厚度取凹模厚度的 3/5～4/5，材料可选用 Q235 或 45 钢。

（3）垫板。垫板装在固定板和上模座之间。垫板的作用是用来承受凸模或凹模的轴向压力，防止过大的冲压力在上、下模座上压出凹坑，影响模具正常工作，如图 2-8 中的 11。垫板材料厚度根据压力大小选择，一般取 5～12 mm，外形尺寸与固定板相同（具体尺寸可查标准），材料一般取 45 钢，热处理后硬度为 43～48 HRC。

（4）上、下模座。上、下模座是冲裁模零件安装的基体，承受和传递冲压力，因此，要有足够的强度、刚度和外形尺寸。模座已标准化，应用最广的是用导柱、导套作为导向装置的模座。

模座要有足够的厚度，一般取凹模厚度的 1～1.5 倍，矩形模座的长度比矩形凹模长度大 40～70 mm，其宽度可与凹模宽度相等或稍大。模座常用灰铸铁制造，冲裁力大时可选用铸钢。

五、冲裁模的设计步骤

1. 冲裁件工艺性分析

冲裁件工艺性分析的主要内容为：冲裁件的精度等级是否在冲裁工艺所能达到的范围；冲裁件的形状是否符合冲裁工艺要求；冲裁件尺寸是否超过了凸、凹模结构的限制。

2. 冲裁工艺方案的确定

确定工艺方案就是确定冲压件的工艺路线，主要包括冲压工序数目及工序组合、顺序等。

1）保证冲裁件的质量

用复合模冲出的工件精度高于级进模，而级进模又高于单工序模，因此，对精度要求较高的冲裁件，宜采用复合模工序进行冲裁。

2）经济性原则

在保证冲裁件质量的前提下，应尽可能降低生产成本，提高经济效益，所以，对于中批量的冲裁件应尽可能采用单工序模，而在试制与小批量生产时，应尽可能采用简易冲裁模。

3）安全性原则

工人操作是否安全、方便是确定工艺方案时要考虑的一个重要因素。

3. 选择模具的结构形式

冲裁方案确定后，模具类型（单工序模、复合模、级进模）即可选定，便可以确定模具的各个部分的具体结构，包括模架及导向方式，毛坯定位方式，卸料、压料、出件方式等。在进行模具结构设计时，还应考虑模具维修、保养和吊装的方便，同时要在各个细小的环节上尽可能考虑到操作者的安全等。

4. 工艺计算

（1）排样设计与计算。排样设计与计算包括选择排样方法、确定搭边值、计算送料步距与条料宽度、计算材料利用率、画出排样图等。

（2）计算冲压力。冲压力包括冲裁力、卸料力、推件力、顶件力等，计算其数值，初步选择压力机。

（3）计算模具压力中心。

（4）计算凸、凹模工作部分的尺寸并确定其制造公差。

（5）弹性元件的选取与计算。

（6）对模具的主要零件进行强度校验。

5. 模具的主要零部件设计

确定工作零件、定位零件、卸料和推出零件、导向零件和连接与固定零件的结构形式与固定方法。在设计时，还要考虑零部件的加工工艺和装配工艺性。

6. 校核模具闭合高度及压力机有关参数

模具的闭合高度应与压力机的装模高度或闭合高度相适应，如图 2-54 所示。

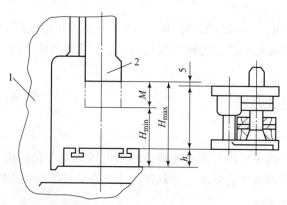

图 2-54 压力机闭合高度与模具闭合高度的关系

1—床身；2—滑块

$$H_{max} - 5 \geqslant H + h \geqslant H_{min} + 10 \tag{2-26}$$

式中：H——模具的闭合高度（mm）；

H_{max}——压力机的最大闭合高度（mm）；

H_{min}——压力机的最小闭合高度（mm）;

h——压力机的垫板材料厚度（mm）。

模具的其他外形尺寸也必须与压力机相适应。如模具外形轮廓平面尺寸与压力机的滑块底面尺寸及工作台面尺寸，模具的模柄与滑块模柄孔的尺寸，模具下模座下弹顶装置的平面尺寸与压力机工作台面孔的尺寸等都必须相适应，才能使模具正确地安装和正常使用。

7. 绘制模具总装配图和零件图

总装配图和零件图均应严格按照制图标准绘制。考虑到模具图的特点，允许采用一些常用的习惯画法。

1）绘制模具总装配图

模具总装配图是拆绘模具零件图和装配模具的依据，应清楚表达各零件之间的装配关系及固定连接方式。模具总装配图的一般布置如图2-55所示。

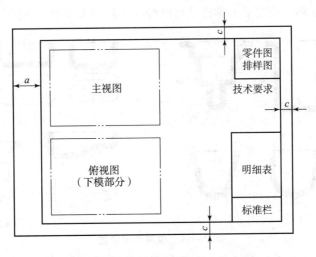

图2-55 模具总装配图的一般布置

（1）主视图。主视图是模具总装配图的主体部分，一般应画出上、下模座剖视图，上、下模一般画成闭合状态，可以直观地反映出模具的工作原理，对确定模具零件的相关尺寸及选用压力机的装模高度都较方便。

主视图中应标注闭合高度尺寸，主视图中条料和工件剖切面最好涂黑，以使图面更显清晰。

（2）俯视图。俯视图一般仅反映模具下模的结构，即将上模去除后得到的投影。

2）绘制模具零件图

模具零件图是模具加工的重要依据。绘制模具零件图应做到以下几点：

（1）视图要完整，且宜少勿多，以能将零件结构表达清楚为限。

（2）尺寸标注齐全、合理，符合国家标准。

（3）设计基准应尽可能考虑制造的要求。制造公差、几何公差、表面粗糙度选用要适当，既要满足模具加工质量要求，又要考虑尽量降低制造成本。

（4）注明所用材料牌号、热处理要求及其他技术要求。

模具装配图中的非标准件均需分别画出零件图，一般的工作顺序也是先画出工作零件

图，再依次画出其他各部件的零件图。

有些标准零件需要补充加工的（如上、下标准模座上的螺孔、销孔等）也需要画出零件图，但在此情况下通常仅画出加工部位，非加工部位的形状和尺寸可以省略不画，只需在图中注明标准件代号与规格即可。

以上是设计冲裁模时的大致步骤，反映了在设计时所应考虑的主要工作。具体设计时，这些内容往往是交替进行的。

任务二　拉深工艺与拉深模设计

拉深是利用拉深模具将冲裁好的平板毛坯压制成各种开口的空心件，或将已制成的开口空心件加工成其他形状空心件的一种加工方法。

拉深件的种类很多，按变形力学特点可以分为 4 种基本类型，如图 2 – 56 所示。

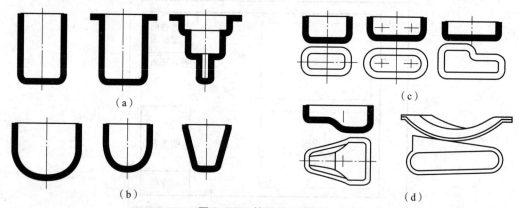

图 2 – 56　拉深件示意图

（a）直壁旋转体拉深件；（b）盒形件；（c）曲面旋转体拉深件；（d）非旋转体曲面形状拉深件

一、拉深变形过程分析

1. 拉深变形过程

圆筒形件的拉深过程如图 2 – 57 所示。直径为 D、厚度为 t 的圆形毛坯经过拉深模拉深，得到内径为 d、高度为 H 的开口圆筒形工件。

其变形过程是：随着凸模的下行，留在凹模端面上的毛坯外径不断缩小，圆形毛坯逐渐被拉进凸模与凹模间的间隙中形成直壁，而处于凸模底面下的材料则成为拉深件的底，当板料全部拉入凸、凹模间的间隙时，拉深过程结束，平板毛坯就变成具有一定的直径和高度的开口空心件。

与冲裁模相比，拉深凸、凹模的工作部分没有锋利的刃口，而是分别具有一定的圆角，并且其单面间隙稍大于料厚。在这样的条件下拉深时，毛坯在凸模的压力作用下被逐渐拉进凸、凹模之间的间隙里面，形成筒形件的直壁

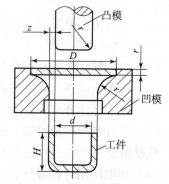

图 2 – 57　圆筒形件的拉深过程

部分，而处于凸模下面的材料则成为圆筒形件的底。

2. 拉深变形过程特点

1）平面凸缘区——主要变形区

凸缘部分（即 $D-d$ 的环形部分）是主要变形区。此处材料不断被拉深，拉入凸模与凹模之间间隙而形成筒壁，成为圆筒形开口空心件。此处材料当拉深变形程度较大，板料又比较薄时，则在坯料的凸缘部分，特别是外缘部分，因受压过大可能失稳而拱起，形成所谓的起皱，导致拉深不能正常进行。

拉深过程实质上就是将坯料的凸缘部分材料逐渐转移到筒壁的过程。

2）凹模圆角区——过渡区

这是凸缘和筒壁部分的过渡区，材料的变形比较复杂，此处材料厚度减薄，所以有可能出现破裂。

3）筒壁部分——传力区

这是由凸缘部分材料塑性变形后转化而成，这部分材料已经形成筒形。它将凸模的作用力传给凸缘变形区的材料，又是传力区。

在拉深过程中，凸模的拉深力要经由筒壁传递到凸缘区，发生少量的纵向伸长和厚度减薄变形。

4）凸模圆角区——过渡区

这是筒壁和圆筒底部的过渡区，这个区域的筒壁与筒底转角处稍上的位置，往往成为整个拉深件强度最薄弱的地方，此处最容易出现拉裂，是拉深过程中的"危险断面"。

5）圆筒底部——小变形区

这部分材料处于凸模下面，直接接收凸模施加的力并由它将力传给圆筒壁部，因此该区域也是传力区。该处材料在拉深开始就被拉入凹模内，并始终保持平面形状。由于凸模圆角处的摩擦制约了底部材料的向外流动，故圆筒底部变形不大，一般可忽略不计。

3. 拉深变形程度表示

圆筒形件拉深的变形程度，通常以筒形件直径 d 与坯料直径 D 的比值来表示，即

$$m = d/D \qquad\qquad (2-27)$$

式中：m——拉深系数。

m 越小，拉深变形程度越大；相反，m 越大，拉深变形程度就越小。

二、拉深工艺性分析

1. 起皱

拉深时坯料凸缘区出现波纹状的皱折称为起皱。

1）起皱产生的原因

凸缘部分是拉深过程中的主要变形区，而该变形区受最大切向压应力作用，其主要变形是切向压缩变形。当切向压应力较大而坯料的相对厚度 t/D（t 为料厚，D 为坯料直径）又较小时，凸缘部分的料厚与切向压应力之间失去了应有的比例关系，从而在凸缘的整个周围产生波浪形的连续弯曲，如图 2-58（a）所示，这就是拉深时的起皱现象。

通常起皱首先从凸缘外缘发生，因为这里的切向压应力绝对值最大。出现轻微起皱时，凸缘区板料仍有可能全部拉入凹模内，但起皱部位的波峰在凸模与凹模之间受到强烈挤压，

从而在拉深件侧壁靠上部位将出现条状的挤光痕迹和明显的波纹，影响工件的外观质量与尺寸精度，如图 2-58（b）所示。起皱严重时，拉深便无法顺利进行，这时起皱部位相当于板厚增加了许多，因而不能在凸模与凹模之间顺利通过，并使径向拉应力急剧增大，继续拉深时将会在危险断面处拉破，如图 2-58（c）所示。

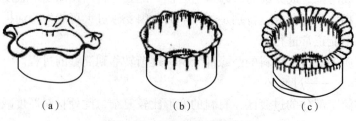

（a）　　　　　　　　（b）　　　　　　　　（c）

图 2-58　拉深件的起皱破坏

（a）起皱现象；（b）轻微起皱影响拉深件质量；（c）严重趋皱导致破裂

2）影响起皱的主要因素

（1）坯料的相对厚度 t/D。坯料的相对厚度越小，拉深变形区抵抗失稳的能力越差，因而就越容易起皱。相反，坯料相对厚度越大，越不容易起皱。

（2）拉深系数 m。根据拉深系数的定义 $m = d/D$ 可知，拉深系数 m 越小，拉深变形程度越大，拉深变形区内金属的硬化程度也越高，因而切向压应力相应越大；拉深系数越小，凸缘变形区的宽度相对越大，其抵抗失稳的能力就越小，因而越容易起皱。

有时，虽然坯料的相对厚度较小，但若拉深系数较大，拉深时也不会起皱。例如，拉深高度很小的浅拉深件，即属于这一种情况。这说明，在上述两个主要影响因素中，拉深系数的影响显得更为重要。

（3）材料的力学性能。板料的屈强比小，则屈服极限小，变形区内的切向压应力也相对减小，因此板料不容易起皱。

（4）拉深模工作部分的几何形状与参数。凸模和凹模圆角及凸、凹模之间的间隙过大时，坯料容易起皱。用锥形凹模拉深的坯料与用普通平端面凹模拉深的坯料相比，前者不容易起皱，如图 2-59 所示。其原因是用锥形凹模拉深时，坯料形成的曲面过渡形状 ［图 2-59（b）］比平面形状具有更大的抗压失稳能力。而且，凹模圆角处对坯料造成的摩擦阻力和弯曲变形的阻力都减到了最低限度，凹模锥面对坯料变形区的作用力也有助于使它产生切向压缩变形，因此其拉深力比平端面凸模要小得多，拉深系数可以大为减小。

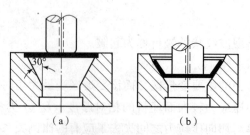

（a）　　　　　　　　　　（b）

图 2-59　锥形凹模的拉深

3）控制起皱的措施

为了防止起皱，最常用的方法是在拉深模具上设置压料装置，即压边圈，使坯料凸缘区夹在凹模平面与压边圈之间通过，如图 2 - 60 所示。若然并不是任何情况下都会发生起皱现象，若变形程度较小、坯料相对厚度较大，一般不会起皱，这时就可不必采用压料装置。判断是否采用压边圈可查表 2 - 21 来确定。

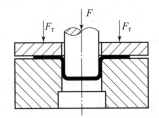

图 2 - 60 带压边圈的模具结构

表 2 - 21 采用或不采用压边圈的条件

拉深方法	首次拉深		第 n 次拉深	
	$(t/D) \times 100$	m_1	$(t/D) \times 100$	m_n
用压边圈	< 1.5	< 0.6	< 1	< 0.8
可用可不用压边圈	1.5 ~ 2.0	0.6	1 ~ 1.5	0.8
不用压边圈	> 2.0	> 0.6	> 1.5	> 0.8

2. 拉裂

1）拉裂产生的原因

在拉深过程中，由于凸缘变形区应力应变很不均匀，靠近外边缘的坯料压应力大于拉应力，其压应变为最大主应变，坯料有所增厚；而靠近凹模孔口的坯料拉应力大于压应力，其拉应变为最大主应变，坯料有所变薄。因而，当凸缘区转化为筒壁后，整个筒壁部分，由上向下厚度逐渐变小，壁部与底部圆角相切处变薄最严重（图 2 - 58）。变薄最严重的部位成为拉深时的危险断面，当筒壁的最大拉应力超过了该危险断面材料的抗拉强度时，便会产生拉裂，如图 2 - 61 所示。另外，当凸缘区起皱时，坯料难以或不能通过凸、凹模间隙，使得筒壁拉应力急剧增大，也会导致拉裂［图 2 - 58 （c）］。

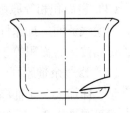

图 2 - 61 拉深件的拉裂破坏

2）控制拉裂的措施

生产实际中常用适当加大凸凹模圆角半径、降低拉深力、增加拉深次数、在压边圈底部和凹模上涂润滑剂等方法来避免拉裂的产生。

综上所述，起皱和拉裂是拉深过程中的两大障碍，是拉深时经常遇到的主要质量问题。但一般情况下起皱不是主要难题，因为只要设置压边圈即可解决。因而拉裂就成为拉深时的主要破坏形式。拉深能顺利进行时，极限变形程度的确定就是以不拉裂为前提的。同时还要使厚度变化和冷作硬化程度在工件质量标准的允许范围之内。

任务实施

如图 2-1 所示端盖零件，该零件可看成带凸缘的筒形件，料厚 $t = 2$ mm，拉深后厚度不变；零件底部圆角半径 $r = 1.5$ mm，凸缘处的圆角半径也为 $R = 1.5$ mm；尺寸公差都为自由公差，满足拉深工艺对精度等级的要求。

工艺性对精度的要求：一般情况下，拉深件的尺寸精度应在 IT13 级以下，不宜高于 IT11 级；对于精度要求高的拉深件，应在拉深后增加整形工序，以提高其精度，由于材料各向异性的影响，拉深件的口部或凸缘外缘一般是不整齐的，出现"突耳"现象，需要增加切边工序。

影响拉深件工艺性的因素主要有拉深件的结构与尺寸、精度和材料。拉深工艺性对结构与尺寸的要求是拉深件应尽量简单、对称并能一次拉深成形；拉深件的壁厚公差或变薄量一般不应超出拉深工艺壁厚变化规律；当零件一次拉深的变形程度过大时，为避免拉裂，需采用多次拉深，这时在保证必要的表面质量前提下，应允许内、外表面存在拉深过程中可能产生的痕迹；在保证装配要求下，应允许拉深件侧壁有一定的斜度；拉深件的径向尺寸应只标注外形尺寸或内形尺寸，而不能同时标注内、外形尺寸。

工艺性要求材料具有良好的塑性，屈强比值越小，一次拉深允许的极限变形程度越大，拉深的性能越好，拉深过程中材料不易变薄或拉裂，因而有利于拉深成形。

三、拉深工艺主要参数设计

1. 旋转体拉深件坯料尺寸的确定

1) 坯料形状和尺寸确定的原则

(1) 形状相似性原则。拉深件的坯料形状一般与拉深件的截面轮廓形状近似相同，即当拉深件的截面轮廓是圆形、方形或矩形时，相应坯料的形状应分别为圆形、近似方形或近似矩形。另外，坯料周边应光滑过渡，以使拉深后得到等高侧壁（如果零件要求等高时）或等宽凸缘。

(2) 表面积相等原则。对于不变薄拉深，虽然在拉深过程中板料的厚度有增厚也有变薄，但实践证明，拉深件的平均厚度与坯料厚度相差不大。由于塑性变形前后体积不变，因此，可以按坯料面积等于拉深件表面积的原则确定坯料尺寸。

(3) 修边余量原则。制成的拉深件口部一般都不整齐，因此在多数情况下采取增加修边余量，即加大工序件高度或凸缘宽度的办法，拉深后再经过切边工序以保证零件质量。修边余量可参考表 2-22 和表 2-23。但当零件的相对高度 H/d 很小并且高度尺寸要求不高时，也可以不用切边工序。

应该指出，用理论计算方法确定坯料尺寸不是绝对准确的，而是近似的，尤其是变形复杂的拉深件。实际生产中，对于形状复杂的拉深件，通常是先做好拉深模，并以用理论计算方法初步确定的坯料进行反复试模修正，直至得到的工件符合要求时，再将符合实际的坯料形状和尺寸作为制造落料模的依据。

2) 简单旋转体拉深件坯料尺寸的确定

旋转体拉深件坯料的形状是圆形，所以坯料尺寸的计算主要是确定坯料直径。对于简单旋转体拉深件，可首先将拉深件划分为若干个简单而又便于计算的几何体，并分别求出各简单几何体的表面积，再把各简单几何体的表面积相加即为拉深件的总表面积，然后根据表面积相等原则，即可求出坯料直径。

表 2 − 22　无凸缘圆筒形拉深件的修边余量 Δh 　　　　　　　　　mm

工件高度 h	工件的相对高度 h/d				附图
	>0.5 ~ 0.8	>0.8 ~ 1.6	>1.6 ~ 2.5	>2.5 ~ 4	
≤10	1.0	1.2	1.5	2	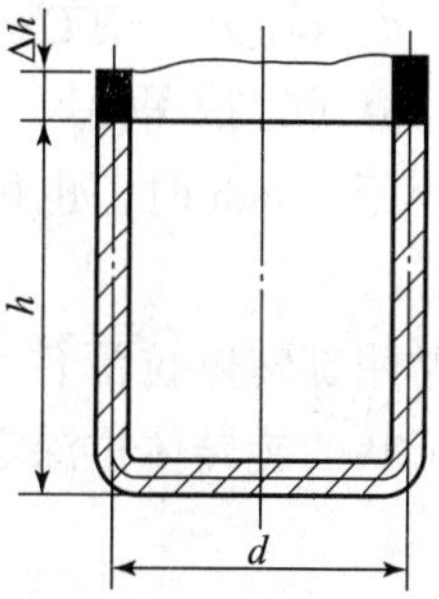
10 ~ 20	1.2	1.6	2	2.5	
20 ~ 50	2	2.5	3.3	4	
50 ~ 100	3	3.8	5	6	
100 ~ 150	4	5	6.5	8	
150 ~ 200	5	6.3	8	10	
200 ~ 250	6	7.5	9	11	
>250	7	8.5	10	12	

表 2 − 23　有凸缘圆筒形拉深件的修边余量 ΔR 　　　　　　　　　mm

凸缘直径 d_t	工件的相对高度 d_t/d				附图
	1.5 以下	>1.5 ~ 2	>2 ~ 2.5	>2.5 ~ 3	
≤10	1.6	1.4	1.2	1.0	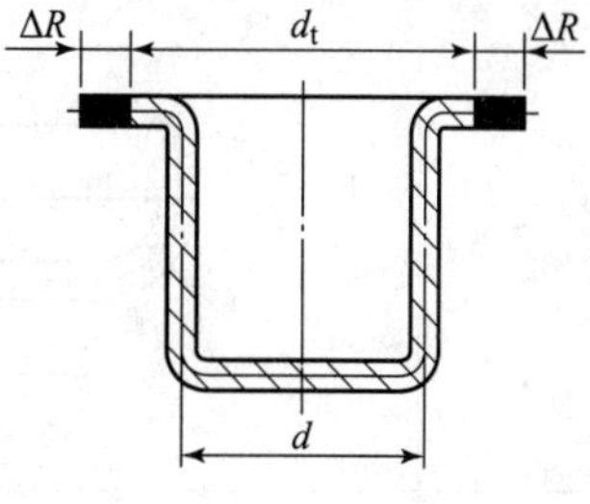
25 ~ 50	2.5	2.0	1.8	1.6	
50 ~ 100	3.5	3.0	2.5	2.2	
100 ~ 150	4.3	3.6	3.0	2.5	
150 ~ 200	5.0	4.0	3.5	2.7	
200 ~ 250	5.5	4.6	3.8	2.8	
>250	6	5	4	3	

图 2 − 62 所示的圆筒形拉深件，可分解为无底圆筒 1、1/4 凹圆环 2 和圆形板 3 三部分，每一部分的表面积分别为

$$A_1 = \pi d (H - r)$$

$$A_2 = \pi \left[2\pi r (d - 2r) + 8r^2 \right] / 4$$

$$A_3 = \pi (d - 2r)^2 / 4$$

设坯料直径为 D，则按坯料表面积与拉深件表面积相等原则有

$$A = \pi d^2 / 4 = A_1 + A_2 + A_3$$

分别将 A_1、A_2、A_3 代入上式并简化后得

$$D = \sqrt{d^2 + 4dH - 1.72dr - 0.56r^2} \qquad (2-28)$$

式中：D——坯料直径；

d，H，r——拉深件的直径、高度、圆角半径。

计算时，拉深件尺寸均按厚度中线尺寸计算，但当板料厚度小于 1 mm 时，也可以按零件图标注的外形或内形尺寸计算。

常用旋转体拉深件坯料直径的计算公式可查表 2 - 24。其他形状的旋转体拉深零件毛坯尺寸的计算可查阅有关设计资料。

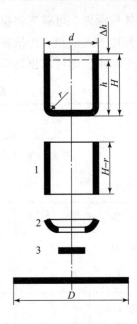

图 2 - 62　圆筒形拉深件坯料尺寸计算图

表 2 - 24　常用旋转体拉深件坯料直径的计算公式

序号	零件形状	坯料直径 D
1		$\sqrt{d_1^2 + 2l(d_1 + d_2)}$
2		$\sqrt{d_1^2 + 2r(\pi d_1 + 4r)}$
3		$\sqrt{d_1^2 + 4d_2h + 6.28d_1 + 8r^2}$ 或 $\sqrt{d_2^2 + 4d_2H - 1.72rd_2 - 0.56r^2}$

续表

序号	零件形状	坯料直径 D
4		当 $r \neq R$ 时 $\sqrt{d_1^2 + 6.28rd_1 + 8r^2 + 4d_2h + 6.28Rd_2 + 4.56R^2 + d_4^2 - d_3^2}$ 当 $r = R$ 时 $\sqrt{d_4^2 + 4d_2H - 3.44rd_2}$
5		$D = \sqrt{8rh}$ 或 $\sqrt{s^2 + 4h^2}$

任务实施

　　如图 2-1 所示端盖零件，由于板料在扎压或退火时所产生的聚合组织使材料引起残存的方向性，反映到拉深过程中，就使桶形拉深件的口部形成明显的突耳。此外，如果板料本身的金属结构组织不均匀、模具间隙不均匀、润滑的不均匀等，也会引起冲件口高低不齐的现象，因此就必须在拉深厚的零件口部和外缘进行修边处理。这样在计算毛坯尺寸的时候就必须加上修边余量，然后再进行毛坯的展开尺寸计算。

　　因板料厚度 $t > 1$ mm，故按板厚中线尺寸计算。

　　1. 确定修边余量

　　对于该零件，可看成带凸缘拉深件。由图知其相对凸缘最大直径 $\dfrac{d_{tmax}}{d} = \dfrac{88 + 2 \times 14}{56.5} = \dfrac{116}{56.5} = 2.05$，查得切修边余量 $\Delta R = 3$ mm。

　　2. 确定毛坯尺寸

　　已知 $d_t = 116$ mm，$r = 5.755$ mm，$d = 56.5$ mm，$h = 45$ mm，故切边前的凸缘直径为
修正后拉深凸缘的直径应为 $d_{t\,max} = d_t + 2\Delta R = 116 + 2 \times 3 = 122$（mm）。

　　毛坯直径：

$$D = \sqrt{d_{t\,max}^2 + 4dh - 3.44rd} = \sqrt{122^2 + 4 \times 56.5 \times 45 - 3.44 \times 5.75 \times 56.5} = 155 \text{（mm）}$$

其中，零件凸缘部分的表面积等于：

$$F_凸 = \frac{\pi}{4}[d_{t\,max}^2 - (d + 2R)^2] = \frac{\pi}{4}[122^2 - (56.5 + 2 \times 5.75)^2] = 8\,054 \text{（mm}^2)$$

零件除去凸缘部分的表面积为

$$F = \frac{\pi}{4}D^2 - F_{凸} = \frac{\pi}{4} \times 155^2 - 8\,054 = 10\,806\ (\text{mm}^2)$$

2. 拉深系数

在制定拉深工艺过程和设计拉深模时，必须预先确定该零件是否可以一次拉成，这直接关系到制造的经济性和成品的质量。在确定拉深次数时，必须做到使毛坯内部的应力既不超过材料的强度极限，而且还能充分利用材料的性能。即每次拉深工序应在确保毛坯侧壁强度允许的条件下，采用最大可能的变形程度。

圆筒形件的拉深变形程度一般用拉深系数表示和衡量。

1）拉深系数与拉深次数

拉深系数 m 是指每次拉深后圆筒形件直径与拉深前坯料（或半成品）直径的比值（图 2 – 63）。

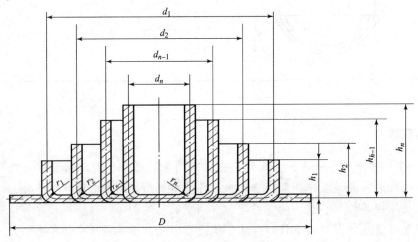

图 2 – 63　圆筒形件的多次拉深

第一次拉深系数

$$m_1 = \frac{d_1}{D}$$

第一次拉深系数

$$m_2 = \frac{d_2}{d_1}$$

第 n 次拉深系数

$$m_n = \frac{d_n}{d_{n-1}}$$

总拉深系数表示从坯料直径拉深至总变形程度，即

$$m_{总} = \frac{d_n}{D} = \frac{d_1}{D}\frac{d_2}{d_1}\frac{d_3}{d_2}\cdots\frac{d_{n-1}}{d_{n-2}}\frac{d_n}{d_{n-1}} = m_1 m_2 m_3 \cdots m_{n-1} m_n \qquad (2-29)$$

从拉深系数的表达式可以看出拉深系数是一个小于 1 的数值，其值越小，表示拉深前后坯料的直径变化越大，即拉深变形程度越大，所需要的拉深次数也越多。拉深时既能使材料

的塑性得到充分利用，又不致使拉深件破裂的最小拉深系数，称为极限拉深系数。

知道了拉深系数就知道工件总的变形量和每道拉深的变形量，工件需拉深的次数及各次半成品的尺寸也就可以求出。

制定拉深工艺时，为了减少拉深次数，希望采用小的拉深系数（大的拉深比）。但拉深系数过小，将会在危险断面产生破裂。

2）影响极限拉深系数的因素

（1）材料方面的影响。

①材料的力学性能的影响。材料的屈强比 σ_s / σ_b 越小、伸长率 δ 越大，越不易被拉裂，其极限拉深系数也越小，对拉深越有利。

②材料的相对厚度（t/D）的影响。材料的相对厚度越大，拉深时材料抵抗失稳起皱的能力越强，极限拉深系数可减小。

③材料的表面质量的影响。材料的表面光滑，拉深时材料所受的摩擦阻力小且容易流动，所以极限拉深系数可减小。

（2）凸、凹模圆角半径的影响。

凸模圆角半径过小时，筒壁部分与底部的过渡区的弯曲变形加大，使危险断面的强度受到削弱，使极限拉深系数增加。

此外，设置合理的压边圈和改善毛坯与凹模之间的润滑条件等也可影响极限拉深系数，实际生产中，极限拉深系数的数值一般是在一定的拉深条件下用试验方法得出的，见表 2-25 和表 2-26。由表中可以看出，用压边圈时，首次拉深 m_1 为 0.5~0.6，以后各次拉深 m_n 为 0.7~0.8。m_n 均大于首次拉深 m_1 的值，且以后各次拉深的拉深系数越来越大。不用压边圈的拉深系数大于用压边圈的拉深系数。

表 2-25　无凸缘圆筒形件带压边圈时的极限拉深系数

拉深系数	坯料相对厚度（t/D）×100					
	2.0~1.5	1.5~1.0	1.0~0.6	0.6~0.3	0.3~0.15	0.15~0.08
m_1	0.48~0.50	0.50~0.53	0.53~0.55	0.55~0.58	0.58~0.60	0.60~0.63
m_2	0.73~0.75	0.75~0.76	0.76~0.78	0.78~0.79	0.79~0.80	0.80~0.82
m_3	0.76~0.78	0.78~0.79	0.79~0.80	0.80~0.81	0.81~0.82	0.82~0.84
m_4	0.78~0.80	0.80~0.81	0.81~0.82	0.82~0.83	0.83~0.85	0.85~0.86
m_5	0.80~0.82	0.82~0.84	0.84~0.85	0.85~0.86	0.86~0.87	0.87~0.88

注：1　表中拉深系数适用于 08、10 和 15Mn 等普通的拉深碳钢及黄钢 H62。对拉深性能较差的材料，如 20、25、Q215、Q235、硬铝等应比表中数值大 1.5%~2.0%；对塑性更好的材料，如 05、08、10 等深拉深钢及软铝应比表中数值小 1.5%~2.0%。

2　表中数值适用于未经中间退火的拉深，若采用中间退火工序，可取较表中数值小 2%~3%。

3　表中较小值适用于大的凹模圆角半径，$r_d = (8~15)t$。较大值适用于小的凹模圆角半径，$r_d = (4~8)t$。

表 2 - 26　无凸缘圆筒形件不带压边圈时的极限拉深系数

拉深系数	坯料相对厚度（t/D）×100				
	1.5	2.0	2.5	3.0	>3
m_1	0.65	0.60	0.55	0.53	0.50
m_2	0.80	0.75	0.75	0.75	0.70
m_3	0.84	0.80	0.80	0.80	0.75
m_4	0.87	0.84	0.84	0.84	0.78
m_5	0.90	0.87	0.87	0.87	0.82
m_6	—	0.90	0.90	0.90	0.85

拉深系数代表了拉深成形的极限，实际生产中，一般不采用极限拉深系数。因为选用过小的拉深系数会引起底部圆角部分过分变薄，而且在以后的拉深工序中这部分变薄严重的缺陷会转移到成品零件的侧壁上去，降低零件的质量。所以当零件质量有较高的要求时，必须采用稍大于极限值的较大拉深系数。

3. 拉深次数

当拉深件的总拉深系数 m 总大于第一次极限拉深系数 m_1，即 $m_总 > m_1$ 时，则该拉深件只需一次拉深就可拉出，否则就要进行多次拉深。需要多次拉深时，其拉深次数可按以下方法确定。

1）推算法

先根据 t/D 和是否带压边圈的条件从表 2 - 25 或表 2 - 26 查出 m_1，m_2，m_3，…，然后从第一道工序开始依次算出各次拉深工序件直径，即 $d_1 = m_1 D$，$d_2 = m_2 d_1$，…、$d_n = m_n d_{n-1}$，直到 $d_n \leqslant d$，即当计算所得直径也稍小于或等于拉深件所要求的直径 d 时，计算的次数 n 即为拉深的次数。

2）查表法。

（1）无凸缘圆筒形件。圆筒形件的拉深次数可从各种实用的表格中查取。表 2 - 27 是根据坯料相对厚度 t/D 与零件的相对高度 h/d 查取拉深次数；表 2 - 28 是根据 t/D 与总拉深系数 $m_总$ 查取拉深次数。

表 2 - 27　无凸缘圆筒形件相对高度 h/d 与拉深次数的关系

拉深次数	坯料相对厚度（t/D）×100					
	2.0 ~ 1.5	1.5 ~ 1.0	1.0 ~ 0.6	0.6 ~ 0.3	0.3 ~ 0.15	0.15 ~ 0.06
1	0.94 ~ 0.77	0.84 ~ 0.65	0.71 ~ 0.57	0.62 ~ 0.50	0.52 ~ 0.45	0.46 ~ 0.38
2	1.88 ~ 1.54	1.60 ~ 1.32	1.36 ~ 1.10	1.13 ~ 0.94	0.96 ~ 0.83	0.90 ~ 0.70
3	3.50 ~ 2.70	2.80 ~ 2.20	2.30 ~ 1.80	1.90 ~ 1.50	1.60 ~ 1.30	1.30 ~ 1.10
4	5.60 ~ 4.30	4.30 ~ 3.50	3.60 ~ 2.90	2.90 ~ 2.40	2.40 ~ 2.00	2.00 ~ 1.50
5	8.90 ~ 6.60	6.60 ~ 5.10	5.20 ~ 4.10	4.10 ~ 3.30	3.30 ~ 2.70	2.70 ~ 2.00

注：本表适于 08、10 等软钢。

表 2 - 28　圆筒形件总拉深系数 $m_{总}$ 与拉深次数的关系

拉深次数	坯料相对厚度 $(t/D) \times 100$				
	2.0 ~ 1.5	1.5 ~ 1.0	1.0 ~ 0.5	0.5 ~ 0.2	0.2 ~ 0.06
2	0.33 ~ 0.36	0.36 ~ 0.40	0.40 ~ 0.43	0.43 ~ 0.46	0.46 ~ 0.48
3	0.24 ~ 0.27	0.27 ~ 0.30	0.30 ~ 0.34	0.34 ~ 0.37	0.37 ~ 0.40
4	0.18 ~ 0.21	0.21 ~ 0.24	0.24 ~ 0.27	0.27 ~ 0.30	0.30 ~ 0.33
5	0.13 ~ 0.16	0.16 ~ 0.19	0.19 ~ 0.22	0.22 ~ 0.25	0.25 ~ 0.29

（2）有凸缘圆筒形件。凸缘件分小凸缘和宽凸缘，$d_t/d \leqslant 1.1 \sim 1.4$ 的凸缘件称为小凸缘件，$d_t/d > 1.4$ 的凸缘件称为宽凸缘件。

小凸缘件的拉深可按筒形件拉深处理，只是在最后一、二次拉深时加工出凸缘或带锥形的凸缘，然后校平。

宽凸缘件的拉深，一般是第一次拉深就把凸缘拉深到尺寸。查表 2 - 29 看是否能一次拉成，若 $h_t/d < [h_1/d_1]$，则可一次拉深；若 $h_t/d > [h_1/d_1]$，则不能一次完成，需多次拉深。表 2 - 30 为凸缘圆筒形件第一次拉深的极限拉深系数 $[m_1]$，表 2 - 31 为凸缘圆筒形件以后各次拉深的极限拉深系数 $[m_n]$。

表 2 - 29　凸缘圆筒形件第一次拉深的最大相对高度 $[h_1/d_1]$

凸缘相对直径 d_t/d	坯料相对厚度 $(t/D) \times 100$				
	0.06 ~ 0.2	0.2 ~ 0.5	0.5 ~ 1	1 ~ 1.5	>1.5
≤1.1	0.45 ~ 0.52	0.50 ~ 0.62	0.57 ~ 0.70	0.06 ~ 0.80	0.75 ~ 0.90
1.1 ~ 1.3	0.40 ~ 0.47	0.45 ~ 0.53	0.50 ~ 0.60	0.56 ~ 0.72	0.65 ~ 0.80
1.3 ~ 1.5	0.35 ~ 0.42	0.40 ~ 0.48	0.45 ~ 0.53	0.50 ~ 0.63	0.52 ~ 0.70
1.5 ~ 1.8	0.29 ~ 0.35	0.34 ~ 0.39	0.37 ~ 0.44	0.42 ~ 0.53	0.48 ~ 0.58
1.8 ~ 2.0	0.25 ~ 0.30	0.29 ~ 0.34	0.32 ~ 0.38	0.36 ~ 0.46	0.42 ~ 0.51
2.0 ~ 2.2	0.22 ~ 0.26	0.25 ~ 0.29	0.27 ~ 0.33	0.31 ~ 0.40	0.35 ~ 0.45
2.2 ~ 2.5	0.17 ~ 0.21	0.20 ~ 0.23	0.22 ~ 0.27	0.25 ~ 0.32	0.28 ~ 0.35
2.5 ~ 2.8	0.16 ~ 0.18	0.15 ~ 0.18	0.17 ~ 0.21	0.19 ~ 0.24	0.22 ~ 0.27
2.8 ~ 3.0	0.10 ~ 0.13	0.12 ~ 0.15	0.14 ~ 0.17	0.16 ~ 0.20	0.18 ~ 0.22

注：本表适用于 08、10 钢。

表 2-30　凸缘圆筒形件第一次拉深的极限拉深系数 $[m_1]$ （适用于 08、10 钢）

凸缘相对直径 d_t/d	坯料相对厚度 $(t/D) \times 100$				
	0.06 ~ 0.2	0.2 ~ 0.5	0.5 ~ 1	1 ~ 1.5	>1.5
≤1.1	0.59	0.57	0.55	0.53	0.50
1.1 ~ 1.3	0.55	0.54	0.53	0.51	0.49
1.3 ~ 1.5	0.52	0.51	0.50	0.49	0.47
1.5 ~ 1.8	0.48	0.48	0.47	0.46	0.45
1.8 ~ 2.0	0.45	0.45	0.44	0.43	0.42
2.0 ~ 2.2	0.42	0.42	0.42	0.41	0.40
2.2 ~ 2.5	0.38	0.38	0.38	0.38	0.37
2.5 ~ 2.8	0.35	0.35	0.34	0.34	0.33
>2.8	0.33	0.33	0.32	0.32	0.31

注：本表适用于 08、10 钢。

表 2-31　凸缘圆筒形件以后各次拉深的极限拉深系数 $[m_n]$ （适用于 08、10 钢）

极限拉深系数 $[m_n]$	坯料相对厚度 $(t/D) \times 100$				
	2 ~ 1.5	1.5 ~ 1.0	1.0 ~ 1.6	0.6 ~ 0.3	0.3 ~ 0.15
$[m_2]$	0.73	0.75	0.76	0.78	0.80
$[m_3]$	0.75	0.78	0.79	0.80	0.82
$[m_4]$	0.78	0.80	0.82	0.83	0.84
$[m_5]$	0.80	0.82	0.84	0.85	0.86

注：本表适用于 08、10 钢。

4. 圆筒形件各次拉深工序尺寸的计算

当圆筒形件需多次拉深时，就必须计算各次拉深的工序件尺寸，以作为设计模具及选择压力机的依据。

1）各次工序件的直径

当拉深次数确定之后，先从表中查出各次拉深的极限拉深系数，并加以调整后确定各次拉深实际采用的拉深系数。调整的原则如下：

（1）保证 $m_1 m_2 m_3 \cdots m_n = d/D$。

（2）变形程度应逐步减小，即后续拉深系数应逐步增大，且大于表中所列极限拉深系数。然后根据调整后的各次拉深系数计算各次工序件直径。

$$d_1 = m_1 D, \quad d_2 = m_2 d_1, \quad \cdots, \quad d_n = m_n d_{n-1} < d$$

2）各次工序件的圆角半径

工序件的圆角半径 r 等于相应拉深凸模的圆角半径 r_p，即 $r = r_p$。但当料厚 $t \geq 1$ mm 时，应按中线尺寸计算，这时 $r = r_p + t/2$。

3）各次工序件的高度

在各工序件的直径与圆角半径确定之后，可根据圆筒形件坯料尺寸计算公式推导出各次工序件高度的计算公式为

$$H_1 = 0.25 \times \left(\frac{D^2}{d_1} - d_1 \right) + 0.43 \times \frac{r_1}{d_1} \times （d_1 + 0.32 r_1）$$

$$H_2 = 0.25 \times \left(\frac{D^2}{d_2} - d_2 \right) + 0.43 \times \frac{r_2}{d_2} \times （d_2 + 0.32 r_2）$$

$$\vdots$$

$$H_n = 0.25 \times \left(\frac{D^2}{d_n} - d_n \right) + 0.43 \times \frac{r_n}{d_n} \times （d_n + 0.32 r_n） \qquad (2-30)$$

 任务实施

1. 确定是否需要压边圈

如图 2-1 所示端盖零件 $t = 1.5$ mm，$D = 160$ mm，坯料相对厚度为

$$\frac{t}{D} \times 100\% = \frac{1.5}{155} \times 100\% = 0.97\% < 1.5\%$$

所以需要压边圈。

2. 判定能否一次拉成

在考虑拉深的变形程度时，必须保证使毛坯在变形过程中的应力既不超过材料的变形极限，同时还能充分利用材料的塑性。也就是说，对于每道拉深工序，应在毛坯侧壁强度允许的条件下，采用最大的变形程度，即极限变形程度。

在实际生产过程中，极限拉深系数值一般是在一定的拉深条件下用实验的方法得出的，可以通过查表来取值。

零件的总拉深系数为 $m_{总} = \dfrac{d}{D} = \dfrac{56.5}{155} = 0.36$，其相对凸缘直径 2.06 > 1.4，属于带大凸缘拉深的拉深件。根据 $\dfrac{h}{d} = \dfrac{45}{56.5} = 0.8$，$\dfrac{t}{D} \times 100\% = 0.97\%$，由表查得第一次拉深的一次允许的拉深系数 $[m_1] = 0.42$。

$m_{总} < [m_1]$，所以零件需要多次拉深。

3. 预定首次拉深工序件尺寸

为了在拉深过程中不使凸缘部分再变形，取第一次拉入凹模的材料比零件相应部分表面积多 5%，故坯料直径应修正为

$$D = \sqrt{(F_{凸} + 1.05 F) \, 4/\pi} = \sqrt{(8\,054 + 1.05 \times 10\,806) \times 4/\pi} = 157 \ （\text{mm}）$$

初选 $\dfrac{d_{t\max}}{d} = 1.1$，查得第一次拉深的极限拉深系数 $[m_1] = 0.55$，取 $m_1 = 0.55$ 则第一次

拉深筒形件直径为

$$d_1 = m_1 D = 0.55 \times 157 = 86.35 \ (\text{mm})$$

取第一次拉深凸、凹模圆角半径为

$$r_{凹1} = r_{凸1} = 0.8 \sqrt{(D - d_1) \ t} = 0.8 \sqrt{(157 - 86.35) \times 1.5} = 8 \ (\text{mm})$$

则第一次拉深高度为

$$h_1 = \frac{0.25}{d_1} (D^2 - d_{\text{tmax}}^2) + 0.43 (R_1 + r_1)$$

$$= \frac{0.25}{86.35} (157^2 - 122^2) + 0.43 (8.75 + 8.75) = 35.80 \ (\text{mm})$$

4. 验算 m_1 是否合理

第一次拉深的相对高度 $\frac{h_1}{d_1} = \frac{35.80}{86.35} = 0.415$，可查得凸缘相对直径 $\frac{d_{\text{tmax}}}{d_1} = \frac{122}{86.35} = 1.41$。

坯料相对厚度 $\frac{t}{D} = \frac{1.5}{157} = 0.009\,6$ 时，第一次拉深允许的相对高度为 $\frac{h_1}{d} = 0.45 \sim 0.53 > 0.415$，所以预定的 m_1 是合理的。

5. 计算以后各次拉深的工序件直径

查得以后各次拉深的极限拉深系数分别为 $[m_2] = 0.76$、$[m_3] = 0.79$，则拉深后筒形件直径分别为

$$d_2 = [m_2] d_1 = 0.76 \times 86.35 = 65.63 \ (\text{mm})$$

$$d_3 = [m_3] d_2 = 0.79 \times 65.63 = 51.84 < 56 \ (\text{mm})$$

所以零件共需进行三次拉深。调整各次拉深系数，取第二次实际拉深系数 $m_2 = 0.79$，则拉深后直径应为

$$d_2 = m_2 d_1 = 0.79 \times 86.35 = 68.21 \ (\text{mm})$$

计算第三次拉深的实际拉深系数 $m_3 = \frac{56.5}{68.21} = 0.83$，其数值大于第三次拉深的极限系数 $[m_3]$ 和第二次拉深的实际拉深系数 m_2，所以以上调整合理。

6. 计算以后各次拉深的工序件高度

取第二次拉深凸、凹模圆角半径为 $r_{凹2} = R_{凸2} = 0.8 R_{凹1} = 0.8 \times 8 = 6.4 \ (\text{mm})$，设第二次拉深时多拉入 2.5% 的材料（其余 2.5% 的材料返回到凸缘上），则坯料直径应修正为

$$D = \sqrt{(F_{凸} + 1.025 F) \ 4/\pi} = \sqrt{(8\,054 + 1.025 \times 10\,806) \times 4/\pi} = 156 \ (\text{mm})$$

拉深后零件的高度为

$$h_2 = \frac{0.25}{d_2} (D^2 - d_{\text{tmax}}^2) + 0.43 (R_2 + r_2)$$

$$= \frac{0.25}{68.21} (156^2 - 122^2) + 0.43 (7.25 + 7.25) = 40.88 \ (\text{mm})$$

第三次拉深后工序件尺寸应为零件要求尺寸。拉深工序件如图 2-64 所示。

5. 拉深力与压边力的计算

1）拉深力的计算

影响拉深力的因素比较复杂，按实际受力和变形情况来准确计算拉深力是比较困难的，

所以实际生产中通常是以危险断面的拉应力不超过其材料抗拉强度为依据,采用经验公式计算拉深力。对于圆筒形件有压边圈拉深时可用式(2-31)、式(2-32)计算拉深力:

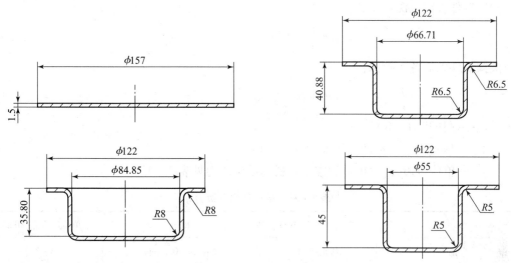

图 2-64 拉深工序件图

首次拉深:

$$F = K_1 \pi d_1 t \sigma_b \qquad\qquad (2-31)$$

以后各次拉深:

$$F = K_2 \pi d_i t \sigma_b \qquad (i = 1, 2, 3, \cdots, n) \qquad (2-32)$$

式中:F——拉深力(N);

d_1,d_2,$\cdots$,d_n——各次拉深工序件直径(mm);

t——板料厚度(mm);

σ_b——拉深件材料的抗拉强度(MPa);

K_1,K_2——修正系数,与拉深系数有关,其值见表 2-32。

表 2-32 修正系数 K_1、K_2 的数值

m_1	0.55	0.57	0.60	0.62	0.62	0.67	0.70	0.72	0.75	0.77	0.72
K_1	1.00	0.93	0.86	0.79	0.72	0.66	0.60	0.55	0.50	0.45	0.40
m_2,m_3,$\cdots$,m_n	0.70	0.72	0.75	0.77	0.80	0.85	0.90	0.95	—	—	—
K_2	1.0	0.95	0.90	0.85	0.80	0.70	0.60	0.50	—	—	—

2)压边力的计算

解决拉深过程中起皱问题的主要方法是采用压边圈。至于是否需要采用压边圈,可按表 2-21 的条件决定。

在压边圈上施加压边力的大小应适当,压边力过小时,防皱效果不好;压边力过大时,则会增大传力区危险断面上的拉应力,从而引起严重变薄甚至拉裂。因此,应在保证坯料变形区不起皱的前提下,尽量选用较小的压边力。

在模具设计时,压边力可按式(2-33)~式(2-35)计算:

任何形状的拉深件：

$$F_Y = Aq \tag{2-33}$$

圆筒形件首次拉深：

$$F_Y = \frac{\pi}{4} \left[D^2 - (d_1 + 2r_{d1})^2 \right] q \tag{2-34}$$

圆筒形件以后各次拉深：

$$F_Y = \frac{\pi}{4} \left[d_{i-1}^2 - (d_i + 2r_{di})^2 \right] q \qquad (i=1, 2, 3, \cdots, n) \tag{2-35}$$

式中：F_Y——压边力（N）；

A——压边圈下毛坯的投影面积（mm^2）；

q——单位压边力（MPa）。常用材料的单位压力见表 2-33。

表 2-33　单位面积压边力 q

材料	单位压边力/MPa	材料	单位压边力/MPa
铝	0.8 ~ 1.2	软钢（$t < 0.5\ mm$）	2.5 ~ 3.0
紫铜、硬铝（已退火）	1.2 ~ 1.8	镀锡钢板	2.5 ~ 3.0
黄铜	1.5 ~ 2.0	软化状态的耐热钢	2.8 ~ 3.5
软钢（$t > 0.5\ mm$）	2.0 ~ 2.5	高合金钢、不锈钢、高锰钢	3.0 ~ 4.5

目前在生产实际中常用的压边装置有以下两大类：弹性压边装置和刚性压边装置。

（1）弹性压边装置

弹性压边装置多用于普通单动压力机上。根据产生压边力的弹性元件不同，弹性压料装置可分为弹簧式、橡胶式和气垫式三种，如图 2-65 所示。

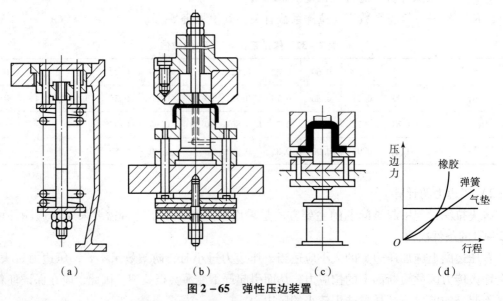

图 2-65　弹性压边装置

（a）弹簧式；（b）橡胶式；（c）气垫式；（d）压边力变化曲线

这三种压边装置压边力的变化曲线如图2-65（d）所示，随着拉深深度的增加，需要压边的凸缘部分不断减少，故需要的压边力也就逐渐减小。从图中可以看出橡胶及弹簧压边装置的压边力，恰好与需要的相反，随拉深深度的增加而增加，因此橡皮及弹簧结构通常只用于浅拉深。

气垫式压边装置的压边效果较好，但它结构复杂，制造、使用及维修都比较困难。弹簧与橡胶压边装置虽有缺点，但结构简单，对单动的中小型压力机采用橡胶或弹簧装置还是很方便的。

当拉深行程较大时，应选择总压缩最大、压边力随压缩量缓慢增加的弹簧。橡胶应选用软橡胶（冲裁卸料是用硬橡胶）。橡胶的压边力随压缩量增加很快，因此橡胶的总厚度应选大些，以保证相对压缩量不致过大。建议所选取的橡胶总厚度不小于拉深行程的5倍。

（2）刚性压边装置。这种装置的特点是压边力不随行程变化，拉深效果较好，且模具结构简单。这种结构用于双动压力机，凸模装在压力机的内滑块上，压边装置装在外滑块上。

6. 拉深时压力机的选择

对于单动压力机，其公称压力 F_g 应大于拉深力 F 与压料力 F_Y 之和。对于双动压力机，应使内滑块公称压力 $F_{g内}$ 和外滑块公称压力 $F_{g外}$，分别大于拉深力 F 和压料力 F_Y。

确定机械式拉深压力机公称压力时必须注意，当拉深工作行程较大，尤其是采用落料拉深复合模时，不能简单地将落料力与拉深力叠加来选择压力机（因为压力机的公称压力是指滑块在接近下止点时的压力）。应该注意压力机的压力曲线，使冲压工艺力曲线位于压力机滑块的许用负荷曲线之下，否则很可能出现压力机超载损坏，如图2-66所

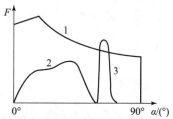

图2-66　拉深力与压力机的压力曲线
1—压力机的压力曲线；2—拉深力；3—落料力

示。在实际生产中，一般可以按式（2-36）、式（2-37）来确定压力机的公称压力。

（1）一般的拉深件压力机的公称压力可按经验公式确定。

浅拉深：

$$F_g \geq (1.6 \sim 1.8) F_{\Sigma} \qquad (2-36)$$

深拉深：

$$F_g \geq (1.8 \sim 2.0) F_{\Sigma} \qquad (2-37)$$

式中：F_{Σ}——冲压工艺总力，与模具结构有关，包括拉伸力、压料力、冲裁力等。

（2）对于深度较大的拉深件需对压力机的电动机功率进行校核。

对于深度较大的拉深件，特别是进行落料、拉深复合冲压时，可能会出现压力足够而功率不足的现象，因此，需要对压力机的电动机功率进行校核，防止过早地出现最大冲压力而使压力机超载损坏。拉深时电动机做的功，称为拉深功。

第一次拉深所需的拉深功为

$$w_1 = \frac{\lambda_1 F_{1max} h_1}{1\ 000} \qquad (2-38)$$

第 n 次拉深所需的拉深功为

$$w_n = \frac{\lambda_n F_{n\max} h_n}{1\,000} \qquad (2-39)$$

式中：w_1，w_n——首次和第 n 次拉深所需的拉深功（kJ）；

λ_1，λ_n——首次和第 n 次拉深的平均变形力与最大变形力的比值；

$F_{1\max}$，$F_{n\max}$——首次和第 n 次拉深的最大拉深力（N）；

h_1，h_n——首次和第 n 次拉深的深度（mm）。

拉深所需压力机的电动机功率为

$$P_w = \frac{w\zeta n}{60 \times 75 \times \eta_1 \eta_2 \times 1.36 \times 10} \qquad (2-40)$$

式中：ζ——不均衡系数，一般取 $\zeta = 1.2 \sim 1.4$；

n——压力机每分钟行程次数；

η_1——压力机效率，一般取 $\eta_1 = 0.6 \sim 0.8$；

η_2——电动机效率，一般取 $\eta_2 = 0.9 \sim 0.95$。

若计算得到的所需功率 $P_w < P$（电动机功率），说明能够满足拉深要求；若计算得到的所需功率 $P_w \geq P$，则应另行选电动机功率较大的压力机。

（3）压力机的行程

拉深工序一般需要较大的行程，为了安放毛坯和取出制件，其行程一般取制件高度的2.5倍。

 任务实施

如图 2 - 1 所示端盖零件落料、拉深、冲孔工艺力计算。

1. 模具采用落料拉深复合模

动作顺序是先落料后拉深，需分别计算落料力 $F_落$、拉深力 $F_拉$ 和压边力 $F_压$。

（1）对于带凸缘圆筒形零件拉深力的计算公式：

$$F_拉 = Kdt\pi\sigma_b = 0.85 \times 86.35 \times 1.5 \times 3.14 \times 400 = 138\,280.89 \approx 138 \text{ (kN)}$$

（2）压边力的计算公式：

$$F_压 = \frac{\pi}{4}\left[D^2 - (d_1 + t + 2r_凹)^2\right]q$$

$$= \frac{\pi}{4}\left[157^2 - (86.35 + 1.5 + 2 \times 8)^2\right] \times 2.2 = 23\,943.43 \approx 24 \text{ (kN)}$$

（3）初选压力机。压力机吨位大小的选择，首先要以冲压工艺所需的变形力为前提。要求设备的名义压力要大于所需的变形力，而且还要有一定的力量储备以防万一。从提高设备的工作刚度、冲压零件的精度及延长设备的寿命的观点出发，要求设备容量有较大的剩余。

$$F_拉 + F_压 = (138 + 24) \text{ kN} = 162 \text{ kN} < F_落 = 308 \text{ kN}$$

因为拉深力与压边力的和小于落料力，所以，应按落料力的大小选用设备。

应选的压力机公称压力 $F_g \geq (1.3 \sim 1.6)F_落$，取 1.5，则公称压力为

$$F_g \geq 1.5F_落 = 462 \text{ kN}$$

根据以上力的计算，同时考虑零件的实际拉深高度，初选设备为 JC23 - 63。

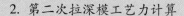

2. 第二次拉深模工艺力计算

$$F_拉 = K_2 d_2 t \pi \sigma_b = 0.66 \times 68.21 \times 1.5 \times 3.14 \times 400 = 84\,815.04 \approx 85\ (kN)$$

3. 第三次拉深模工艺力计算

$$F_拉 = K_3 d_3 t \pi \sigma_b = 0.66 \times 56.5 \times 1.5 \times 3.14 \times 400 = 70\,254.36 \approx 70\ (kN)$$

四、拉深模类型及结构设计

1. 拉深模具的分类

拉深模的结构一般较简单，但结构类型较多。按使用的压力机类型不同，可分为单动压力机用拉深模、双动压力机用拉深模及三动压力机用拉深模，它们的本质区别在于压边装置的不同；按工序的组合程度不同，可分为单工序拉深模、复合工序拉深模与级进工序拉深模；按结构形式与使用要求的不同，可分为首次拉深模与以后各次拉深模、有压边装置拉深模与无压边装置拉深模、顺装式拉深模与倒装式拉深模、下出件拉深模与上出件拉深模等。

1）首次拉深模

（1）无压边装置的首次拉深模。图 2 – 67 所示为无压边装置的首次拉深模。当凸模 3 的直径过小时，则应加上模座，以增加上模部分与压力机滑块的接触面积。在凸模 3 上应该有直径 $\phi 3 \sim 8\ mm$ 的通气孔，以免工件在拉深后紧贴在凸模 3 上难以取下。拉深后，回弹引起拉深件口部张大，当凸模回程时，工件靠凹模 4 下面的脱料颈刮下。

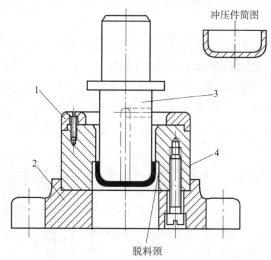

冲压件简图

脱料颈

图 2 – 67　无压边装置的首次拉深模

1—定位板；2—下模座；3—凸模；4—凹模

这种拉深模具结构简单，上模往往做成整体式，适用于拉深板料厚度较大（$t > 2\ mm$）而深度不大的拉深件。

（2）有压边装置的首次拉深模。图 2 – 68 所示为有压边装置的首次拉深模。由于弹簧 4 装在上模，因此，凸模 10 较长。拉深时将平板坯料放入定位板 6 内，上模下行，压边圈 5 和凹模 7 将坯料压住，然后凸模 10 将坯料逐渐拉入凹模 7 孔内从而拉深成直壁圆筒。拉深成形后，上模上行弹簧 4 恢复，利用压边圈 5 将拉深件从凸模 10 卸下。在凸模上开有小的通气孔，以便于成形和卸料。

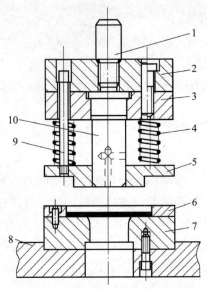

图2-68 有压边装置的首次拉深模

1—模柄；2—上模座；3—凸模固定板；4—弹簧；5—压边圈；6—定位板；7—凹模；

8—下模座；9—卸料螺丝钉；10—凸模

压边圈5装在上模部分，既起到压边的作用，又可以起卸料的作用，适用于拉深深度不大的工件。

2）后次拉深模

以后各次拉深用的坯料是已经过首次拉深的半成品圆筒形件，而不再是平板毛坯。因此其定位装置、压边装置与首次拉深模是完全不同的。

（1）无压边装置的后次拉深模。图2-69所示为无压边装置的后次拉深模。毛坯是已经拉成一定尺寸的圆筒形零件，将毛坯放在模具中，使用定位板5定位，上模下行，凸模4将毛坯逐渐拉入凹模6中，从而拉深成符合形状要求的圆筒形工件。

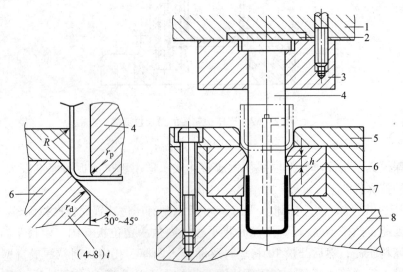

图2-69 无压边装置的后次拉深模

1—上模座；2—垫板；3—凸模固定板；4—凸模；5—定位板；6—凹模；7—凹模固定板；8—下模座

　　此模具主要适用于直径缩小量较小、侧壁厚度一致、用轻度整形就可以达到尺寸精度的深筒拉深件。

　　（2）有压边装置的后次拉深模。图 2 – 70 所示为有压边装置的后次拉深模。拉深时，毛坯套在压边圈 6 上，通过弹顶装置上的卸料杆，使压边圈 6 获得一定的压力；上模下行时，毛坯逐渐被拉入凹模 4 中，从而拉深出所需的工件；上模返回时，工件由压边圈 6 从凸模上顶下，或由推件块 3 从凹模 4 洞口中推出；模具装配时可以通过调整可调式限位柱 5 的高度，来保证压边圈 6 圆角与凹模 4 圆角之间的最小距离（$t + 0.3$ mm）。

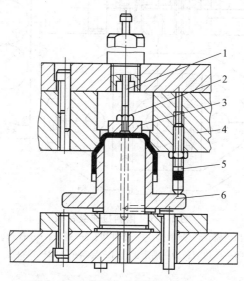

图 2 – 70　有压边装置的后次拉深模

1—打杆；2—螺母；3—推件块；4—凹模；5—可调式限位柱；6—压边圈

　　3）落料拉深复合模

　　图 2 – 71 所示为落料拉深复合模，条料由两个导料销 11 进行导向，由挡料销 12 定距。由于排样图取消了工件间纵搭边，落料后废料中间将自动断开，因此可不设卸料装置。工作时，首先由落料凹模 1 和凸凹模 3 完成落料，紧接着由拉深凸模 2 和凸凹模 3 进行拉深。压边圈 9 既起压料作用又起顶件作用。由于有顶件作用，上模回程时，冲件可能留在拉深凹模内，因此设置了推件装置。为了保证先落料后拉深，模具装配时，应使拉深凸模 2 比落料凹模 1 低 1～1.5 倍料厚的距离。

　　2. 拉深模具工作零件的设计

　　拉深模工作部分的尺寸指的是凹模圆角半径 r_d、凸模圆角半径 r_p、凸凹模的间隙 z、凸模直径、凹模直径等，如图 2 – 72 所示。

　　1）拉深凹模和凸模的圆角半径

　　（1）凹模圆角半径 r_d。凹模圆角半径 r_d 对拉深工作的影响很大。坯料经 r_d 进入凹模时，受到弯曲和摩擦的作用，若 r_d 过小，因径向拉力增大，易使拉深件表面划伤或产生破裂；若 r_d 过大，因压边面积小，悬空增大，则会削弱压边圈的作用，易引起内皱。因此 r_d 的大小要适当，一般说来，r_d 要尽可能大些，大的 r_d 可以降低极限拉深系数，而且还可以提升拉深件的质量。

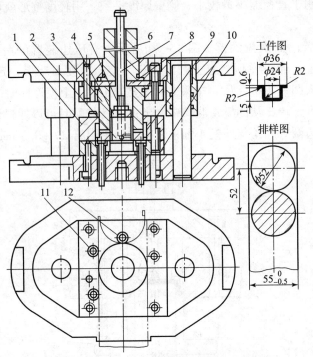

图 2 – 71　落料拉深复合模

1—落料凹模；2—拉深凸模；3—凸凹模；4—推件块；5—螺母；6—模柄；7—拉杆；8—垫板；
9—压边圈；10—固定板；11—导料销；12—挡料销

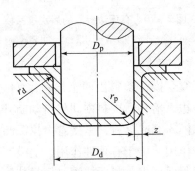

图 2 – 72　拉深模工作部分的尺寸

首次拉深的凹模圆角半径可按式（2 – 41）、式（2 – 42）确定：

$$r_{d1} = 0.8 \sqrt{(D-d)t} \qquad (2-41)$$

或

$$r_{d1} = c_1 c_2 t \qquad (2-42)$$

式中：r_{d1}——首次拉深凹模圆角半径（mm）；

　　　D——坯料直径（mm）；

　　　d——凹模内径（mm）；

　　　t——材料厚度（mm）；

　　　c_1——考虑材料力学性能的系数，对于软钢、硬铝，$c_1 = 1$，对于纯铜、黄铜、铝，$c_1 = 0.8$；

　　　c_2——考虑板料厚度与拉深系数的系数，其值见表 2 – 34。

表 2 – 34　拉深凹模圆角半径系数 c_2

材料厚度 t/mm	拉深件直径 d/mm	拉深系数 m_1		
		$0.48 \sim 0.55$	$\geq 0.55 \sim 0.6$	≥ 0.6
~ 0.5	~ 50	$7 \sim 9.5$	$6 \sim 7.5$	$5 \sim 6$
	$>50 \sim 200$	$8.5 \sim 10$	$7 \sim 8.5$	$6 \sim 7.5$
	>200	$9 \sim 10$	$8 \sim 10$	$7 \sim 9$
$>0.5 \sim 1.5$	~ 50	$6 \sim 8$	$5 \sim 6.5$	$4 \sim 5.5$
	$>50 \sim 200$	$7 \sim 9$	$6 \sim 7.5$	$5 \sim 6.5$
	>200	$8 \sim 10$	$7 \sim 9$	$6 \sim 8$
$>1.5 \sim 2$	~ 50	$5 \sim 6.5$	$4.5 \sim 5.5$	$4 \sim 5$
	$>50 \sim 200$	$6 \sim 7.5$	$5 \sim 6.5$	$4.5 \sim 5.5$
	>200	$7 \sim 8.5$	$6 \sim 7.5$	$5 \sim 6.5$

以后各次拉深的凹模圆角半径应逐渐缩小，一般可按式（2 – 43）确定：

$$r_{di} = （0.6 \sim 0.8） r_{d(i-1)} \qquad （i = 2,3,\cdots,n） \qquad (2-43)$$

以上计算所得凹模圆角半径均应符合 $r_d \geq 2t$ 的拉深工艺性要求。对于带凸缘的圆筒形件，最后一次拉深的凹模圆角半径还应与零件的凸缘圆角半径相等。

（2）凸模圆角半径 r_p。凸模圆角半径 r_p 对拉深工序的影响没有凹模圆角半径 r_d 那样显著。但 r_p 过小，r_p 处弯曲变形程度增大，危险断面的有效抗拉强度会降低；r_p 过大，凸模与坯料接触面积减小，会使坯料悬空部分增大，易产生底部变薄和内皱。

一般首次拉深的凸模圆角半径可按式（2 – 44）确定：

$$r_{pi} = （0.7 \sim 1.0） r_{d1} \qquad (2-44)$$

以后各次拉深的凸模圆角半径应逐渐缩小，一般可按式（2 – 45）确定：

$$r_{p(i-1)} = \frac{d_{i-1} - d_i + 2t}{2} \qquad （i = 3,4,\cdots,n） \qquad (2-45)$$

式中：d_{i-1}，d_i——各次拉深工序件的直径（mm）。

最后一次拉深时，凸模圆角半径 r_{pn} 应等于拉深件底部圆角半径 r。但当拉深件底部圆角半径小于拉深工艺性要求时，则凸模圆角半径应按工艺性要求确定（$r_p \geq t$），然后通过增加整形工序得到拉深件所要求的圆角半径。

2）拉深凸、凹模间隙 z

拉深凸、凹模间隙是指单边间隙，即凹模和凸模直径之差的一半。其对拉深力、拉深质量、模具寿命等都有较大影响。

间隙过小，则会增加摩擦阻力，使拉深力提高，拉深件变薄严重，容易拉裂，且易划伤零件表面，缩短模具寿命；间隙过大，则拉深时对坯料的校直和挤压作用减小，拉深力降低，模具寿命延长，但拉深件将出现较大的锥度，尺寸精度较差且容易起皱。

因此，确定凸、凹模间隙的原则是既要考虑板料本身的制造公差，又要考虑拉深件口部的增厚现象，根据拉深时是否采用压边圈、拉深次数和零件的形状及尺寸精度等要求合理确定。

（1）无压边圈拉深模的凸、凹模单边间隙为

$$z = (1 - 1.1)t_{max} \qquad\qquad (2-46)$$

式中：z——拉深凸、凹模的单边间隙值；

　　　t_{max}——材料厚度的最大极限尺寸。

对于系数 $1 \sim 1.1$，末次拉深或精密零件的拉深取偏小值，首次和中间各次拉深或精度要求不高零件的拉深取偏大值。

（2）有压边圈拉深模的凸、凹模单边间隙，按表 $2-35$ 确定。

表 $2-35$　有压边圈拉深时凸、凹模单边间隙 z

总拉深次数	拉深工序	单边间隙 z
1	第一次拉深	$(1 \sim 1.1)t$
2	第一次拉深 第二次拉深	$1.1t$ $(1 \sim 1.05)t$
3	第一次拉深 第二次拉深 第三次拉深	$1.2t$ $1.1t$ $(1 \sim 1.05)t$
4	第一、二次拉深 第三次拉深 第四次拉深	$1.2t$ $1.1t$ $(1 \sim 1.05)t$
5	第一、二、三次拉深 第四次拉深 第五次拉深	$1.2t$ $1.1t$ $(1 \sim 1.05)t$

注：t 为材料厚度，取材料允许偏差的中间值。当拉深精密零件时，最后一次拉深间隙 $z = (0.9 \sim 0.95)t$。

3）拉深凸、凹模的工作部分尺寸及公差

拉深凸、凹模工作部分尺寸的确定，主要考虑模具的磨损和拉深件的回弹。零件的尺寸精度由最后一道拉深工序保证，最后一道拉深凸、凹模尺寸及公差应根据零件的要求来确定。

当零件有外形要求时，如图 $2-73$（a）所示，以凹模为基准进行计算，则

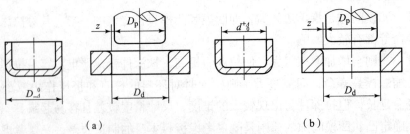

（a）　　　　　　　　　　　　　　　　　　　（b）

图 $2-73$　拉深零件尺寸与模具尺寸

（a）外形有要求时；（b）内形有要求时

凹模尺寸：

$$D_{\mathrm{d}} = \left(D_{\max} - 0.75\Delta\right)^{+\delta_{\mathrm{d}}}_{0} \qquad (2-47)$$

凸模尺寸：

$$D_{\mathrm{p}} = \left(D_{\max} - 0.75\Delta - 2z\right)^{0}_{-\delta_{\mathrm{p}}} \qquad (2-48)$$

当零件有内形要求时，如图 4 - 73（b）所示，以凸模为基准进行计算，则

凸模尺寸：

$$d_{\mathrm{p}} = \left(d_{\min} + 0.4\Delta\right)^{0}_{-\delta_{\mathrm{p}}} \qquad (2-49)$$

凹模尺寸：

$$d_{\mathrm{d}} = \left(d_{\min} + 0.4\Delta + 2z\right)^{+\delta_{\mathrm{d}}}_{0} \qquad (2-50)$$

式中：D_{d}，d_{d}——凹模的工作尺寸；

D_{p}，d_{p}——凸模的工作尺寸；

$D_{\max}$，$d_{\min}$——拉深件外形的最大极限尺寸和内形的最小极限尺寸；

z——拉深凸、凹模单边间隙；

Δ——零件的公差；

δ_{d}，δ_{p}——拉深凸、凹模制造公差，一般可按 IT9 ~ IT6 级精度确定，也可按零件公差的 1/4 ~ 1/3 选取。

对于多次拉深，工序件尺寸与公差无须严格要求，中间各道工序的凸、凹模尺寸只需等于工序件尺寸即可。若以凹模为基准时，则

凹模尺寸：

$$D_{\mathrm{d}} = D^{+\delta_{\mathrm{d}}}_{0} \qquad (2-51)$$

凸模尺寸：

$$D_{\mathrm{p}} = \left(D - 2z\right)^{0}_{-\delta_{\mathrm{p}}} \qquad (2-52)$$

式中：D——各工序件的基本尺寸。

拉深凸、凹模工作表面粗糙度要求：

凹模工作表面和型腔表面粗糙度应达到 $Ra0.8~\mu\mathrm{m}$，圆角处的表面粗糙度一般要求为 $Ra0.4~\mu\mathrm{m}$，凸模工作表面粗糙度一般要求为 $Ra1.6 \sim 0.8~\mu\mathrm{m}$。

 任务实施

如图 2 - 1 所示端盖零件落料、拉深、冲孔工艺，计算凸、凹模尺寸及公差。

1. 落料拉深复合模——首次拉深凸、凹模尺寸计算

第一次拉深后零件为 $\phi86.35~\mathrm{mm}$，由公式 $z = t_{\max} + Kt$ 确定拉深凸、凹模间隙值，查得 $K = 0.5$，所以凸、凹模间隙值：

$$z = t_{\max} + Kt = 1.5 + 0.5 \times 1.5 = 2.25 \text{（mm）}$$

拉深时，拉深模直径尺寸的确定原则，与冲裁模刃口尺寸的确定原则基本相同，只是具体内容不同。

拉深凸模和凹模的单边间隙 $z = 1.125~\mathrm{mm}$、$t = 1.5~\mathrm{mm}$，计算凸凹模制造公差，按 IT8 级精度选取，对于拉深尺寸 $\phi86.35~\mathrm{mm}$，查得，$\delta_{凸} = 0.03~\mathrm{mm}$、$\delta_{凹} = 0.05~\mathrm{mm}$。根据式（2 - 51）、式（2 - 52）得

凹模尺寸：

$$D_d = (d_1 + t)_0^{+\delta_d} = (86.35 + 1.5)_0^{+0.05} = 87.85_0^{+0.05}\ (\text{mm})$$

凸模尺寸

$$D_p = (D_d - 2z)_{-\delta_p}^0 = (87.85 - 2 \times 2.25)_{-0.03}^0 = 83.35_{-0.03}^0\ (\text{mm})$$

2. 第二次拉深凸、凹模尺寸计算

第二次拉深件后零件为 $\phi 68.21$ mm，间隙仍为 2.25 mm，凸、凹模尺寸公式计算同上（略）。

3. 第三次拉深凸、凹模尺寸计算

因零件标注内形尺寸 $\phi 55_{-1}^0$ mm，所以要先计算凸模，根据式（2-49）、式（2-50）得

凸模尺寸：

$$d_p = (d_{min} + 0.4\Delta)_{-\delta_p}^0 = (54 + 0.4 \times 1)_{-0.03}^0 = 54.4_{-0.03}^0\ (\text{mm})$$

凹模尺寸：

$$d_d = (d_{min} + 0.4\Delta + 2z)_0^{+\delta_d} = (54 + 0.4 \times 1 + 2 \times 2.25)_0^{+0.05} = 58.9_0^{+0.05}\ (\text{mm})$$

4）拉深凸、凹模的结构

拉深凸模与凹模的结构形式取决于工件的形状、尺寸以及拉深方法、拉深次数等工艺要求，不同的结构形式对拉深的变形情况、变形程度的大小及产品的质量均有不同的影响。

（1）无压料的拉深凸、凹模结构。图2-74所示为无压料一次拉深成形时所用的凸、凹模结构，其中圆弧形凹模结构简单，加工方便，是常用的拉深凹模结构形式，如图2-74（a）所示；锥形凹模［图2-74（b）］、渐开线形凹模［图2-74图（c）］和等切面形凹模［图2-74图（d）］对抗失稳起皱有利，但加工较复杂，主要用于拉深系数较小的拉深件。

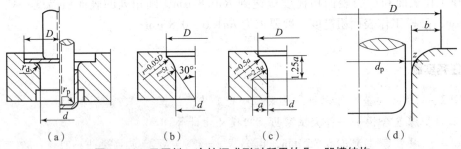

（a）　　　　　　（b）　　　　　　（c）　　　　　　（d）

图2-74　无压料一次拉深成形时所用的凸、凹模结构

（a）圆弧形；（b）锥形；（c）渐开线形；（d）等切面形

图2-75所示为无压料多次拉深所用的凸、凹模结构。在上述凹模结构中，$a = 5 \sim 10$ mm，$b = 2 \sim 5$ mm，锥形凹模的锥角一般取30°。

（2）有压料的拉深凸、凹模结构。图2-76所示为有压料多次拉深所用的凸、凹模结构，其中图2-76（a）用于直径小于100 mm的拉深件；图2-76（b）用于直径大于100 mm的拉深件，这种结构除了具有锥形凹模的特点外，还可减轻坯料的反复弯曲变形，以提升工件侧壁质量。

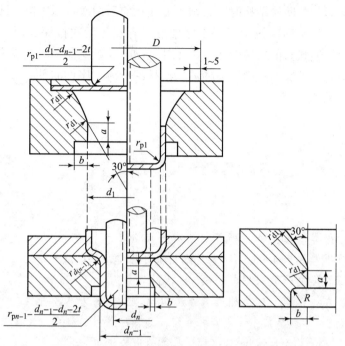

图 2 – 75 无压料多次拉深所用的凸、凹模结构

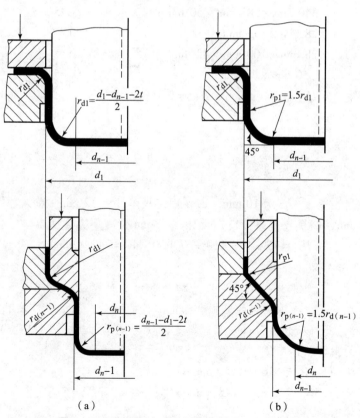

图 2 – 76 有压料多次拉深所用的凸、凹模结构

（a）用于直径小于 100 mm 的拉深件；（b）用于直径大于 100 mm 的拉深件

设计多次拉深的凸、凹模结构时，必须十分注意前后两次拉深中凸、凹模的形状尺寸要具有恰当的关系，尽量使前次拉深所得工序件形状有利于后次拉深成形，而后一次拉深的凸、凹模及压边圈的形状与前次拉深所得工序件相吻合，以避免坯料在成形过程中的反复弯曲。为了保证拉深时工件底部平整，应使前一次拉深所得工序件的平底部分尺寸不小于后一次拉深工件的平底尺寸。

 任务实施

如图 2-1 所示端盖零件采用落料、拉深、切边、冲孔复合模，模具的结构设计如下。

1. 落料拉深复合模

1）模架的选用

采用落料、拉深复合模，首先要考虑落料凸模（兼拉深凹模）的壁厚是否过薄。本次设计中凸凹模的最小壁厚为 4.9 mm，满足钢材最小壁厚 $a \geqslant 1.2t = 1.2 \times 2 = 2.4$（mm）的要求，能够保证足够的强度，故采用复合模。

模具采用倒装式。模座下的缓冲器兼作压边与顶件，另外采用刚性卸料板。

从生产量和方便操作以及具体规格方面考虑，选择后置导柱模架，凹模外形尺寸 250 mm × 200 mm（GB/T 2851.5—1990），按其标准选择具体结构尺寸如下：

上模板	340 mm × 283 mm × 45 mm	HT250
下模板	340 mm × 283 mm × 50 mm	ZG450
导 柱	28 mm × 195 mm	20 钢
导 套	28 mm × 100 mm × 42 mm	20 钢
凸缘模柄	ϕ50 mm × 75 mm	Q235
模具闭合高度	$H_{max} = 360$ mm $H_{min} = 240$ mm	

2）模具的闭合高度

模具的实际闭合高度一般为

$H_{模}$ = 上模板厚度 + 垫板厚度 + 冲头长度 + 凹模厚度 + 凹模垫板厚度 + 下模板厚度 − 冲头进入凹模深度

该副模具使用上垫板厚度为 10 mm，凹模固定板厚度为 12 mm。如果冲头（凸凹模）的长度设计为 110 mm，凹模（落料凹模）设计为 70 mm，则闭合高度为

$$H_{模} = 45 + 10 + 110 + 67 + 50 - 40 = 242（mm）$$

3）模具工作部分尺寸计算

（1）落料凹模。落料凹模采用矩形板结构和直接通过螺钉、销钉与下模座固定的固定方式。因生产的批量大，考虑凹模的磨损和保证零件的质量，凹模刃口采用直刃壁结构，刃壁高度 $h = 14$ mm，漏料部分沿刃口轮廓适当扩大（为便于加工，落料凹模漏料孔可设计成近似于刃口轮廓的形状，如凹模图）。凹模轮廓尺寸计算如下。

凹模厚度：$H = kb = 0.2 \times 160 = 32$（mm）

凹模壁厚：$C = 1.5H = 1.5 \times 32 = 48$（mm）

沿送料方向的凹模长度为

$$L = D + 2C = 157 + 2 \times 48 = 253（mm）$$

根据算得的凹模轮廓尺寸，选取与计算值相近的凹模板，其尺寸为 $D \times H = 250 \text{ mm} \times 70 \text{ mm}$。凹模的材料选用 CrWMn，工作部分热处理淬硬 $60 \sim 64 \text{ HRC}$。

（2）拉深凸模。拉深凸模刃口部分为非圆形，为便于凸模和固定板的加工，可设计成阶梯形结构，并将安装部分设计成便于加工的长圆形，通过螺钉紧固在固定板上，用销钉定位。凸模的尺寸根据刃口尺寸、卸料装置和安装固定要求确定。凸模的材料选用 T8A，工作部分热处理淬硬 $56 \sim 60 \text{ HRC}$。

对于拉深凸模的工作深度，必须从几何形状上确定。为了使零件容易在拉深后被脱下，在凸模的工作深度可以作成一定锥度 $\alpha = 2' \sim 5'$。

为了防止拉深件被凹模内压缩空气顶瘪及拉深件与凸模之间发生真空现象而紧箍在凸模上，故在凸模上设计通气孔，以使拉深后容易从凸模上取下。根据凸模尺寸取出气孔直径 $d = 4 \text{ mm}$，数量为 2 个。

（3）凸凹模。该复合模中的凸凹模是主要工作零件，其外形作为落料凸模内形又作为拉深凹模，凸凹模与凸模固定板配合，凸凹模的安装部分通过螺钉紧固在凸模固定板上，并用销钉定位。

凸凹模的自由长度为

$L = $ 凸模固定板厚度 + 橡胶安装高度 + 卸料板厚度 + 材料厚度 + 凸凹模工作高度

$= 22 + 26 + 20 + 1.5 + (42 - 2) \approx 110 \text{（mm）}$。

4）模具的总装配

由以上的设计计算结果，并经绘图设计，该端盖落料、拉深复合模装配图如图 2-77 所示。

5）选定冲压设备

在前面的设计中，已经对冲压设备的吨位以及闭合高度等参数进行了确定。这里根据前面所算出来的各项数据，查表选择压力机，确定选用闭式单点压力机 JC23-63，其主要具体参数如下：

公称压力	630 kN
滑块行程	120 mm
封闭高度调节量	80 mm
工作台尺寸	710 mm × 480 mm
柄孔尺寸	ϕ（50 × 80）mm
立柱间距离	350 mm
工作台板厚	90 mm

2. 第二、三次拉深模

略。

3. 切边冲孔复合模

1）模架的选用

标准模架的选用依据为凹模的外形尺寸，所以应首先计算凹模周界的大小。由凹模高度和壁厚的计算公式得

凹模高度：$H = kb = 0.19 \times 112 \approx 22 \text{（mm）}$

凹模壁厚：$C = (1.5 \sim 2)H = 1.8 \times 22 \approx 40 \text{（mm）}$

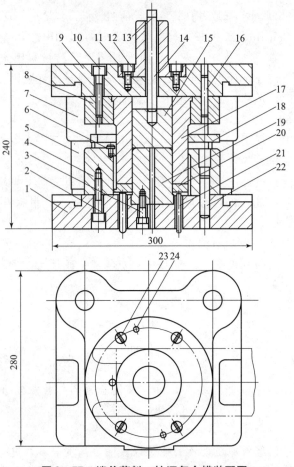

图 2-77　端盖落料、拉深复合模装配图

1—下模座；2，3，10，12—螺钉；4—凹模；5—导柱；6—挡料销；7—导套；8—凸凹固定板；9—上模座；
11—模柄；13—横销；14—打杆；15—推件块；16，22，24—销钉；17—凸凹模；18—卸料板；
19—拉深凸模；20—压边圈；21—顶杆；23—开槽盘头螺钉

所以凹模的外径：$D = 112 + 2 \times 40 = 192$（mm）

以上计算均为参考值，凹模的具体尺寸在模具图绘制过程中可做适当调整。模具采用后置导柱模架，根据以上计算结果查得模架规格为

上模座　　200 mm × 200 mm × 45 mm

下模座　　200 mm × 200 mm × 50 mm

导　柱　　32 mm × 190 mm

导　套　　32 mm × 105 mm × 43 mm

2）其他零部件结构

凸凹模和冲孔凸模由固定板固定，都采用过渡配合关系。模柄采用凸缘式模柄，根据设备上模柄孔尺寸，选用规格 A50 mm × 100 mm 的模柄。废料切刀的规格为 14 mm × 8 mm × 18 mm。

3）模具的总装配

由以上的设计计算结果，并经绘图设计，该端盖冲孔、切边复合模装配图和主要成形零件如图 2-78～图 2-80 所示。

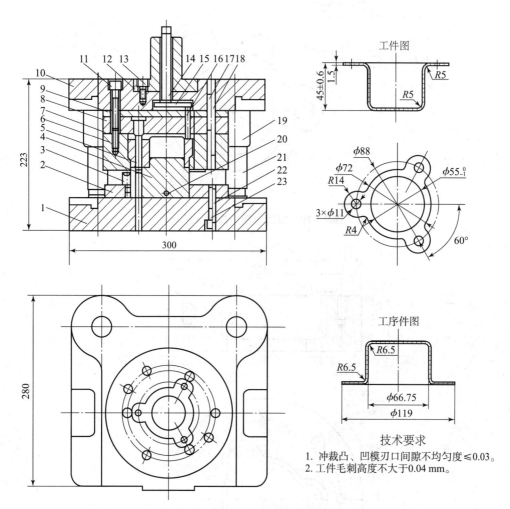

图 2-78　端盖冲孔，切边复合模装配图

1—下模座；2—凸凹模固定板；3—废料切刀；4—凸凹模；5—凸模；6—凹模；7—推件块；8—凸模固定板；

9—垫板；10—上模座；11，13，22—螺钉；12—模柄；14—打杆；15—推板；16—推杆；

17，18，23—销钉；19—导套；20—横销；21—导柱

工件图

工序件图

技术要求

1. 冲裁凸、凹模刃口间隙不均匀度≤0.03。
2. 工件毛刺高度不大于0.04 mm。

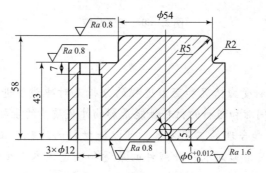

图 2-79　切边冲孔凸凹模

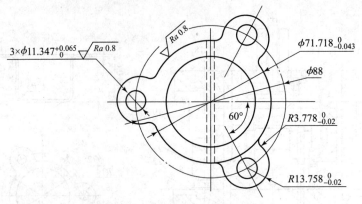

图 2-79 切边冲孔凸凹模（续）

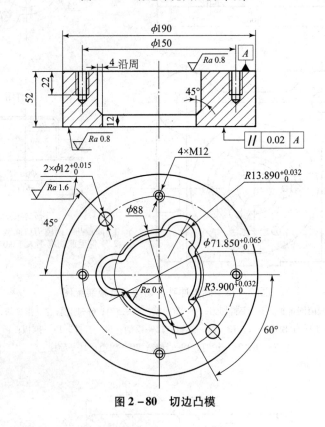

图 2-80 切边凸模

【学习小结】

（1）冲裁过程中板料受力情况和变形过程的分析是对冲裁件进行质量分析的依据；冲裁模的制造精度、冲裁间隙和板料的材料性能是影响冲裁质量的主要因素。

（2）良好的工艺性和合理的工艺方案，可以使材料的消耗、工序的数量和工时减少，并使模具结构简单，模具寿命延长；冲裁件的质量和制造成本是衡量冲裁工艺设计的主要指标。

（3）冲裁工艺参数设计得合理与否，将直接影响冲裁模的设计质量和冲裁件的成形质量，因此要选择合理的冲裁间隙、凸凹模刃口尺寸和排样形式；要采用最小合理间隙值；冲裁件的尺寸公差与冲裁模刃口的制造公差原则上都应按"入体"原则标注为单向偏差。

（4）良好的模具结构是工艺方案的可靠性保证，只有充分理解各种冲裁模结构的工作原理和特点，才能根据冲裁件的形状选择合适的冲裁模结构；冲裁模主要零部件很多已经标准化，设计时应优先选用标准零（部）件。

（5）拉深件的起皱和拉裂是相互矛盾的，设计拉深模时要综合考虑，两者兼顾，以保证拉深件的质量。

（6）在设计拉深件时，其工艺性应满足材料拉深时的变形特点和规律的要求；拉伸过程中的辅助工序也应注意，它们将对拉深件的质量和拉深模寿命产生影响。

（7）如果拉深系数取得过小，会使拉深件起皱、拉裂或严重变薄；从工艺角度来看，极限拉深系数越小越有利于减少工序数量；拉深过程中压边力的大小将对拉深件的质量产生影响，应根据成形特点选择合适的压边装置。

（8）对于中间各工序，凸模和凹模的圆角半径可做适当的调整；当拉深系数大时，圆角半径可取小些；首次拉深的定位装置和以后各次拉深的不一样（首次拉深使用的是平板毛坯）；最后一次拉深是整个拉深工序的结束，其拉深件的形状和尺寸要达到产品的要求，在进行模具设计时不能随意调整。

项目三 其他冲压工艺及模具知识拓展训练

任务一 弯曲

使板料、棒料和管料各部分之间形成一定角度，从而获得所需零件形状的工艺方法称为弯曲。弯曲件的形状有 V 形、L 形、U 形、Z 形和 O 形等，如图 2 - 81 所示。

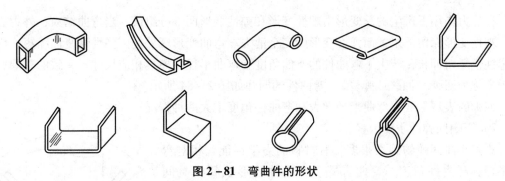

图 2 - 81 弯曲件的形状

一、弯曲变形过程分析

1. 弯曲变形过程

V 形件弯曲过程，如图 2 - 82 所示。分为弹性变形阶段［图 2 - 82 (a)］、弹 - 塑性变形阶段［图 2 - 82 (b)、(c)］和塑性变形阶段［图 2 - 82 (d)］三个阶段。

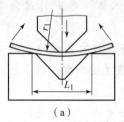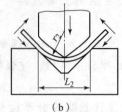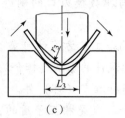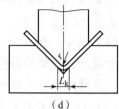

|（a）|（b）|（c）|（d）|

图 2 - 82　V 形件弯曲过程

凸模、板料与凹模三者完全压紧后，如果再对弯曲件增加一定的压力，则称为校正弯曲。没有这一过程的弯曲称为自由弯曲。

2. 弯曲变形特点

为了分析弯曲时板料的变形特点，常采用画网格的方法进行辅助分析，如图 2 - 83 所示。

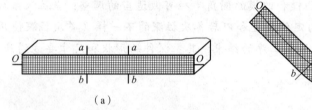

图 2 - 83　弯曲变形前后坐标网格的变化

（a）弯曲变形前；（b）弯曲变形后

3. 弯曲件的裂纹

对于一定厚度的材料，弯曲半径越小，外层材料的相对伸长量越大。当外边缘材料的相对伸长量达到材料的伸长率时，就会产生弯曲裂纹。在保证毛坯最外层纤维不发生破裂的前提下，所能达到的内表面最小圆角半径与厚度的比值 $r_{\min}/t$，称为最小相对弯曲半径。

4. 弯曲件的回弹

1）回弹现象

在外力作用下产生的总变形由塑性变形和弹性变形两部分组成。当弯曲结束，外力去除后，塑性变形保留下来，而弹性变形则完全消失。弯曲变形区外侧因弹性恢复而缩短，内侧因弹性恢复而伸长，产生了弯曲件的弯曲角度和弯曲半径与模具相应尺寸不一致的现象，这种现象称为回弹（回跳或弹复）。弯曲件的回弹如图 2 - 84 所示。

回弹的表现形式有弯曲半径增大和弯曲件角度增大两种情况。

2）影响回弹的主要因素

影响弯曲回弹的因素很多，有材料的力学性能、相对弯曲半径、弯曲件角度、弯曲方式、弯曲件的形状和模具间隙等。

3）回弹值的确定

由于影响弯曲回弹的因素很多，而且各因素又互相影响，计算理论值非常复杂，也不准确。一般生产中，都是根据经验计算出回弹值，再通过试模来修正。

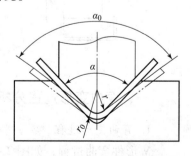

图 2 - 84　弯曲件的回弹

4）控制回弹的措施

（1）改进零件的结构设计。在变形区增设加强筋或边翼，增加弯曲件的刚性，使弯曲件回弹困难，如图2-85所示。

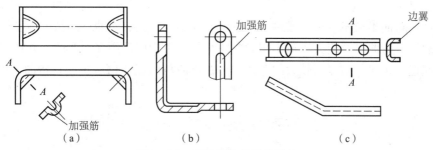

图2-85　改进零件的结构设计

（2）从工艺上采取措施。

①用校正弯曲替代自由弯曲。

②对一些硬材料及已冷却硬化的材料，弯曲前先进行退火处理，降低屈服强度，弯曲后视需要再做淬硬处理。

（3）从模具结构上采取措施。

①补偿法。补偿法即预先估算或试验出工件弯曲后的回弹量，在设计模具时，使弯曲工件的变形超过原设计的变形，工件回弹后得到所需要的形状，如图2-86所示。

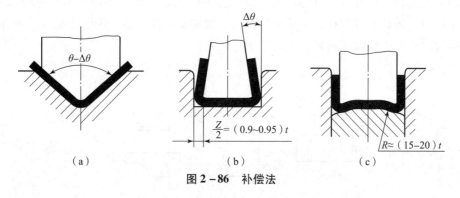

图2-86　补偿法

②校正法。校正法是让校正压力集中在弯角处，使其产生一定塑性变形，克服回弹。如图2-87所示为弯曲校正力集中作用于弯曲圆角处。

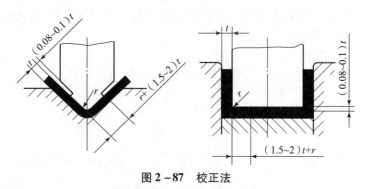

图2-87　校正法

二、弯曲工艺性分析

弯曲件结构形状、尺寸、材料性能对弯曲工艺的适应性,称为弯曲件的工艺性。

1. 弯曲半径

弯曲件的弯曲半径不宜过大或过小。过大回弹量也较大,弯曲件的精度不易保证;过小则会产生裂纹。弯曲半径应大于最小相对弯曲半径。否则应选用多次弯曲,并在两次弯曲之间增加中间退火工序。对厚度较大的弯曲件可在弯曲角内侧压槽后再进行弯曲,如图 2 - 88 所示。

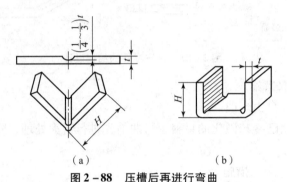

图 2 - 88   压槽后再进行弯曲

2. 弯曲件形状与尺寸的对称性

弯曲件的形状与尺寸应尽可能对称,高度也不应相差太大。当冲压不对称的弯曲件时,因受力不均匀,板料容易偏移,尺寸不易保证,如图 2 - 89 所示。为防止板料的偏移,在设计模具结构时应考虑增设压料板,或增加工艺孔定位。

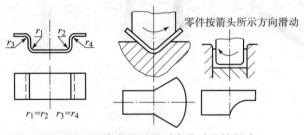

图 2 - 89   弯曲件形状对弯曲过程的影响

弯曲件形状应力求简单,边缘有缺口的弯曲件,若在板料上先将缺口冲出,弯曲时会出现叉口现象,严重时难以成形。这时必须在缺口处留有连接带,弯曲后再将连接带切除,如图 2 - 90 所示。

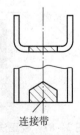

图 2 - 90   带有缺口的弯曲件

3. 直边高度

保证弯曲件直边平直的高度 h 大于 $r+2t$，如图 2–91（a）所示；否则，需先压槽或加高直边，弯曲后切掉，如图 2–91（b）所示。如果所弯直边带有斜线，且斜线达到变形区开裂，则应改变零件的形状，分别如图 2–91（c）和（d）所示。

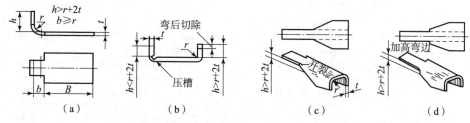

图 2–91　弯曲件直边高度对弯曲的影响

4. 孔边距

当弯曲件带孔时，一般先冲孔后弯曲，如果孔边距离弯曲线太近，弯曲时会引起孔的变形。因此，孔边缘到弯曲线的距离 L 不能太小，如图 2–92（a）所示，其值应满足下列条件：

（1）当 $t<2$ mm 时，$L\geq t$。

（2）当 $t\geq 2$ mm 时，$L\geq 2t$。

如果工件上的孔边距离弯曲线太近而不能满足上述条件，一般需弯曲后再冲孔。但以弯曲件为工序件的冲孔模，因凹模壁较薄，设计时有一定的困难。如果工件结构上允许，可在弯曲变形区靠近孔处预先冲出工艺孔，如图 2–92（b）所示。使工艺孔变形来保证所要求的孔不产生变形。工艺孔的形状可视具体需要取圆形或椭圆形等简单形状。

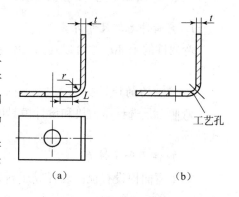

图 2–92　弯曲件孔边距

5. 局部边缘弯曲

当局部弯曲到某一段边缘时，为防止在交接处由于应力集中而产生开裂，可预先冲裁卸荷孔或切槽，也可将弯曲线移动一段距离，以离开尺寸突变处，如图 2–93 所示。

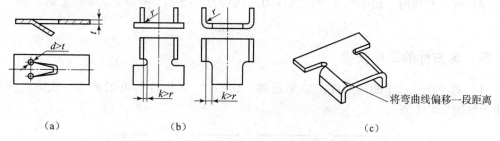

图 2–93　防止弯曲边交接处应力集中的措施

（a）冲卸荷孔；（b）切槽；（c）将弯曲线偏移

6. 弯曲件的尺寸精度

弯曲件尺寸公差见表 2–36。尺寸公差最好大于表中较高精度值，相应角度公差最好大

于 $\pm 30'$，否则，应增加整形工序或采用其他工艺措施。

表 2-36　弯曲件尺寸公差

mm

材料厚度 t	制件尺寸											
	较高公差等级的制件						一般公差等级的制件					
	≤3	3~10	10~25	25~63	63~160	160~400	≤3	3~10	10~25	25~63	63~160	160~400
≤0.5	0.07	0.09	0.12	0.16	0.22	0.26	0.11	0.14	0.20	0.26	0.36	0.42
0.5~1	0.09	0.12	0.18	0.22	0.30	0.38	0.14	0.20	0.28	0.36	0.48	0.62
1~3	0.12	0.18	0.26	0.32	0.42	0.54	0.20	0.30	0.40	0.50	0.68	0.88
3~6	—	0.24	0.32	0.40	0.54	0.70	—	0.38	0.50	0.66	0.88	1.10
>6	—	—	0.40	0.46	0.62	0.88	—	—	0.62	0.76	1.00	1.40

三、弯曲工艺主要参数设计

1. 弯曲件毛坯尺寸计算

弯曲件的毛坯尺寸可以通过中性层长度不变的特性，或弯曲前后体积不变的原则进行计算。

2. 弯曲力的计算

弯曲力是选择压力机和设计模具的重要依据。理论计算很复杂，在生产中常采用经验公式计算。

3. 顶件力和压料力

如果弯曲模设有顶件装置或压料装置，其顶件力 $F_{顶}$（或压料力 $F_{压}$）可近似取自由弯曲力 $F_{自}$ 的 30%~80%。

4. 弯曲时压力机吨位的确定

（1）自由弯曲时压力机吨位的计算公式为

$$F_{压力机} \geqslant F_{自} + F_{顶} \tag{2-53}$$

（2）校正弯曲时，由于校正力比顶件力或压料力大得多，所以 $F_{顶}$ 可以忽略，即

$$F_{压力机} \geqslant F_{校} \tag{2-54}$$

四、弯曲件的工序安排

（1）对于形状简单的弯曲件，如 V 形件、U 形件、Z 形件等可以采用一次弯曲成形的方法，如图 2-94 所示。

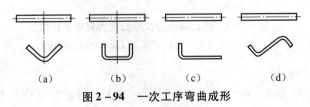

(a)　　　　　(b)　　　　　(c)　　　　　(d)

图 2-94　一次工序弯曲成形

（2）对于形状较复杂的弯曲件，一般需要采用两次或多次弯曲成形，分别如图 2-95 和图 2-96 所示。一般先弯两端的外角，然后再弯中间部分的角，并要求确保后一次弯曲不影响前一次弯曲的成形部分，而前一次弯曲时应考虑使后一次弯曲有可靠的定位基准。

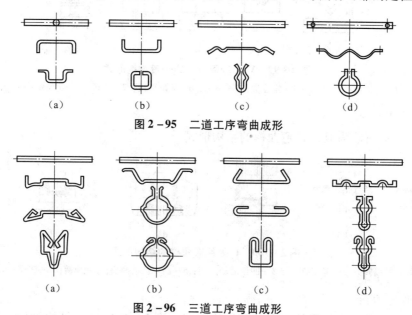

图 2-95　二道工序弯曲成形

图 2-96　三道工序弯曲成形

（3）对于批量大而尺寸较小的弯曲件（如电子产品中的元器件），为了提高生产效率和产品质量，可以采用多工位冲压的工艺方法，即在一副模具上安排冲裁、弯曲、切断等多道冲压工序，连续地进行冲压成形。

（4）某些结构不对称的弯曲件，弯曲时毛坯容易发生偏移，可以采取工件成对弯曲成形、弯曲后再切开的方法，如图 2-97 所示，这样既防止了偏移，也改善了模具的受力状态。

（5）如果弯曲件上孔的位置会受弯曲过程的影响，而且孔的精度要求较高，该孔应在弯曲后再冲，否则孔的位置精度无法保证，如图 2-98 所示。

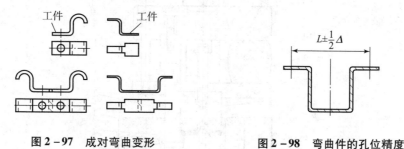

图 2-97　成对弯曲变形

图 2-98　弯曲件的孔位精度

五、弯曲模类型及结构设计

常见的弯曲模结构类型如下几种。

1. V 形件弯曲模

V 形件形状简单，能够一次弯曲成形。如图 2-99 所示为 V 形件弯曲模的一般结构形式，其特点是结构简单、通用性好，但弯曲时坯料容易偏移，从而影响零件的精度。

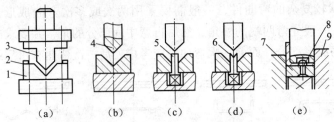

图2-99　V形件弯曲模的一般结构形式

1—凹模；2—定位板；3—凸模；4—定位尖；5—顶杆；6—V形顶板；7—顶板；8—定位销；9—反侧压块

2. U形件弯曲模

如图2-100所示为U形件弯曲模的结构形式。

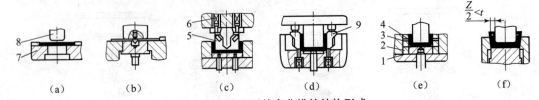

图2-100　U形件弯曲模的结构形式

1—顶板；2—转轴；3—定位销；4，9—凹模活动镶块；5—凸模活动镶块；6—弹簧；7—凹模；8—凸模

3. Z形件弯曲模

如图2-101所示为Z形件弯曲模的结构形式。图2-101（a）结构简单，但由于没有压料装置，压弯时坯料容易滑动，只适用于精度要求不高的零件。

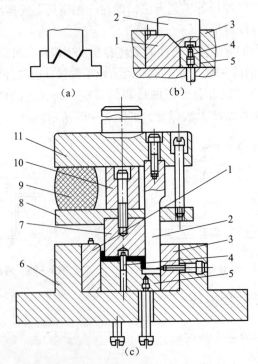

图2-101　Z形件弯曲模的结构形式

1—凹模；2—凸模；3—反侧压块；4—定位销；5—顶板；6—下模座；7—活动凸模；8—凸模托板；

9—橡胶；10—压块；11—上模座

任务二 挤压

冷挤压是指在室温条件下，利用压力机的压力，使模腔内的金属毛坯产生塑性变形，并将金属从凹模孔或凸、凹模的缝隙中挤出，从而获得所需工件的加工方法。

一、冷挤压特点

（1）因在冷态下挤压成形，挤压件质量好、精度高，其强度性能也好。

（2）冷挤压属于少、无切削加工，节省原材料。

（3）冷挤压是利用模具来成形的，其生产效率很高。

（4）可以加工其他工艺难于加工的零件。

二、冷挤压工艺的分类

根据冷挤过程中金属流动的方向和凸模运动方向的相互关系，可将冷挤压分为正挤压、反挤压、复合挤压、径向挤压等。冷挤压的基本工艺类型，如图 2 – 102 所示。

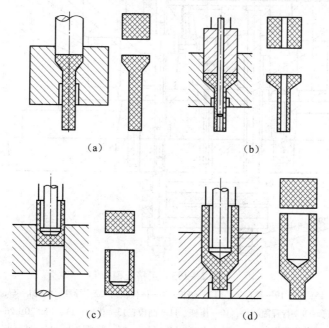

（a）　　　　　　　　　　（b）

（c）　　　　　　　　　　（d）

图 2 – 102　冷挤压的基本工艺类型

（a）实心件正挤压；（b）空心件正挤压；（c）反挤压；（d）复合挤压

1. 正挤压

正挤压指金属被挤出方向与加压方向相同，如图 2 – 102（a）和（b）所示。适用于带凸缘的空心件和杯形件、管件、阶梯轴等制件的挤压。

2. 反挤压

反挤压指金属被挤出方向与加压方向相反，如图 2 – 102（c）所示。适用于杯形件、多层薄壁件、带凸缘的实心件等的挤压。

3. 复合挤压

复合挤压指一部分金属的挤出方向与加压方向相同,另一部分金属的挤出方向与加压方向相反,是正挤和反挤的复合,如图2-102(d)所示。适用于各种断面的制件,如圆形、方形、六角形、齿形、花瓣形等的挤压。

三、冷挤压模结构

如图2-103所示为一副微型电机转子正挤压模。凹模采用镶拼结构,并采用一层预应力套,为了保证工件$\phi 4$ mm部分在挤出过程中不致弯曲,凹模下部装有导向套8。顶件采用橡皮顶件装置,挤压时由压杆10通过推杆31将橡皮压缩使顶杆4不影响金属流动。上模装有行程限制块9,以控制模具闭合高度,保证95 mm的工件尺寸。

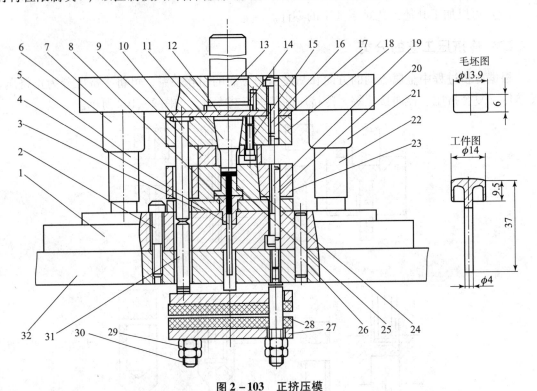

图2-103 正挤压模

1—下模座;2,15,16,19—螺钉;3,12—垫板;4—顶杆;5,22—导柱;6,21—导套;7—上模座;
8—导向套;9—行程限制块;10—压杆;11—凸模;13—模柄;14,17,20,26—销钉;
18—凸模固定板;23—预应力套;24—凹模;25—凹模镶块;27—弹顶板;
28—橡皮;29—螺母;30—双头螺杆;31—推杆;32—下垫板

任务三 翻边

利用模具,将工件的孔边缘或外缘边缘翻成竖立直边的成形方法称为翻边。翻边主要用于制出与其他零件装配的部位(如螺纹底孔等)或者为了提高制件的刚度而加工出的特定形状,在大型钣金成形时,也可作为控制破裂或褶皱的手段。

按工艺特点，翻边可分为内孔（圆孔/非圆孔）翻边、外缘翻边（含内曲翻边和外曲翻边）等。

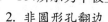

一、内孔翻边

1. 圆孔翻边

预制孔的表面质量直接影响翻边质量和极限变形程度。钻孔比冲孔所得到的孔边缘表面质量高，无撕裂现象，有利于翻边变形，如果孔的边缘有撕裂或毛刺，翻边时容易导致孔口破裂。如图 2-104 所示为平板上有预制孔的翻边。

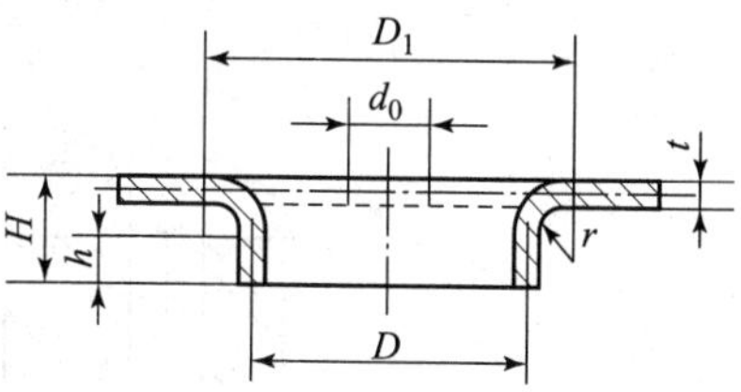

图 2-104 平板上有预制孔的翻边

2. 非圆形孔翻边

非圆孔翻边的变形性质比较复杂，它包括圆孔翻边、弯曲、拉深等变形性质。

如图 2-105 所示为非圆孔翻边。变形特点：Ⅰ部分视为圆孔翻边；Ⅱ视为弯曲变形；Ⅲ部分视为拉深。

二、外缘翻边

外缘翻边指沿毛坯的曲边，使材料的拉伸或压缩，形成高度不大的竖边，如图 2-106 所示。

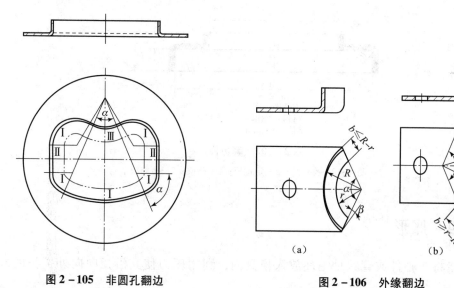

图 2-105 非圆孔翻边

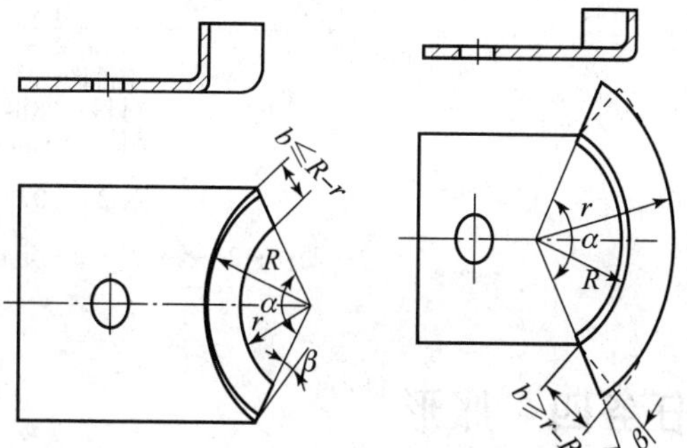

图 2-106 外缘翻边
（a）内凹外缘翻边；（b）外凸外缘翻边

三、翻边模结构

翻边模结构与拉深模相似，但凸模圆角半径较大，常做成球形或抛物面形（以避免成为拉深）。凹模圆角半径影响不大，一般取工件圆角半径（但应大于翻边圆角半径）。

翻边模如图 2-107 所示，工作时将预先冲孔的毛坯放在凸模上由定位板定位，凹模下行与压料板一起夹紧毛坯进行翻边，凹模上行压料板把工件顶起。若工件留在凹模内，则由打杆和推件块把工件推出。

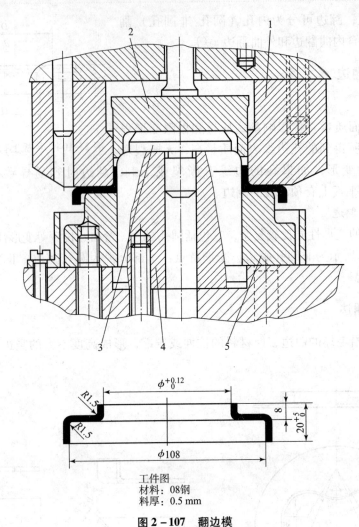

工件图
材料：08钢
料厚：0.5 mm

图 2 – 107　翻边模

1—凹模；2—推件块；3—定位板；4—凸模；5—压料板

任务四　胀形

胀形是指将空心件或管状件毛坯放入模具内，利用压力使其沿径向向外扩张的成形工序。

一、胀形成形的特点

一般情况下，胀形变形区内的金属不会产生失稳起皱，表面光滑，质量好，而且回弹变形小，零件形状容易保持。外部材料不进入变形区，变形区材料受双向拉应力，产生拉伸变形，材料变薄。

二、胀形成形的分类

胀形主要有起伏成形和圆柱空心毛坯胀形两类。

1. 起伏成形

起伏成形指通过材料局部拉深变形，形成凹进或凸起的成形工序，用于腹板类板料零件压制加强肋（加强工件刚度）或压制凸包、凹坑、花纹图案及标记等，如图2-108所示。

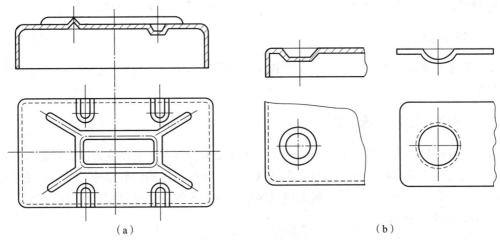

（a）   （b）

图2-108 起伏成形

（a）加强筋；（b）局部凹坑

2. 圆柱空心毛坯胀形

圆柱空心毛坯胀形指将空心件或管状坯料径向向外扩张，胀出所需凸起曲面的冲压方法。根据模具的不同，可分为钢性胀形、橡胶模胀形和液压胀形。

三、胀形模结构

图2-109所示为拼块式凸模胀形，它利用楔状芯块将凸模拼块分开，使坯料形成所需的形状，模具结构比较复杂，适用于较小的局部变形。

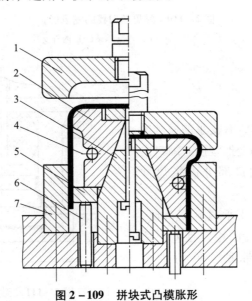

图2-109 拼块式凸模胀形

1—凹模；2—分瓣凸模；3—楔状芯块；4—拉簧；5—毛坯；6—顶杆；7—下凹模

任务五　缩口

将预先拉深好的圆筒或管状坯料，通过缩口模将其口部缩小的一种成形工艺。

一、成形特点

缩口属于压缩类成形工序，缩口端材料在凹模的压力下向凹模滑动，直径缩小，壁厚和高度增加。

二、缩口模具的支承形式

坯件缩口前后的开口直径变化不宜过大，压缩变形剧烈时，会使变形区失稳起皱，可在坯件内装入芯柱以防起皱，或者进行多次缩口。对于非变形区的筒壁部分，由于承受全部的缩口压力，也容易失稳产生变形，可通过对筒壁进行支承解决。常见缩口模具的支承形式有3种，如图 2 – 110 所示。

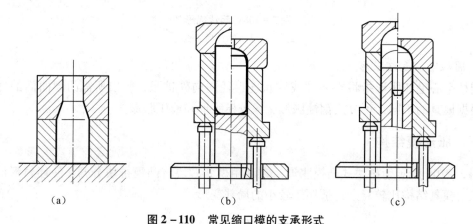

(a)　　　　　　　(b)　　　　　　　(c)

图 2 – 110　常见缩口模的支承形式

(a) 无支承；(b) 外支承；(c) 内外支承

三、缩口模结构

无支承模具结构简单，有支承的模具增加了坯料的稳定性，提高变形程度。缩口内设有芯棒时，可提高缩口部分内径尺寸精度。

图 2 – 111 所示为无支承衬套缩口模，模具结构简单，坯料筒壁的稳定性差，适用于管子高度不大、带底零件的锥形缩口。

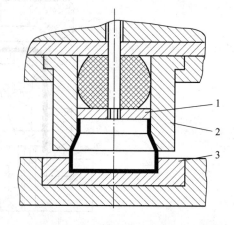

图 2 – 111　无支承衬套缩口模

1—卸料板；2—缩口凹模；3—定位座

【学习小结】

（1）减少回弹的方法有很多，如弯曲时增大压料力、减小凸模和凹模间隙、采用软凹模弯曲等，其作用都是通过增加弯曲变形区的拉应变，达到增强塑性变形的目的。

（2）良好的工艺性和合理的工序安排，能简化弯曲工艺过程及模具结构，提高弯曲件的质量和生产率。

（3）计算弯曲力时，首先应确定采用的是自由弯曲还是校正弯曲；计算弯曲件毛坯长度时，一定要注意弯曲半径 r 的大小不同，选用的计算方法也不相同。

（4）只有对弯曲模各种结构的工作原理和特点充分理解掌握，才能根据弯曲件的结构和材料选择合适的弯曲模结构。

（5）挤压模的凹模多采用预应力的组合结构，较少采用整体式结构；支承凸模、凹模的垫板具有一定的厚度，以缓和从凸模、凹模传来的较大压力，防止压坏下模座；一般上下模座采用足够厚的中碳钢制作；采用加长的导柱与导套结构，确保导向精度和凸模的稳定性。

项目四　典型冷冲模实例

实例 1　一模多件套筒式冲裁模

图 2-112 所示为一模多件套筒式冲模，此模具可同时冲制 3 个圆形工件。上凸凹模 1 和冲孔凸模 6，以及下凸凹模 11 实现工件图中最小垫片（外径 $\phi22$ mm，内径为 $\phi11.3$ mm）的加工。上凸凹模 1 和下凸凹模 11 实现工件图中间垫片（外径 $\phi34$ mm，内径为 $\phi22$ mm）的加工。上凸凹模 2 和凹模 15 实现工件图中最大垫片的加工。工作时，条料由挡料销和导料销实现定位，合模完成。由于在下凸凹模 11 的筒壁上开了 3 条长圆孔，用连接销 4 将内外顶件器 12、13 连在一起，因此可同时将工件顶出，顶出工件通过顶杆 8 实现。卡箍在上模的冲件和冲孔废料通过打料板 3、打杆 16 等推出。在该套模具中设置了弹性卸料装置（卸料板 17、卸料螺钉和橡胶），用以对工件图中最大垫片的卸料。

实例 2　斜楔弯曲模

如图 2-113 所示为，斜楔弯曲模，它实现的是工件的弯曲成形工序。该模具依靠固定在上模的斜楔 3 把压力机滑块垂直运动转变为滑块 5 的水平运动，从而配合弯曲凸模 4 和弯曲凹模 1 合模完成弯曲件成形。

上模下行时，弯曲凸模 4 与滑块 5 先将毛坯完成 U 形，上模继续下行，斜楔 3 推动滑块 5 水平运动，完成最后向内弯曲成型工序。

上模回升时，弯曲凸模 4 依靠弹簧伸长使其保留在成形工件中，待滑块 5 退出至一定距离后，弯曲凸模 4 才随上模回升。在模具图中，在弯曲凸模 4 中还设置了一个定位销钉，用以卡在工件的圆孔中，防止工件在弯曲过程中产生偏移。

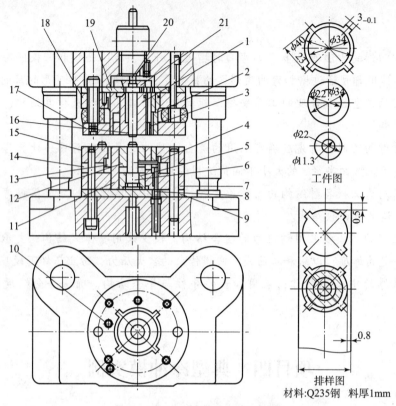

图 2 – 112   一模多件套筒式冲模

1，2—上凸凹模；3—打料板；4—连接销；5—衬套；6—冲孔凸模；7—下固定板；8—顶杆；

9—下垫板；10—挡料销；11—下凸凹模；12—内顶件器；13—外顶件器；14—中间垫板；

15—凹模；16，20—打杆；17—卸料板；18—上固定板；19—上垫板；21—打板

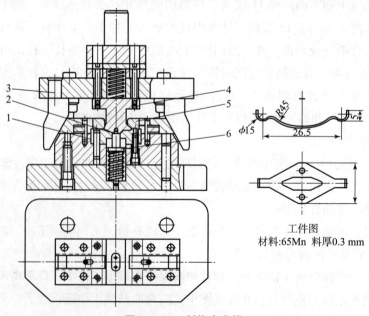

图 2 – 113   斜楔弯曲模

1—弯曲凹模；2—定位销；3—斜楔；4—弯曲凸模；5—滑块；6—顶板

实例 3　电动机风扇罩反拉深模

如图 2 - 114 所示为电动机风扇罩反拉深模，电动机风扇罩为大圆角半径工件，反拉深模实现该工件的拉深成形工序。为了提高生产效率，本模具采用正反拉深用一套模具于一次行程中完成，能够得到很大的变形，实现大圆角半径工件的成形。

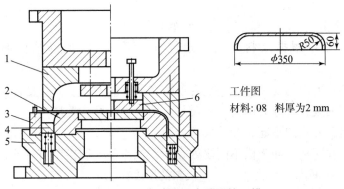

工件图
材料：08　料厚为2 mm

图 2 - 114　电动机风扇罩反拉深模
1—凸凹模；2—凸模；3—凹模；4—下顶板；5—底座；6—上顶板

在压力机的一次行程过程中，首先由凹模 3 和凸凹模 1 实现工件的正拉深，随着压力机滑块的继续下行，凸凹模 1 和凸模 2 完成工件的反拉深。在拉深过程中，工件首先受到了凸凹模 1 的压边作用，被拉入凹模 3 内，然后上模继续下行，工件又受到凸模 2 的压边作用，被拉入凸凹模 1 内。这样工件在拉深成形的整个过程中始终受到了约束，从而有效地防止了起皱问题。

【学习小结】

（1）在冲压模设计选择模具结构时，尽可能选择简单的模具结构，模具零件尽量选择标准件。

（2）复合模可以对落料、冲孔、切边、拉深、切断、弯曲等多种工序进行合并；生产中可以根据零件的形状灵活地选择不同工序进行复合，其设计方法和过程与上述落料、拉深、冲孔复合模的例子是一致的。

（3）排样设计是多工位级进模的设计关键，排样图的优化与否，不仅关系到材料的利用率，还影响到模具制造的难易程度和使用寿命，设计时要综合考虑各方面的因素，才能达到比较理想的结果。

【思考与练习】

一、填空题

1. 冲压是利用安装在_____上的_____性，对材料施加压力使_____，从而获得所需零件的一种压力加工方法。

2. _____、_____和_____构成冲压的三要素。

3. 冲压加工的工序多种多样，可分为_____和_____两大类。

4. 冲压生产常用的材料是_____。

5. 冲压设备的类型根据所需要完成的_____、_____、_____和_____来选择。

6. 曲柄压力机一般由_____、_____、_____、_____和_____组成。

7. _____是压力机的主要技术参数。

8. 普通冲裁件断面具有_____、_____、_____、_____和_____四个明显区域。

9. 冷冲模都是由_____和_____两个部分组成的。

10. 冲裁级进模中根据条料的送进定位方式不同，常见的结构形式有_____和_____两种。

11. 落料凹模在上模的为_____复合模，在下模的为_____复合模。

12. 冲裁产生的废料可分为两类，一类是_____，另一类是_____。

13. 按工序组合方式的不同，冲裁模可分为_____、_____和_____等。

14. 拉深凸模和凹模与冲裁模不同之处在于，拉深凸、凹模都有一定的_____而不是_____的刃口，其间隙一般为_____板料的厚度。

15. 拉深系数 m 是_____和_____的比值，m 越小，则变形程度越大。

16. 拉深时，凸缘变形区的_____和筒壁传力区的_____是拉深工艺顺利进行的主要障碍。

17. 拉深中，产生起皱的现象是因为该区域内受_____的作用，导致材料_____而引起。

18. 拉深件的毛坯尺寸确定依据是_____。

19. 拉深件的壁厚_____。下部壁厚略有_____，上部却有所_____。

20. 板料的相对厚度 t/D 越小，则抵抗失稳能力越_____，越_____起皱。

21. 材料性能和模具几何形状等因素，会造成拉深件口部不齐，尤其是经过多次拉深的拉深件，口部质量更差。因此在多数情况下采用加大_____的方法，拉深后再经过_____工序以保证零件质量。

22. 正方形盒形件的坯料形状是_____；矩形盒形件的坯料形状为_____或_____。

23. 用理论计算方法确定坯料尺寸不是绝对准确，因此对于形状复杂的拉深件，通常是先_____，以理论分析方法初步确定的坯料进行试模，经反复试模直到得到符合要求的冲件时，再_____。

24. 拉深凸模圆角半径太小，会增大_____，降低危险断面的抗拉强度，因而会引起拉深件_____，降低_____。

25. 拉深凹模圆角半径大，允许的极限拉深系数可_____，但_____的圆角半径会使板料悬空面积增大，容易产生_____。

26. 拉深凸模、凹模的间隙应适当，太_____会不利于坯料在拉深时的塑性流动，增大拉深力，而间隙太_____，则会影响拉深件的精度，回弹也大。

27. 确定拉深次数的方法通常是：根据工件的_____查表而得，或者采用_____法，根据表格查出各次极限拉深系数，然后依次推算出各次拉深直径。

28. 有凸缘圆筒件的总拉深系数_____极限拉深系数时，或零件的相对高度_____极限相对高度时，则凸缘圆筒件可以一次拉深成形。

29. 拉深时，对于单动压力机，除了使其公称压力_____以外，还必须注意，当拉深行程较大，尤其落料拉深复合时，_____曲线之下。

30. 一般情况下，拉深件的公差不宜要求过高。对于要求高的拉深件应加_____工序以提高其精度。

31. 在拉深成形中，需要摩擦力小的部位必须_____，凹模表面粗糙度应该_____，以降低摩擦力，减小_____，以提高极限变形程度。

32. 拉深时，凹模和卸料板与板料接触的表面应当润滑，而凸模圆角与板料接触的表面不宜_____，也不宜_____，以减小由于凸模与材料的相对滑动而使危险断面易于变薄破裂的危险。

33. 弯曲件的主要质量问题有_____、_____和_____等。

34. 在弯曲变形区内，内层纤维_____，外层纤维_____，而中性层_____。

35. 弯曲时，用_____表示板料弯曲变形程度，不致使材料破坏的极限弯曲半径称_____。

36. 为了提高弯曲极限变形程度，对于较厚材料，可以采用_____。

37. 在弯曲工艺方面，减小回弹的措施有_____、_____、_____。

38. 弯曲件的工序安排的一般原则是先弯_____，后弯_____；前次弯曲应考虑后次弯曲有可靠的_____；后次弯曲不能影响前次弯曲部分的成形。

39. 弯曲时，为防止出现偏移，可采用_____、_____、_____和_____等方法解决。

二、判断题

1. 冲压模的制造一般是单件小批量生产，因此冲压件也是单件小批量生产。　　（　　）

2. 落料和弯曲都属于分离工序，而拉深、翻边则属于成形工序。　　（　　）

3. 非金属材料不能采用冲压加工。　　（　　）

4. 冲压加工只能加工形状简单的零件。　　（　　）

5. 搭边的作用是补偿定位误差，保持条料有一定的刚度，以保证零件质量和送料方便。　　（　　）

6. 在级进模中，侧刀的作用是控制材料送进时的步距。　　（　　）

7. 普通冲裁最后断裂分离是塑性剪切分离。　　（　　）

8. 在其他条件相同的情况下，硬材料的冲裁合理间隙大于软材料的冲裁合理间隙。　　（　　）

9. 刚性卸料板的主要优点是卸料可靠，能承受的卸料力大。　　（　　）

10. 采用阶梯布置的凸模时，为了保护小直径凸模，应使其比大直径凸模高一些。（　　）

11. 拉深系数 m 恒小于 1，m 越小，则拉深变形程度越大。　　（　　）

12. 坯料拉深时，其凸缘部分因受切向压应力而易产生失稳而起皱。　　（　　）

13. 拉深系数 m 越小，坯料产生起皱的可能性也越小。　　（　　）

14. 压料力的选择应在保证变形区不起皱的前提下，尽量选用小的压料力。　　（　　）

15. 弹性压料装置中，橡胶压料装置的压料效果最好。　　（　　）

16. 拉深凸、凹模之间的间隙，对拉深力、零件质量、模具寿命都有影响。间隙小，拉深力，大零件表面质量差，模具磨损大，所以拉深凸、凹模的间隙越大越好。　　（　　）

17. 拉深凸模圆角半径太大，增大了板料对凸模弯曲的拉应力，降低了危险断面的抗拉

强度，因而会降低极限变形程度。 （　　）

18. 拉深时，拉深件的壁厚是不均匀的，上部增厚，越接近口部增厚越多，下部变薄，越接近凸模圆角变薄越大。壁部与圆角相切处变薄最严重。 （　　）

19. 需要多次拉深的零件，在保证必要的表面质量的前提下，应允许内外表面存在拉深过程中可能产生的痕迹。 （　　）

20. 所谓等面积原则，即坯料面积等于成品零件的表面积。 （　　）

21. 拉深的变形程度大小可以用拉深件的高度与直径的比值来表示。也可以用拉深后的圆筒形件的直径与拉深前的坯料（工序件）直径之比来表示。 （　　）

22. 阶梯形盒形件和阶梯形圆筒形件的拉深工艺一样，也可以先拉深成大阶梯，再从大阶梯拉深到小阶梯。 （　　）

23. 相对弯曲半径（r/t）是表示零件结构工艺性好坏的指标之一。 （　　）

24. 材料的机械性能对弯曲件影响较大，其中材料的塑性越差，其允许的最小相对弯曲半径越小。 （　　）

25. 弯曲件的中性层一定位于工件料厚 1/2 位置。 （　　）

26. 板料的弯曲半径与其厚度的比值称为最小弯曲半径。 （　　）

27. 采用压料装置或在模具上安装定位销，可解决板料在弯曲中的偏移问题。 （　　）

28. 经冷作硬化的弯曲件，其允许的变形程度较大。 （　　）

29. 弯曲件的回弹主要是因为弯曲变形程度很大所致。 （　　）

三、选择题

1. 在级进模中，条料进给方向的定位有多种方法。当步距较小、材料较薄、生产效率高时，一般应选用（　　）定位较合理。
   A. 挡料销　　　　　B. 导正销　　　　　C. 侧刃　　　　　D. 始用挡料销

2. 模具的合理间隙靠（　　）刃口尺寸及公差来实现。
   A. 凸模　　　　　B. 凹模　　　　　C. 凸模和凹模　　　　　D. 凸凹模

3. 落料模的刃口尺寸计算原则是先确定（　　）。
   A. 凹模刃口尺寸　　B. 凸模刃口尺寸　　C. 凸、凹模尺寸公差　　D. 冲裁间隙

4. 当冲裁间隙较大时，冲裁后因材料弹性回复，使冲孔件尺寸（　　）凸模尺寸，落料件尺寸（　　）凹模尺寸。
   A. 大于、小于　　　B. 大于、大于　　　C. 小于、小于　　　D. 小于、大于

5. 冲裁多孔工件时，为了降低冲裁力，应采用（　　）的方法。
   A. 阶梯凸模冲裁　　B. 斜刃冲裁　　　C. 加热冲裁　　　D. 直接冲裁

6. 冲制一工件，冲裁力为 F，采用刚性卸料、下出件方式，则总压力为（　　）。
   A. 冲裁力 + 卸料力　　　　　　　　B. 冲裁力 + 推件力
   C. 冲裁力 + 卸料力 + 推件力　　　　D. 冲裁力 + 卸料力 + 顶件力

7. 冲裁件外形和内形均有较高的位置精度要求，宜采用（　　）。
   A. 导板模　　　　　B. 级进模　　　　　C. 复合模　　　　　D. 橡胶模

8. 弹性卸料装置除起卸料作用外，还有（　　）的作用。
   A. 卸料力大　　　　B. 平直度低　　　　C. 预压　　　　　D. 紧固

9. 拉深过程中，坯料的凸缘部分为（　　）。

    A. 传力区   B. 变形区   C. 非变形区

10. 与凸模圆角接触的板料部分，拉深时厚度（　　）。

    A. 变厚   B. 变薄   C. 不变

11. 拉深时出现的危险截面是指（　　）的断面。

    A. 位于凹模圆角部位   B. 位于凸模圆角部位

    C. 凸缘部位

12. 用等面积法确定坯料尺寸，即坯料面积等于拉深件的（　　）。

    A. 投影面积   B. 表面积   C. 截面积

13. 拉深过程中应该润滑的部位是（　　）；不该润滑部位是（　　）。

    A. 压料板与坯料的接触面   B. 凹模与坯料的接触面

    C. 凸模与坯料的接触面

14. （　　）工序是拉深过程中必不可少的工序。

    A. 酸洗   B. 热处理   C. 去毛刺   D. 润滑

    E. 校平

15. 需多次拉深的工件，在两次拉深间，许多情况下都不必进行（　　）。从降低成本、提高生产率的角度出发，应尽量减少这个辅助工序。

    A. 酸洗   B. 热处理   C. 去毛刺   D. 润滑

    E. 校平

16. 经过热处理或表面有油污和其他脏物的工序件表面，需要（　　）方可继续进行冲压加工或其他工序的加工。

    A. 酸洗   B. 热处理   C. 去毛刺   D. 润滑

    E. 校平

17. 有凸缘筒形件拉深，其中（　　）对拉深系数影响最大。

    A. 凸缘相对直径   B. 相对高度   C. 相对圆角半径

18. 在宽凸缘的多次拉深时，必须使第一次拉深成的凸缘外径等于（　　）直径。

    A. 坯料   B. 筒形部分   C. 成品零件的凸缘

19. 板料的相对厚度 t/D 较大时，则抵抗失稳能力（　　）。

    A. 大   B. 小   C. 不变

20. 有凸缘筒形件的极限拉深系数（　　）无凸缘筒形件的极限拉深系数。

    A. 小于   B. 大于   C. 等于

21. 无凸缘筒形件拉深时，若冲件 h/d（　　）极限 h/d，则可一次拉出。

    A. 大于   B. 等于   C. 小于

22. 当任意两相邻阶梯直径之比 d_i/d_{i-1} 都不小于相应的圆筒形的极限拉深系数时，其拉深方法是（　　）。

    A. 由小阶梯到大阶梯依次拉出   B. 由大阶梯到小阶梯依次拉出

    C. 先拉两头，后拉中间各阶梯

23. 下面三种弹性压料装置中，（　　）的压料效果最好。

    A. 弹簧式压料装置   B. 橡胶式压料装置

C. 气垫式压料装置

24. 利用压边圈对拉深坯料的变形区施加压力，可防止坯料起皱，因此，在保证变形区不起皱的前提下，应尽量选用（　　）。

A. 大的压料力　　　B. 小的压料力　　　C. 适中的压料力

25. 在拉深工艺规程中，如果选用单动压力机，其公称压力应（　　）工艺总压力，且要注意，当拉深工作行程较大时，应使工艺力曲线位于压力机滑块的许用曲线之下。

A. 等于　　　　　B. 小于　　　　　C. 大于

26. 最小的相对弯曲半径 r_{min}/t 表示（　　）。

A. 材料的弯曲变形极限　　　　　B. 零件的弯曲变形程度
C. 零件的结构工艺性好坏　　　　D. 润滑

27. 弯曲件在变形区内出现断面为扇形的是（　　）。

A. 宽板　　　　B. 窄板　　　　C. 薄板　　　　D. 厚板

28. 弯曲件的最小相对弯曲半径是限制弯曲件产生（　　）的弯曲半径的极限值。

A. 变形　　　　B. 回弹　　　　C. 裂纹　　　　D. 压痕

29. 为了避免产生弯曲裂纹，则弯曲线方向应与材料纤维方向（　　）。

A. 垂直　　　　B. 平等　　　　C. 重合　　　　D. 任意方向

30. 相对弯曲半径 r/t 大，是表示（　　）。

A. 回弹小　　　B. 弹性区域小　　　C. 塑性区域小　　　D. 偏移小

31. 采用拉弯工艺进行弯曲，主要适用于（　　）的弯曲件。

A. 回弹小　　　　　　　B. 曲率半径大
C. 硬化程度高　　　　　D. 相对弯曲半径很大

32. 不对称的弯曲件，弯曲时应注意（　　）。

A. 防止回弹　　　B. 防止偏移　　　C. 防止弯曲裂纹　　　D. 防止翘曲

四、名词解释

1. 冲裁间隙：
2. 排样：
3. 级进模：
4. 复合模：
5. 拉深：
6. 拉深系数：
7. 最小弯曲半径：
8. 回弹：

五、问答题

1. 冲压与其他加工方法比较具有哪些特点？
2. 分离工序和成形工序的主要区别是什么？
3. 冲压工艺对材料的要求有哪些？对成形有什么影响？
4. 曲柄压力机由哪几部分组成？
5. 影响冲裁件尺寸精度的因素有哪些？

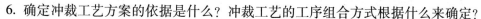

6. 确定冲裁工艺方案的依据是什么？冲裁工艺的工序组合方式根据什么来确定？

7. 采用什么方法确定合理冲裁间隙？

8. 什么是冲裁力、卸料力、推件力和顶件力？这些力对选择压力机有什么意义？

9. 排样方法有哪几种？各有什么特点？

10. 冲裁模主要由哪几种零件组成？这几种零件的作用如何？

11. 拉深变形有哪些特点？

12. 如图 2 –115 所示，拉深的基本过程是怎样的？

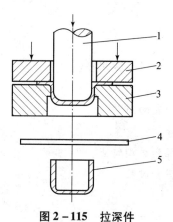

图 2 –115　拉深件

1—凸模；2—压边圈；3—凹模；4—坯料；5—拉深件

13. 什么情况下会产生拉裂？

14. 防止起皱的方法有哪些？

15. 拉深间隙对拉深工艺有何影响？

模块三　壳体塑料成型工艺与模具设计

● 知识目标

1. 了解塑料的组成、分类、性能、常用塑料
2. 掌握塑料的选用
3. 理解塑件的尺寸、公差和表面质量
4. 掌握塑件的几何形状设计
5. 掌握注射成型原理、过程和成型特点
6. 了解压缩、压注成型原理和过程
7. 理解注射模设计步骤
8. 掌握注射模的基本构造、特点和设计
9. 了解挤出、真空吹塑、泡沫塑料、气辅、热流道成型工艺

● 技能目标

1. 能够根据塑件的要求选用塑料
2. 能初步造型设计塑料制品
3. 能选用和确定塑料制品的精度
4. 能区分各种塑料成型方法的特点和选用
5. 会分析成形工艺特性，能制定成型工艺、正确选定注射成型工艺参数
6. 学会注射模具结构特点及设计方法
7. 能进行不同结构简单注射模的设计
8. 能够区分挤出、真空吹塑和泡沫塑料成型工艺原理的不同

　　塑料模具是指塑料加工中和塑料成型机配套，赋予塑料制品以完整结构和精确尺寸的工具。随着塑料工业的飞速发展和工程塑料在强度、精度等方面的不断提高，塑料制品的应用范围越来越广，日常生产生活中所用到的各种工具和产品，都与塑料模具有着密切的联系。

● 任务描述

　　如图 3 - 1 所示的塑料壳体为注射模具生产的零件，材料为 ABS。试设计生产该零件的模具。

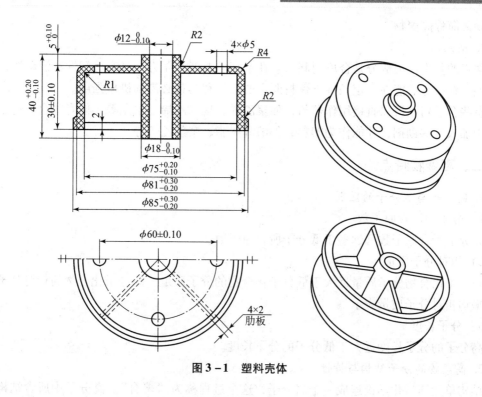

图 3 – 1　塑料壳体

●任务分析

　　要正确设计生产图 3 – 1 所示的塑料壳体注射模具，就要掌握注射成型原理、成型工艺等。本模块主要介绍常用塑料及其应用、注射成型原理与工艺过程、注射模的典型结构、注射成型机类型等。

●知识准备

项目一　塑料基础知识

任务一　塑料的组成

一、树脂与塑料的概念

1. 树脂

　　塑料的主要成分是树脂，如松香和沥青，都是一种天然树脂。由于天然树脂无论数量还是质量都不能满足需要，因此，实际生产中所用的树脂都是用人工方法合成制造的。由于其是由相对分子质量小的物质经聚合反应而制得的相对分子质量大的物质，因此称之为高分子聚合物，简称高聚物。

2. 塑料

塑料的基本组成成分是合成树脂，它在不高的温度和压力下具有可塑性和流动性，可塑造成型，在成型后能在一定条件下保持既得的形状和具备必需的机械强度。

有些合成树脂可以直接用作塑料，如聚乙烯、聚苯乙烯、尼龙等，但有些合成树脂必须在其中加入一些助剂，才能作为塑料，如酚醛树脂、聚氯乙烯等。

二、高聚物特点

1. 高分子与低分子的区别

1）分子中所含原子数

高分子所含原子数远远多于低分子所含原子数。

2）相对分子质量

高分子化合物分子质量远大于低分子化合物的分子质量。高分子化合物的相对分子质量采用平均相对分子质量表示。

3）分子长度

高分子的分子长度远大于低分子的分子长度。

2. 高聚物的分子结构与特性

结构单元通过化学键连成一个高分子，这个过程称为"聚合"。高分子中所含结构单元的数量，称为"聚合度"，用"n"来表示。例如，聚乙烯分子质量的小单元为 C_2H_4，每个聚乙烯分子中含有 n 个像下面这样连接起来的小单元：

$$……—C_2H_4—C_2H_4—C_2H_4— C_2H_4— ……$$

这种由许多小单元构成的一个很长的聚合物分子，称为"高分子链"。高聚物分子链的分子结构示意图如图 3 – 2 所示。

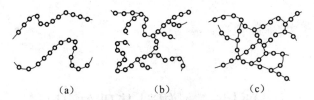

（a）　　　　　　　　（b）　　　　　　　　（c）

图 3 – 2　高聚物分子链的分子结构示意图

（a）线型；（b）支链型；（c）体型

高分子聚合物分子结构不同，其性能也不同。

3. 结晶型与非结晶型高聚物的结构及性能

结晶型高聚物是指聚合物从熔融状态到冷凝时，分子由独立移动、完全处于无秩序状态变成分子停止自由移动，取得一个略微固定的位置，并具有排列成为正规模型倾向的现象的高聚物。

结晶型高聚物一般具有耐热性、非透明性和较高的力学性能，而非结晶型高聚物则相反。

4. 高聚物的性能及在成型过程中的变化

1）高聚物的热力学性能

随着温度的变化，高聚物的分子热运动表现出三种不同的力学状态，即玻璃态、高弹态及黏流态，在一定条件下它们可以发生转变。如图3-3所示为高聚物物理状态与温度的关系。

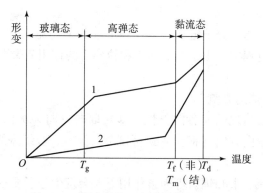

图3-3 高聚物物理状态与温度的关系

1—线型非结晶聚合物；2—线型结晶聚合物

玻璃化温度（T_g）是指非结晶型或半结晶型的高聚物从黏流态或高弹态（橡胶态）向玻璃态转变（或相反转变）的温度，它是塑料产品的最高使用温度。

流动温度（T_f或T_m）是指从高弹态向黏流态转变（或相反转变）的温度，它是塑料的最低成型温度。

热分解温度（T_d）是指聚合物在高温下开始发生分解的温度，是塑料最高成型温度。

2）高聚物的加工工艺性能

塑料成型加工与聚合物随温度的三态转变有直接关系，如图3-4所示。

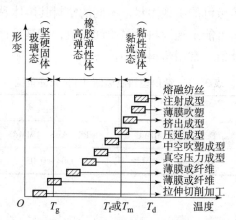

图3-4 线型聚合物的状态与塑料成型的关系

T_g是选择和合理使用塑料的重要参数，也是大多数塑料成型的最低温度。

聚合物在T_f（或T_m）温度到T_d温度之间处于黏流态，呈液状熔体，在外力作用下，聚合物出现变形量很大的流动，在外力解除后，这种变形和流动不能回复。

聚合物在T_d温度以上，聚合物将会发生分解。热分解是指在高温下与氧接触后，聚合物产生可燃性低分子物质及挥发低性分子物质气体，破坏聚合物的组成，影响制品质量。

5. 高聚物的结晶

聚合物的结晶度是指聚合物内结晶组织的质量（或体积）与聚合物总质量（或总体积）

之比。大多数聚合物的结晶度为10%~60%，有些聚合物可达70%~95%。

6. 高聚物的取向

1）聚合物的取向

聚合物的取向是指树脂的分子链在外力作用下（如剪切流动），会有不同方式和不同程度的平行排列。在成型过程中，由于受剪切力和拉伸力的作用，聚合物的取向分流动取向和拉伸取向两种。

2）取向对聚合物性能的影响

非结晶聚合物取向后出现明显各向异性，即在取向方向（纵向）的拉伸强度和冲击强度显著提高，而垂直于取向方向（横向）则强度显著下降，收缩率纵向大于横向。

7. 高聚物的降解

聚合物在热、力、氧、水和辐射等因素作用下，会发生分子质量降低或大分子结构改变等化学变化，这种变化称为降解。成型过程中的降解通常是有害的（有意识地利用降解减小聚合物熔体黏度，以改善流动性和成型性能除外。）。

8. 熔接缝

熔接缝是塑料制品中的一个区域。它是彼此分离的塑料熔体相遇后熔合固化而形成的。熔合缝的力学性能低于塑料件的其他区域，是整个塑料件中的薄弱环节。熔合缝的强度通常就是塑料制品的强度。

注射模塑制品的几何构形复杂，模具型腔内塑料熔体分离成多股熔流是不可避免的。塑料制品设计时，必须预测熔合缝数目、位置和方向。浇口的位置和数目能改进熔合缝强度。

9. 溢边值

高压塑料熔体注入模腔后可能出现溢料。不同的塑料其熔体黏度不同，出现溢料所需的间隙不同，溢边值即是塑料可能出现溢料的最小间隙值，模具设计、制造及使用时，模腔及分型面等处间隙不得大于此值。常用塑料溢边值 $[\delta]$ 允许范围见表3-1。

表3-1 常用塑料溢边值 $[\delta]$ 允许范围

黏度特征	高黏度	中黏度	低黏度
塑料品种	PC、PPO、PSF、UPVC	PS、ABS、PMMA	PA、PE、PP
$[\delta]$ 允许范围/mm	0.06~0.08	0.04~0.05	0.025~0.04

三、塑料的组成

塑料是以合成树脂为主要成分的高分子材料，单纯的聚合物往往不能满足成型加工和实际使用的要求，应根据实际需要适当地加入各种助剂（也称为添加剂），如增塑剂、稳定剂、色料及润滑剂等，因此塑料是由树脂和助剂组成的。

1. 树脂

合成树脂占塑料总重量的40%~100%。树脂的作用是使塑料具有可塑性和流动性，将各种助剂黏结在一起，而使之具有一定的物理-机械性能。

2. 助剂

助剂主要有填充剂、增塑剂、着色剂、稳定剂、润滑剂、增强剂等，塑料中的助剂还有防静电剂、阻燃剂、增强剂、驱避剂、发泡剂、交联剂及固化剂等。

任务二　塑料的分类

一、按塑料的使用特性分为通用塑料、工程塑料和功能塑料

1. 通用塑料

通用塑料是指一般只能作为非结构材料使用，产量大、用途广、价格低、性能普通的一类塑料。主要有聚乙烯、聚丙烯、聚氯乙烯、酚醛塑料和氨基塑料五大品种，约占塑料总产量的75%以上。

2. 工程塑料

工程材料是指可以作为工程结构材料，力学性能优良，能在较广温度范围内承受机械应力，在较为苛刻的化学及物理环境中使用的一类塑料。工程材料主要有聚酰胺（尼龙）、聚碳酸酯、聚甲醛、ABS、聚苯醚、聚砜、聚酯及各种增强塑料。

3. 功能塑料

功能塑料是指用于特种环境中，具有某一方面的特殊性能的塑料。功能塑料主要有医用塑料、光敏塑料、导磁塑料、高耐热性塑料及高频绝缘性塑料等。这类塑料产量小，价格较贵，性能优异。

二、按熔融塑料冷凝时有无结晶现象分结晶型塑料和非结晶型塑料

1. 结晶型塑料

结晶型是指塑料由熔融状态到冷凝过程中，分子由无秩序自由运动而逐渐排列成为正规模型倾向的一种现象。结晶型塑料有聚乙烯、聚丙烯、聚四氟乙烯、聚甲醛、尼龙及聚氯醚等。

2. 非结晶型塑料

非结晶型塑料是指冷凝过程中，分子链无秩序排列组成的聚集体。非结晶型塑料有聚苯乙烯、有机玻璃、聚碳酸酯、ABS及聚砜等。

三、按塑料受热后呈现的基本行为分热塑性塑料和热固性塑料

1. 热塑性塑料

热塑性塑料是指在一定的温度范围内，能反复加热软化乃至熔融流动，冷却后能硬化成一定形状的塑料。在成型过程中只有物理变化，而无化学变化，因而受热后可多次成型。这类塑料有聚乙烯、聚氯乙烯、聚碳酸酯、ABS、尼龙及有机玻璃等。

这类塑料的优点是有较好的物理力学性能，容易成型加工，可回收再利用，品种和产量最大，应用较普遍。缺点是耐热性和刚性较差。

2. 热固性塑料

热固性塑料是指在初受热时变软，可以塑制成一定形状，但加热到一定时间后或加入固化剂后就硬化定型，再加热则既不熔融也不溶解，形成体型（网状）结构物质的塑料。在成型受热时热固性塑料会发生化学变化使线型分子结构转变。这类型料有酚醛塑料、氨基塑

料、环氧塑料等。

这类塑料的优点是耐热性高（优于热塑性塑料），尺寸稳定性好，受压不变形，价廉。缺点是成型工艺较麻烦，不利于连续生产和提高生产率，不能回收再利用，本身力学性能较差，需进行增强。

任务三　塑料的性能

塑料的性能包括使用性能和工艺性能。使用性能反映了塑料的使用价值，而工艺性能反映了塑料的成型特性。

一、塑料的使用性能

塑料的使用性能包括物理性能、化学性能、力学性能、热性能及电性能等。

二、塑料的成型工艺性能

1. 热塑性塑料的工艺性能

1）收缩性

塑料制品从温度较高的模具中取出冷却到室温后，其尺寸或体积发生收缩的现象，称为收缩性。它可用相对收缩量的百分率表示，即收缩率（S）。不同种塑料收缩率不同，同一种塑料批号不同，收缩率也不同。结晶型塑料件收缩率一般为 1.2% ~ 4.0%，非结晶型塑料的收缩率一般为 0.2% ~ 1.0%。塑料的收缩率数值大，且变化范围大，给塑件的尺寸控制带来困难。收缩率具有不准确性，因不同加工条件变化很大，很难测出准确的固定值。对于模具设计者而言，在具体设计时，一般可选取平均收缩率。

（1）影响热塑性塑料成型收缩的主要因素。影响收缩率的因素很多，要确定收缩率的值非常困难，而且复杂。在模具设计时，综合考虑各种因素的影响，按经验确定塑件各部位的收缩率。对于精度要求较高的塑件，应留有修模余地。

（2）收缩的形式。

①线尺寸收缩。由于热胀冷缩，脱模时弹性恢复及塑性变形等原因，塑件脱模冷却到室温后，其尺寸缩小。因此，设计模具成型零件时必须予以补偿，避免尺寸超差。

②后收缩。塑件脱模后一段时间内的收缩，因各种残余应力趋向平衡而产生时效变形，引起塑件尺寸缩小的现象，称为后收缩。

③后处理收缩。为了消除或减小后收缩对塑件的影响，稳定成型后的尺寸，对成型后塑件进行适当热处理，热处理后也会使塑件尺寸发生变化，称为后处理收缩。

2）流动性

塑料在一定的温度及压力作用下，充满模具型腔各部分的能力，称为流动性。可用熔体指数来表示。熔体指数法就是热塑性塑料在一定温度和一定压力下，熔体在 10 min 内通过标准毛细管的塑料重量，单位 g/10 min。熔体指数大，则流动性好，反之流动性不好。

（1）流动性分类。

①流动性好的塑料。流动性好的塑料有尼龙、聚乙烯、聚丙烯、聚苯乙烯、醋酸纤维素及聚 4 - 甲基戊烯等。

②流动性中等的塑料。流动性中等的塑料有改性聚苯乙烯、ABS、AS、有机玻璃、聚甲醛、聚氯醚及聚甲基丙烯酸甲酯等。

③流动性差的塑料。流动性差的塑料有聚碳酸酯、硬质聚氯乙烯、聚苯醚、聚砜及氟塑料等。

（2）影响流动性的因素。

①温度。一般料温较高时，熔体流动性增大，易于流动成型，但易分解而且脱模后收缩较大，因此料温要适宜才行。不同塑料对温度的敏感性不同，聚苯乙烯、聚丙烯、尼龙、有机玻璃、ABS等塑料的流动性对温度变化较敏感，而聚乙烯和聚甲醛的流动性受温度变化影响较小。

②压力。适当增加压力能降低熔体黏度，流动性增大。但过高压力会使塑件产生应力，而且会因熔体黏度过小，形成飞边。聚乙烯和聚甲醛的流动性对压力变化较敏感。

③模具结构。浇注系统的形式，流道与浇口的布置，流道、浇口、模腔的尺寸，型腔表面粗糙度及型腔形状等因素，都会影响到熔料在型腔内的流动性。

3）取向与结晶

取向使塑件力学性能和收缩率产生各向异性，因此在模具设计时应考虑塑件的取向方向、取向程度及各部分的取向分布。

热塑性塑料按其冷凝时有无结晶现象，可分为结晶型塑料和非结晶型（又称无定形）塑料两大类。

结晶聚合物与非结晶聚合物的物理力学性能及注射成型有很大差异，结晶聚合物一般耐热，有较高力学强度，而非结晶聚合物则相反。结晶型塑料一般为不透明或半透明的（聚甲醛），而非结晶型塑料是透明的（如有机玻璃），但也有例外情况，如聚4-甲基戊烯为结晶型塑料，却有高透明性，ABS为非结晶型塑料，但不透明。

4）热敏性和水敏性

（1）热敏性。塑料的化学结构在热量作用下都有可能发生变化，对热量作用的敏感程度，称为塑料的热敏性。具有热敏性的塑料，称为热敏性塑料，如硬聚氯乙烯、聚甲醛及聚四氟氯乙烯等。

为避免热敏性塑料在成型中的分解和热降解，一方面在塑料中加入热稳定剂，另一方面合理选择设备（如螺杆或注射机），严格控制成型温度和成型周期，及时清理分解产物和滞料，采取模具型腔表面镀铬等防腐措施。

（2）水敏性。在高温下，熔料对水降解的敏感性，称为水敏性。具有水敏性的塑料，称为水敏性塑料，如聚碳酸酯等塑料。水敏性塑料在成型中，即使含有少量水分，也会在高温及高压下发生水解，因此这类塑料在成型前必须进行干燥处理。

5）应力开裂与熔体破裂

（1）应力开裂。有些塑料在成型时易发生内应力而使塑件质脆易裂，塑件在不大的外力或溶剂作用下发生开裂，这种现象称为应力开裂。聚苯乙烯、聚碳酸酯及聚砜等塑料易发生开裂。

（2）熔体破裂。一定熔体指数的塑料，在恒温下通过喷嘴孔时，其流速超过一定值后，熔体表面发生明显的横向裂纹，称为熔体破裂。常出现熔体破裂的热塑性塑料有聚乙烯、聚丙烯、聚碳酸酯、聚砜及氟塑料等。

6）吸湿性

吸湿性是指塑料对水分子的亲疏程度。根据这种亲疏程度，塑料大致可分为两种类型：一种是具有吸湿或黏附水分的塑料，如尼龙、聚碳酸酯、ABS、聚砜等；一种是不吸湿也不黏附水分的塑料，如聚乙烯、聚丙烯、聚苯乙烯等。

对吸湿性强的塑料，在成型前必须进行干燥处理。

2. 热固性塑料的工艺性能

这里略。

任务四　常用塑料

一、热塑性塑料

1. 聚乙烯（PE）

取乙烯是目前通用合成树脂中产量最大、用途最广的品种，约占世界塑料总产量 30%。聚乙烯是典型的热塑性塑料，聚乙烯按乙烯密度不同，有高密度、中密度和低密度之分。

2. 聚丙烯（PP）

聚丙烯产量仅次于聚乙烯和聚氯乙烯，居第三位，是通用塑料中最轻的品种。

聚丙烯具有优良的耐热性、化学稳定性、电性能和力学性能，易于成型，具有聚乙烯的所有优良性能，且比聚乙烯坚韧、耐磨及耐热。

3. 聚氯乙烯（PVC）

聚氯乙烯是热塑性通用塑料中耗能和生产成本最低的品种，因此应用广泛。目前聚氯乙烯世界产量仅次于聚乙烯。聚氯乙烯根据增塑剂量的不同，可制成硬质聚氯乙烯和软质聚氯乙烯，其性能和用途也不同。

4. 聚苯乙烯（PS）

聚苯乙烯产量仅次于聚乙烯、聚氯乙烯和聚丙烯。聚苯乙烯为热塑性塑料。

聚苯乙烯化学性能稳定，有良好的光学性能，透光率为 88%～92%，仅次于有机玻璃。聚苯乙烯的耐热性不高，耐磨性较差，质硬而性脆，塑件由于内应力易开裂，限制了其使用。通过改性后，可提高耐热性和降低脆性。

5. 聚酰胺（PA）

聚酰胺是一类在大分子链上含有酰胺基（—CO—NH—）的线型热塑性聚合物总称，又称尼龙（Nylon）。它首先用于合成纤维，我国商品名为"涤纶"，其后逐渐作为工程塑料使用，是工程塑料中发展最早的品种，居五大工程塑料（尼龙、聚碳酸酯、聚甲醛、改性聚苯醚和热塑性聚酯 PET 及 PBT）之首。聚酰胺主要品种有尼龙 6、尼龙 66 及尼龙 610 等。尼龙 1010 是我国特有的主要产品。

聚酰胺可替代金属材料，广泛用于制造齿轮、蜗轮、密封垫片、螺母及轴承等。

6. 聚甲醛（POM）

聚甲醛产量仅次于尼龙塑料。聚甲醛有良好的力学性能，比强度、比刚度十分突出，与金属接近（超过尼龙），抗冲击及耐疲劳性能是其他工程塑料不能比的。高结晶性（70%～85%）、耐摩擦、耐磨耗及自润滑性仅次于尼龙，但比尼龙便宜。

7. 聚碳酸酯（PC）

聚碳酸酯在工程中产量仅次于尼龙，居第二位。聚碳酸酯具有优良的力学性能，抗冲击强度优异，在热塑性塑料中最优；抗蠕变性优于尼龙和聚甲醛，因而尺寸稳定性好；有很高的拉伸、弯曲和压缩强度，可与尼龙 66 和聚酯玻璃钢媲美，断裂伸长率比尼龙小得多，具有很高的弹性模量。主要缺点是耐疲劳强度低，成型后塑件内应力较大，易开裂；与大多数工程塑料相比，摩擦系数较大，耐磨性较差。

8. ABS

ABS 是一种新型工程塑料。ABS 是由丙烯腈（A）、丁二烯（B）和苯乙烯（S）组成的三元共聚物，1954 年开发了 ABS，是目前产量最大、应用最广的一种工程塑料。

ABS 是非结晶热塑性树脂，具有三种成分的综合性能，丙烯腈使 ABS 具有一定的强度、硬度、耐化学性、耐油性及耐热性，丁二烯使 ABS 具有弹性、良好的冲击强度和耐寒性，苯乙烯可使 ABS 具有优良的介电性能、光泽和良好的成型加工性能，因此，ABS 是一种坚韧、质硬和有刚性的工程塑料。

9. 聚砜（PSU）

聚砜是线型非结晶热塑性工程塑料。聚砜力学性能优异，冲击强度比 ABS 高，抗蠕变性在工程塑料中最高。聚砜的耐热性好，可在 −100℃ ~150℃ 长期使用，在高温下仍能保持较高的力学性能和硬度，这种在较大温度范围内保持稳定的力学性能，是一般工程塑料所不能及的，可以制作高强度、耐高温和尺寸稳定的机械零件。

10. 聚苯醚（PPO）

聚苯醚是热塑性工程塑料，已成为五大工程塑料之一。聚苯醚有良好的力学性能，硬度坚韧，硬度比尼龙、聚碳酸酯和聚甲醛高，耐蠕变性能比它们小，是所有热塑性工程塑料中最优的；在较宽的温度范围内有良好的力学性能，在 −135℃ 下仍有较好延展性，在 150℃ 高温下仍具有良好的强度和刚性；收缩率低，热膨胀系数小，尺寸稳定，适于制造精密制品。聚苯醚缺点是制品易产生应力开裂，耐疲劳强度低，在紫外线照射下易老化。另外，流动性差，成型困难，掺入聚苯乙烯可改善其成型加工性，因此获得了迅速发展，现在用的都是改性聚苯醚。

11. 氟塑料

氟塑料是各种含氟塑料的总称，主要包括聚四氟乙烯、聚三氟氯乙烯、聚偏氟乙烯及聚全氟乙烯等工程塑料。其中产量最大、用途最广的是聚四氟乙烯（PTFE），它是结晶型线型高聚物，占总产量的 60% ~70%，其综合性能突出。

12. 热塑性聚酯（PBT 和 PET）

聚酯树脂是一大类树脂的总称。热塑性聚酯是五大工程塑料之一。有工业价值的是聚对苯二甲酸乙二酯（PET）和聚对苯二甲酸丁二酯（PBT）两种。

13. 聚甲基丙烯酸甲酯（PMMA）

聚甲基丙烯酸甲酯俗称"有机玻璃"，是透明非结晶型热塑性塑料，透明率高达 90%。

二、热固性塑料

由于热固性塑料耐热性高，尺寸稳定性好，绝缘性能好，老化性比热塑性塑料好，价格低廉，因此应用较广泛。缺点是力学性能较差。

热固性塑料包括酚醛塑料（PF）、氨基塑料、环氧树脂（EP）、不饱和聚酯（UP）等，其具体特性、用途和成型特性可参考有关资料。

任务五　塑料的选用

树脂种类达到万种以上，实现工业化生产的也不下上千种，但常用的树脂只二三十种。

一、塑料材料的选用步骤

材料的选择选材应遵循如下步骤：

（1）确定这个产品是否可用塑料制造。

（2）若可用塑料制造，选具体塑料材料。

如两种材料收缩率相近，必要时可用成型模具试射塑件进行分析比较。

二、塑料材料的选用实例

1. 一般结构零件用塑料

一般结构零件，如支架、连接件、手轮、手柄、各类壳体、紧固件、管件、方向盘等，这类零件大多不承受间歇载荷作用或承受的载荷比较低，没有摩擦接触，使用环境的温度又不高，通常只要求具有较低的强度和耐热性能，有时还要求外观漂亮。大致可选用的塑料有改性聚苯乙烯、低压聚乙烯、聚丙烯、ABS 等。

2. 耐磨损传动零件用塑料

这类零件要求有较高的强度、刚性、韧性、耐磨损和耐疲劳性（受间歇载荷的作用），并有较高的热变形温度，如各种轴承、齿轮、凸轮、蜗轮、齿条、辊子、联轴器等。广泛使用的塑料为各种尼龙、聚甲醛、聚碳酸酯；其次是聚酚氧、氯化醚、线型聚酯等。

3. 减摩自润滑零件用塑料

减摩自润滑零件一般受力较小，对机械强度要求往往不高，但运动速度较高，要求具有低的摩擦系数。如活塞环、机械运动密封圈、轴承和装卸用箱框等。这类零件选用的材料为聚四氟乙烯和各种填充的聚四氟乙烯，以及用聚四氟乙烯粉末或纤维填充的聚甲醛、低压聚乙烯等。

4. 耐腐蚀零件、部件用塑料

塑料一般要比金属耐腐蚀性好，但是既耐强酸或强氧化性酸，又耐碱的，则首推各种氟塑料，如聚四氟乙烯、聚全氟乙烯、聚三氟乙烯及聚偏氟乙烯等。

5. 耐高温零件用塑料

能适应工程需要的新型耐热塑料层出不穷，选作耐高温零件的塑料，除了各种氟塑料外，还有聚苯醚、聚砜、聚酰亚胺、芳香尼龙等。它们大都可在 150 ℃ 以上，甚至在 260 ℃ ~ 270 ℃ 长期工作。

6. 动密封制品用塑料

这里所指的动密封塑料制品为高负荷、高磨损及温度较高条件下运行的密封制品，具体有活塞环、导向环、支承密封环、垫圈、垫片、缓冲环等。常用的密封塑料有各种填充 F4、

PA6、PA66、PA1010、PF、PPS 等，其中以各种填充 F4 最常用。

此外，还有日用品用塑料、透明件用塑料、绝缘产品用塑料。

【学习小结】

（1）掌握塑料的工艺性能，理解塑料添加剂的作用，才能根据塑件的要求，添加适当的添加剂。

（2）用于包装食品的塑料制品，在选择塑料品种时应注意塑料是否具有毒性，其添加剂也应保证无毒。

项目二 塑料制品造型设计

任务一 塑件的尺寸和公差

一、塑件的尺寸

塑件的尺寸指塑件的总体尺寸，而不是壁厚、孔径等结构尺寸。塑料的流动性影响塑件的尺寸设计，成型流动性差的塑料（如布基塑料、玻璃纤维增强塑料等）和薄壁塑件的尺寸不能设计过大，以免熔体不能完全充满型腔或形成熔接痕而影响塑件质量。此外，注射模塑件尺寸受到注射机的公称注射量、合模力及模板尺寸的限制。

二、塑件的公差

我国统一的塑件尺寸公差标准，命名为《工程塑料模塑塑料件尺寸公差》（GB/T 14486—93），如表 3 - 2 所列。该标准将塑件分为 7 个精度等级，其中 MT1 级精度最高，一般不采用。

表 3 - 2 塑件公差数值表（GB/T 14486—93）　　　　　　　　　　　mm

公差等级	公差种类	基本尺寸										
		>0 ~3	>3 ~6	>6 ~10	>10 ~14	>14 ~18	>18 ~24	>24 ~30	>30 ~40	>40 ~50	>50 ~65	>65 ~80
		标注公差的尺寸公差值										
MT1	A	00.7	0.08	0.09	0.10	0.11	0.12	0.14	0.16	0.18	0.20	0.23
	B	0.14	0.16	0.18	0.20	0.21	0.22	0.24	0.26	0.28	0.30	0.33
MT2	A	0.10	0.12	0.14	0.16	0.18	0.20	0.22	0.24	0.26	0.30	0.34
	B	0.20	0.22	0.24	0.26	0.28	0.30	0.32	0.34	0.36	0.40	0.44

续表

公差等级	公差种类	基本尺寸										
		>0 ~3	>3 ~6	>6 ~10	>10 ~14	>14 ~18	>18 ~24	>24 ~30	>30 ~40	>40 ~50	>50 ~65	>65 ~80
标注公差的尺寸公差值												
MT3	A	0.12	0.14	0.16	0.18	0.20	0.24	0.28	0.32	0.36	0.40	0.46
	B	0.32	0.34	0.36	0.38	0.40	0.44	0.48	0.52	0.56	0.60	0.66
MT4	A	0.16	0.18	0.20	0.24	0.28	0.32	0.36	0.42	0.48	0.56	0.64
	B	0.36	0.38	0.40	0.44	0.48	0.52	0.56	0.62	0.68	0.76	0.84
MT5	A	0.20	0.24	0.28	0.32	0.38	0.44	0.50	0.56	0.64	0.74	0.86
	B	0.40	0.44	0.48	0.52	0.58	0.64	0.70	0.76	0.84	0.94	1.06
MT6	A	0.26	0.32	0.38	0.46	0.54	0.62	0.70	0.80	0.94	1.10	1.28
	B	0.46	0.52	0.58	0.68	0.74	0.82	0.90	1.00	1.14	1.30	1.48
MT7	A	0.38	0.48	0.58	0.68	0.78	0.88	1.00	1.14	1.32	1.54	1.80
	B	0.58	0.68	0.78	0.88	0.98	1.08	1.20	1.34	1.52	1.74	2.00
未注公差的尺寸允许偏差												
MT5	A	±0.10	±0.12	±0.14	±0.16	±0.19	±0.22	±0.25	±0.28	±0.32	±0.37	±0.43
	B	±0.20	±0.22	±0.24	±0.26	±0.29	±0.32	±0.35	±0.38	±0.42	±0.47	±0.53

　　表中的公差值根据实际需要选用，表中还分别给出了不受模具活动部分影响的尺寸公差值（A 行数据）和受模具活动部分影响的尺寸公差值（B 行数据）。此外，对于孔的公差可采用基准孔，取表中数值冠以"＋"号；对于轴类尺寸可取表中数值冠以"－"号；对于中心距尺寸可取表值之冠以"±"号。

　　在塑件材料和工艺条件一定的情况下，参考表 3－3 中的要求，合理选用精度等级。本标准只规定公差，基本尺寸的上、下偏差可根据工程的实际需要分配。

　　模具成型零件的制造误差、装配误差及其使用中的磨损，模塑工艺条件的变化，塑件的形状，飞边厚度的波动，脱模斜度及成型后塑件的尺寸变化等因素，都会影响塑件的尺寸公差。因此，塑件的尺寸精度往往不高，塑件的公差值远大于金属件。因此塑件的精度确定应该合理，尽可能选用低精度等级。

表 3 – 3　常用材料模塑件公差等级选用表（GB/T 14486—93）

材料代号	模塑材料		公差等级		
			标注公差尺寸		未注公差尺寸
			高黏度	一般精度	
ABS	丙烯腈 – 丁二烯 – 苯乙烯共聚物		MT2	MT3	MT5
AS	丙烯腈 – 苯乙烯共聚物		MT2	MT3	MT5
CA	醋酸纤维素塑料		MT3	MT4	MT6
EP	环氧树脂		MT2	MT3	MT5
PA	尼龙类塑料	无填料填充	MT3	MT4	MT6
		玻璃纤维填充	MT2	MT3	MT5
PBTP	聚对苯二甲酸丁二醇酯	无填料填充	MT3	MT4	MT6
		玻璃纤维填充	MT2	MT3	MT5
PC	聚碳酸酯		MT2	MT3	MT5
PDAP	聚邻苯二甲二丙烯酯		MT2	MT3	MT5
PE	聚乙烯		MT5	MT6	MT7
PESU	聚醚砜		MT2	MT3	MT5

任务二　塑件的表面质量

塑件的表面质量是指塑件的表面缺陷、表面光泽性和表面粗糙度。

表面缺陷包括缺料、溢料与飞边、凹陷与缩瘪、气孔、翘曲、熔接痕、变色、银（斑）纹、粘模、脆裂、降解等，与模塑工艺和工艺条件有关，必须避免。

表面光泽性和表面粗糙度应根据塑件的使用要求而定，尤其光学透明塑件，对光泽和粗糙度均有严格要求；塑件的表面粗糙度与塑料的品种、成型工艺条件、模具成型零件的表面粗糙度及其磨损情况有关，尤其以模腔壁上的表面粗糙度影响最大。若模具在使用中由于型腔的磨损而降低了表面粗糙度，应随时抛光复原。

原材料的质量、成型工艺和模具的表面粗糙度等都会影响到塑件的表面粗糙度。塑件的表面粗糙度值的大小，主要取决于模腔的表面粗糙度。因此，模具的腔壁表面粗糙度通常比塑件高出一个等级。从塑件的外观和塑料的充模流动角度考虑，希望其表面粗糙度值尽可能小些，通常应小于 $Ra0.8$，有时需小于 $Ra0.1$。为便于模具的加工，对非透明塑件，可将外观要求不高的内侧表面粗糙度值取大些，而透明塑件，内、外侧表面粗糙度值应相同。

任务实施

如图3-1所示的塑料壳体，塑件的分析如下：

1. 塑件精度等级

每个尺寸的公差都不一样，有的属于一般精度，有的属于高精度，就按实际公差进行计算。

2. 塑件表面质量要求

表面不允许有裂纹和变形缺陷。

任务三 塑件的几何形状设计

塑料件的结构，有功能结构、工艺结构和造型结构三个方面的设计，在结构设计的最后阶段，慎重确定塑料件的尺寸精度、几何公差和表面质量要求是重要的工作。

一、塑件的形状

1. 塑件形状的要求

塑件的几何形状除应满足使用要求外，还应尽可能使模具结构简单、便于加工。应尽量避免侧壁凹槽或与塑件脱模方向垂直的孔，以免采用瓣合分型或侧抽芯等复杂的模具结构。否则，不但会使模具结构复杂，制造周期延长，成本提高，模具生产率降低，而且还会在分型面上留下飞边，增加塑件的修整工作量。

2. 塑件形状的设计

图3-5 (a) 所示为塑件的侧孔，需要采用侧型芯来成型，并要用斜导柱或其他抽芯机构来完成侧抽芯，因此模具结构很复杂。如改用如图3-5 (b) 所示的结构，即可克服上述缺点。

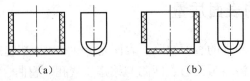

(a)   (b)

图3-5 带侧孔容器改进

图3-6 (a) 所示的塑件，侧凹必须用镶拼式型芯来成型，否则塑件无法取出。采用镶拼结构不但使模具结构复杂，而且还会在塑件内表面留下镶拼痕迹，使修整困难。在允许的情况下，改用如图3-6 (b) 所示的形状较为合理。

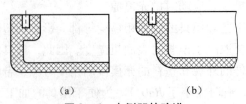

(a)   (b)

图3-6 内侧凹的改进

当结构不允许改时，需要采用侧型芯来成型，并要用斜导柱或其他抽芯机构来完成侧抽芯，但也应注意抽芯的方向。如图 3-7 所示塑件的改进，图 3-7（a）抽芯困难，改进后的图 3-7（b）横向抽芯容易保证。

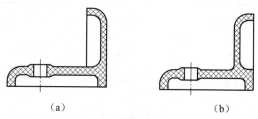

（a）　　　　　　　　　　（b）

图 3-7　侧抽芯的改进

如图 3-8 所示，带有整圈内侧凹槽的塑件，且内侧和外侧有较浅凸起或凹槽并允许带有圆角时，则可以采用整体式型芯，可利用塑件在脱模温度下具有的弹性，强制脱模。如 POM 塑件允许模具型芯有 5% 的凹陷，强制脱模不会损坏塑件，PE、PP 等塑料也可采取类似的设计。

$$\frac{A-B}{B}\times100\% \leqslant 5\% ; \qquad \frac{A-B}{C}\times100\% \leqslant 5\%$$

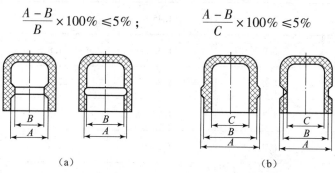

（a）　　　　　　　　　　（b）

图 3-8　浅侧凹（或侧凸）可强制脱模的结构尺寸

二、塑件的壁厚

由于塑料强度和刚度比金属低，结构上不能完全照搬金属件。塑件的壁厚与使用要求和工艺要求有关，因此，合理地选择塑件的壁厚是很重要的。

1. 塑件壁厚的要求

（1）使塑件具有确定的结构和一定的强度和刚度，满足塑件的使用要求。

（2）成型时具有良好的流动状态（如壁不能过薄）以及充填和冷却效果（如壁不能太厚）。

（3）合理的壁厚能使塑件顺利地从模具中顶出。

（4）满足嵌件固定及零件装配等强度的要求。

（5）防止制品翘曲变形。

2. 塑件壁厚的设计

在成型工艺上，塑件壁厚不能过小，否则熔融塑料在模具型腔中的流动阻力加大，尤其是形状复杂和大型的塑件，成型比较困难；塑件壁厚过大，不但造成用料过多而增加成本，而且会给成型工艺带来一定困难。如延长成型时间，增加塑化及冷却时间，使生产效率显著降低。此外，壁厚过大也易产生气泡、缩孔、凹痕、翘曲等缺陷，从而影响产品质量。热塑性塑料易于成型薄壁塑件，最薄可达 0.25 mm，但一般不宜小于 0.6 ~ 0.9 mm，通常选取 2 ~ 4 mm。热塑性塑料塑件的最小壁厚及常用壁厚推荐值见表 3 - 4。

表 3 - 4　热塑性塑料塑件的最小壁厚及常用壁厚推荐值　　　　　　　　mm

塑料材料	最小壁厚	小型制品壁厚	中型制品壁厚	大型制品壁厚
尼龙	0.45	0.76	1.5	2.4 ~ 3.2
聚乙烯	0.6	1.25	1.6	2.4 ~ 3.2
聚苯乙烯	0.75	1.25	1.6	3.2 ~ 5.4
高抗冲击聚苯乙烯	0.75	1.25	1.6	3.2 ~ 5.4
聚氯乙烯	1.2	1.6	1.8	3.2 ~ 7.8
有机玻璃	0.8	1.5	1.2	4.0 ~ 6.5
聚丙烯	0.85	1.45	1.75	2.4 ~ 3.2
氯化聚醚	0.9	1.35	1.8	2.5 ~ 3.4
聚碳酸酯	0.95	1.80	2.3	3 ~ 4.5
聚苯醚	1.2	1.75	2.5	3.5 ~ 6.4
醋酸纤维素	0.7	1.25	1.9	3.2 ~ 4.8
乙基纤维素	0.9	1.25	1.6	2.4 ~ 3.2
丙烯酸类	0.7	0.9	2.4	3.0 ~ 6.0
聚甲醛	0.8	1.40	1.6	3.2 ~ 5.4
聚砜	0.95	1.80	2.3	3 ~ 4.5

　　有了合理的壁厚还应力求同一塑件上各部位的壁厚尽可能均匀，否则会因冷却速度不同而引起收缩力不一致，结果在塑件内部产生内应力，致使塑件产生翘曲、缩孔、裂纹，甚至开裂等缺陷。一般壁厚差保持在 30% 以内。壁厚差过大，可将塑件过厚部分挖空。图 3 - 9 ~ 图 3 - 12 中图（a）均为塑件壁厚的不合理设计，图（b）均为改进后的设计。

（a）

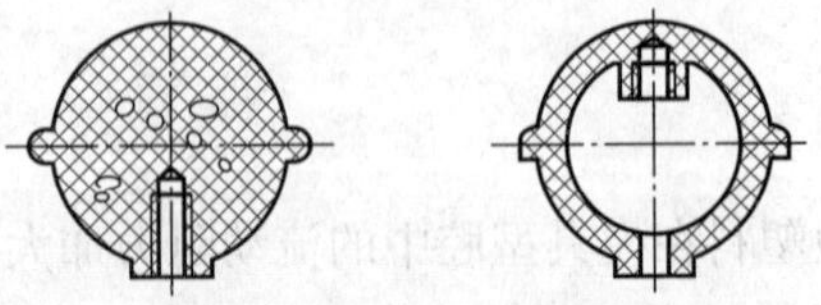

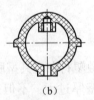
（b）

（a）

（b）

图 3 - 9　手柄塑件壁厚的改进　　　　　图 3 - 10　轴承塑件壁厚的改进

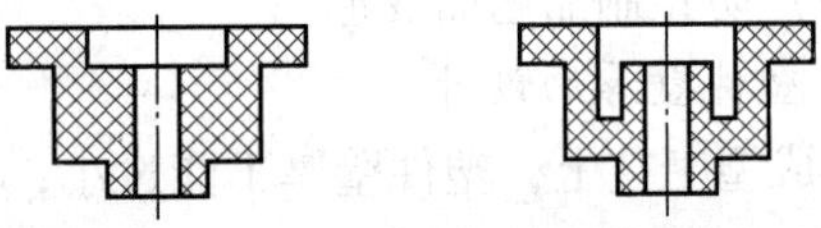

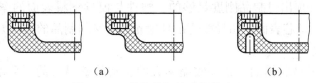

图 3 – 11　带嵌件塑件壁厚的改进

图 3 – 12　塑件底部壁厚的改进

三、脱模斜度

为了便于塑件脱模，且脱模时不擦伤塑件表面，设计塑件时必须考虑塑件内外表面沿脱模方向均应具有合理的脱模斜度。只有当塑件高度很小（≤5 mm），并采用收缩率较小的塑料成型时，才可以不考虑脱模斜度。在通常情况下，脱模斜度为 30′ ~ 1°30′，应根据具体情况而定。表 3 – 5 为常用塑料脱模斜度选取范围。

表 3 – 5　常用塑料脱模斜度选取范围

塑料名称	脱模斜度	
	型芯	型腔
聚乙烯	20′ ~ 40′	25′ ~ 45′
聚苯乙烯	30′ ~ 60′	35′ ~ 1°30′
改性聚苯乙烯	30′ ~ 1°	35′ ~ 1°30′
尼龙 （未增强） （增强）	20′ ~ 40′ 20′ ~ 50′	25′ ~ 40′ 20′ ~ 40′
丙烯酸塑料	30′ ~ 1°	35′ ~ 1°30′
聚碳酸酯	30′ ~ 50′	35′ ~ 1°
聚甲醛	20′ ~ 45′	25′ ~ 45′
ABS	35′ ~ 1°	40′ ~ 1°20′
氯化聚醚	20′ ~ 45′	25′ ~ 45′

1. 塑件脱模斜度的要求

（1）塑件精度要求越高，脱模斜度应越小，外表面斜度可小至 5′，内表面斜度可小至 10′ ~ 20′。

（2）尺寸大的、顶出时制品刚度足够的、塑件与模具钢材表面的摩擦系数较低的、采用自润滑剂塑料的、型芯表面的粗糙度值小且抛光方向又与制品的脱模方向一致的塑件，应采用较小的脱模斜度。

（3）形状复杂不易脱模的、塑件收缩率大的、制品壁厚大的、采用增强塑料的塑件，应选用较大的斜度。

（4）塑件凸起或加强肋单边应有 $4° \sim 5°$ 的斜度。

（5）塑件沿脱模方向有几个孔或呈矩形格子状而使脱模阻力较大时，采用 $4° \sim 5°$ 的斜度。

（6）塑件侧壁带有皮革花纹时应有 $4° \sim 6°$ 的斜度。

（7）在开模时，为了让塑件留在型芯上，内表面的斜度比外表面的小，相反，为了让塑件留在型腔上，则外表面的斜度比内表面的小。如图 3-13 所示。

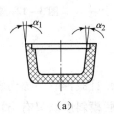
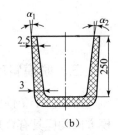

图 3-13 塑件的脱模斜度

（a）$\alpha_2 > \alpha_1$；（b）$\alpha_2 < \alpha_1$

2. 塑件斜度的设计

斜度的取向原则是：内孔以小端为准，符合图纸要求，斜度由扩大方向得到；外形以大端为准，符合图纸要求，斜度由缩小方向得到。脱模斜度值一般不包括在塑件尺寸的公差范围内，但对塑件精度要求高的，脱模斜度应包括在公差范围内。一般情况下脱模斜度 α 可不受制品公差带的限制，高精度塑料制品的脱模斜度则应当在公差带内。

四、塑件的加强肋

加强肋的主要作用是增加塑件的强度和避免变形与翘曲。塑件的肋和凸台如图 3-14 所示。用增加壁厚来提高塑件的强度和刚度，常常是不合理的，因为易产生缩孔或凹痕，此时为了确保塑件的强度和刚度而又不至于使塑件的壁厚过大，可在塑件的适当位置上设置加强肋，如图 3-15 所示。

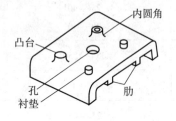

图 3-14 塑件的肋和凸台

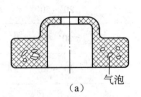
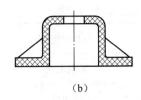

图 3-15 加强肋改善塑件壁厚

1. 塑件加强肋的要求

（1）加强肋应设在受力大、易变形的部位，其分布应尽量均匀。

（2）要克服塑件壁厚差带来的应力不均所造成的塑件歪扭变形。

（3）为了便于塑料熔体的流动，在塑件本身某些壁部过薄处应为熔体的充满提供通道。

2. 塑件加强肋的设计

（1）为塑件设加强肋时，应避免使塑件局部壁厚过大。图 3-16 所示为容器的底或盖加强肋的布置，图（a）的塑料局部太集中，图（b）的形式较好。

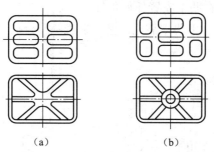

（a）　　　　　　　　（b）

图3-16　容器底或盖加强肋的布置

（2）在不加大塑件壁厚的条件下，增强塑件的强度和刚性，以节约塑料用量，减轻重量，降低成本，如图3-17（b）、（d）所示塑件，采用了加强肋使塑件壁厚均匀，较图3-17（a）、（c）既省料又提高了强度及刚度，还可避免气泡、缩孔、凹痕、翘曲等缺陷。

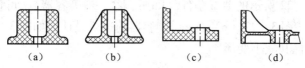

（a）　　　　（b）　　　　（c）　　　　（d）

图3-17　塑件的加强肋改进图

（3）尽量沿着塑料流向布置，以降低充模阻力，否则会使料流受到搅乱，降低制品上的韧性，如图3-18所示。

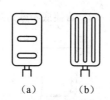

（a）　　　　（b）

图3-18　料流的布置

（4）用高度较低、数量稍多的肋代替高度较高的单一加强肋，避免厚肋底冷却收缩时产生表面凹陷。加强肋之间的中心距应大于两倍壁厚。制品肋的合理设计如图3-19所示。

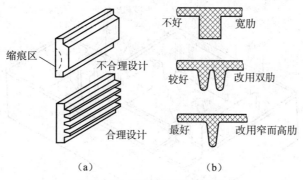

（a）　　　　　　　　（b）

图3-19　制品肋的合理设计

热塑性塑料件加强肋的典型尺寸如图3-20所示。

（5）肋的根部用圆弧过渡，以避免外力作用时产生应力集中而破坏。但根部圆角半径过大则会出现凹陷。一般不在肋上安置任何零件。

（6）位于制品内壁的凸台不要太靠近内壁，以避免凸台局部熔体充填不足，如图 3 – 21 所示。

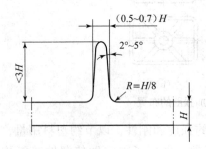

图 3 – 20　热塑性塑件加强肋的典型尺寸

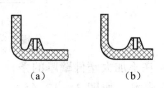

图 3 – 21　制品的内壁凸台

（a）凸台太靠近内壁；（b）凸台位置合适

（7）对于如图 3 – 22 所示的薄壁塑件（如瓶、盆、桶等容器），可设计成球面［图 3 – 22（a）］、拱形曲面［图 3 – 22（b）、（c）］。容器的边缘设计成如图 3 – 23 所示的形状。这都可以有效地增加刚性和减小变形。

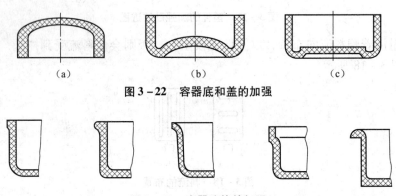

图 3 – 22　容器底和盖的加强

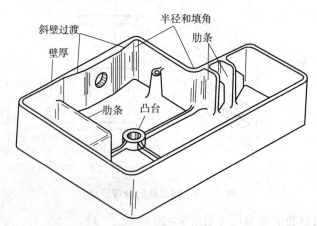

图 3 – 23　容器边缘的加强

（8）加强肋在防止制品变形、增加制品刚性方面的应用，如图 3 – 24 所示。

图 3 – 24　加强肋、凸台、圆角综合利用

五、塑件的支承面

1. 塑件支承面的要求

以整个底面作为支承面是不合理的，因为塑件稍有翘曲或变形就会造成底面不平。

2. 塑件支承面的设计

（1）为了更好地起支承作用，常采用边框支承或底脚（三点或四点）支承，如图 3 – 25 ~
图 3 – 27 所示。

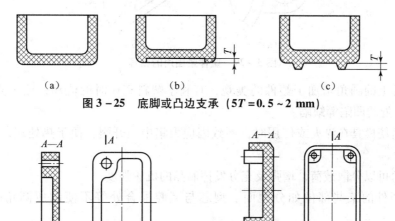

图 3 – 25　底脚或凸边支承 $(5T = 0.5 ~ 2$ mm$)$

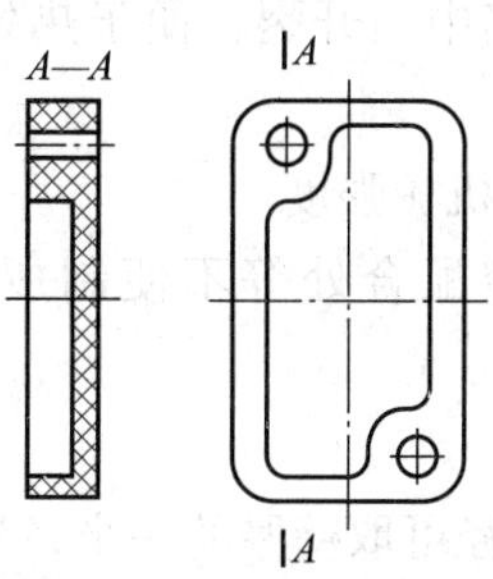

图 3 – 26　内框支承面　　　　图 3 – 27　支脚支承面

（2）应注意环形周边支承面或支承底脚高度不应小于 0.5 mm，否则底面变形会使塑件
不能平稳地放置。当塑件底部有加强肋时，应使加强肋与支承面相差 0.5 mm 的高度，如图
3 – 28 所示。

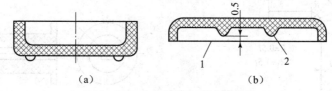

图 3 – 28　支承面与加强肋的关系
1—支承面；2—加强肋

（3）紧固用的凸耳或台阶应有足够的强度，以承受紧固时的作用力，应避免台阶突然
过渡和支承面过小，并应设置加强肋，如图 3 – 29 所示。

六、塑件的圆角

1. 塑件圆角的要求

（1）塑件除了使用上要求必须采用尖角之处外，其余所有转角处均应尽可能采用圆弧
过渡。带有尖角的塑件，往往会在尖角处产生应力集中，影响塑件强度；同时还会出现凹痕
或气泡，影响塑件外观质量。

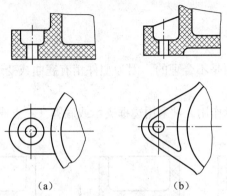

(a)   (b)

图 3 – 29   塑件紧固用的凸耳

（2）塑件上的圆角增加了塑件的美观，有利于塑料充模时的流动，便于充满与脱模，消除壁部转折处的凹陷等缺陷。

（3）圆角使模具在淬火或使用时，不致因应力集中而开裂，便于热处理，从而延长模具的使用寿命。

（4）圆角可以分散载荷，增强及充分发挥制品的机械强度。

（5）在塑件的某些部位如分型面、型芯与型腔配合处等不便制成圆角时，可采用尖角。

2. 塑件圆角的设计

圆角半径一般不应小于 0.5 ~ 1 mm。内壁圆角半径可取壁厚的一半，外壁圆角半径可取 1.5 倍的壁厚，如图 3 – 30 所示。图 3 – 31 所示为实际生产的线圈骨架零件，用收缩率很小塑料成型，骨架中心孔是一方孔，当方孔四角的圆角半径小于 0.5 mm 时，该部位经常出现裂纹，造成很高的废品率，后来将圆角增大为 0.5 mm，再没产生过裂纹。说明塑件上的圆角，最小也不应小于 $R0.5$。

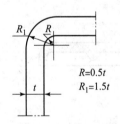

$R = 0.5t$
$R_1 = 1.5t$

图 3 – 30   塑件的圆角

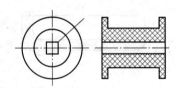

图 3 – 31   圆角太小易引起裂纹

七、塑件上的孔的设计

1. 塑件孔的类型

塑件上的孔有通孔、盲孔、形状复杂孔等，如图 3 – 32 所示。

2. 塑件孔的设计

由于型芯对熔体有分流作用，孔在成型时容易在周壁产生熔接痕，导致孔的强度降低。所以在孔设计时应注意以下几点：

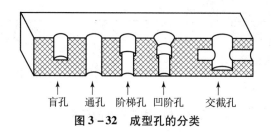

图 3 – 32 成型孔的分类

（1）孔间距和孔到制件边缘的距离一般应大于孔径。最好取孔间距为两倍以上的孔径值；孔到边缘的距离为 3 倍以上孔径值，当孔径大于 10 mm 时，该距离可缩短，如图 3 – 33 所示。

（2）孔与孔之间应适当加大距离，以避免熔接痕的重合连接，如图 3 – 34 所示。

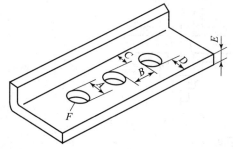

图 3 – 33 热塑性塑料制品的孔心距和孔边距

A—孔径；B = 2A；C = A；D = 3A；

E—壁厚；F—孔的最小直径 0.12 mm

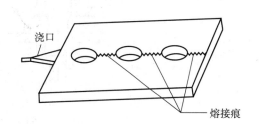

图 3 – 34 孔与孔之间的熔接痕

（3）孔周边壁厚要加大，其值比与之相装配件的外径大 20% ~ 40%，以避免收缩应力造成的不良影响。

（4）塑件上固定用孔和其他受力孔的周围可设计凸台，是为了对塑件上带孔部位给予加强（特别是带有嵌件的孔），或是对于大表面薄壁塑件，为了塑件从模具中顶出时承受顶出元件的顶出力。凸台高度不能太高，带孔凸台的高度不应超过孔径 2 倍，无孔凸台高度不宜超过凸台断面尺寸，位于塑件边缘的凸台应设置在塑件转角部分。塑件转角应采取与凸台周边相协调的较大圆角，如图 3 – 35 所示。

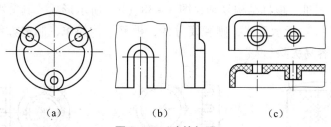

（a）   （b）   （c）

图 3 – 35 孔的加强

（5）成型时型芯受到塑料熔体的作用力，孔的深度不应太深，以避免型芯的挠曲变形。

（6）孔应设置在不易削弱塑件强度的地方，孔与边壁之间应有足够的距离。

（7）固定用孔建议采用图 3 – 36（a）所示的沉头螺钉孔的形式，一般不采用图 3 – 36（b）所示的形式，如必须采用时，则应采用图 3 – 36（c）所示的形式，以便设置型芯。

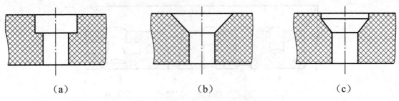

（a）　　　　　　　（b）　　　　　　　（c）

图 3 - 36　固定用孔的形式

（8）相互垂直的孔或斜交的孔，注射模塑件中可采用，但两孔的型芯不能互相嵌合，如图 3 - 37（a）所示，而应采用图 3 - 37（b）所示的结构形式。在成型时，小孔型芯从两边抽芯后，再抽大孔型芯。

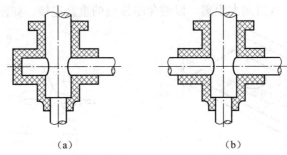

（a）　　　　　　　　　（b）

图 3 - 37　两相交孔的设计

八、塑件的花纹

塑件上的花纹（如凸、凹纹等），有的是使用上的要求，有的则是为了装饰。

1. 塑件花纹的要求

（1）增大接触面积（如旋转时增加与人手的摩擦力的旋扭），防止使用中的滑动。

（2）装饰或掩盖制品的某些部位。

（3）增加装配时的结合牢固性。

（4）纹向应与脱模方向一致。

2. 塑件花纹的设计

（1）凸凹纹的条纹方向应与脱模方向一致，便于脱模和模具的设计与制造，如图 3 - 38（a）所示塑件脱模困难，模具结构复杂；图 3 - 38（b）所示形式，其分型面处的飞边不易清除；而图 3 - 38（c）所示形式，则脱模方便，模具结构简单，制造方便，而且分型面处的飞边为一圆形，容易去除。

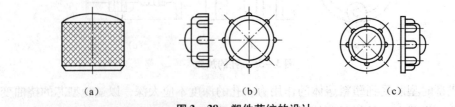

（a）　　　　　　（b）　　　　　　（c）

图 3 - 38　塑件花纹的设计

（2）条纹的间距应尽可能大些，便于模具制造及制品脱模，一般为 3 mm，最小不小于 1.5 mm。

（3）凸凹纹截面形状多为半圆形，少数采用平顶的梯形，如图 3 – 39 所示。

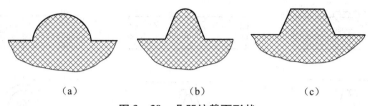

（a）　　　　　　　（b）　　　　　　　（c）

图 3 – 39　凸凹纹截面形状

（a）半圆形；（b）三角形；（c）梯形

（4）为了不削弱模具分型面的强度，且便于修整制品飞边，设计凸凹纹时需要留出凸边，如图 3 – 40 所示。

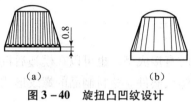

（a）　　　　　　　　（b）

图 3 – 40　旋扭凸凹纹设计

（a）正确；（b）不正确

九、塑件的符号及文字

1. 塑件符号及文字的要求

文字和符号的设计必须遵循如下规则：

（1）既美观又有利于加工的合理线条宽度。

（2）凹凸的高度不小于 0.2 mm，两线条间距离不小于 0.4 mm，线条宽度不小于 0.3 mm。

（3）保证字符加工线条清晰。

（4）脱模斜度应大于 10°。

（5）文字、符号在外观件上所处的位置应与脱模方向一致。

2. 塑件符号及文字的设计

塑件上的标记、符号或文字可以做成以下三种不同的形式：

（1）塑件上是凸字，它在模具制造时比较方便，因为模具上的字是凹入的，可以用机械加工或手工方法将字雕刻在模具上，但凸字在塑件抛光或使用过程中容易磨损，如图 3 – 41（a）所示。

（2）塑件上是凹字，它可以填上各种颜色的油漆，使字迹更为鲜明，但由于模具上的字是凸起的，使模具制造困难，如图 3 – 41（b）所示。

（3）塑件上是凸字，并在凸字的周围带有凹入的装饰框，即凹坑凸字，如图 3 – 41（c）所示，此时可用单个凹字模（便于更换），然后将它镶入模具中，通常为了避免镶嵌痕迹而将镶块周围的结合线作为边框。采用这种形式后，塑件上的凸字无论在抛光或使用时都不易因碰撞而损坏。

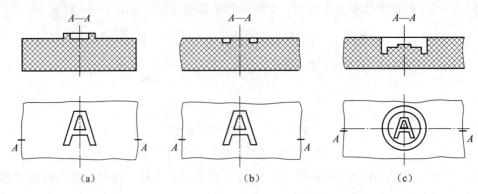

图 3 – 41　塑件上的文字结构形式

十、塑料螺纹

塑件上的螺纹可以在模塑时直接成型，也可以在模塑后机械加工而成，对于经常拆装或受力较大的螺纹则采用金属的螺纹嵌件。塑料制品的螺纹形式，如图 3 – 42 所示。

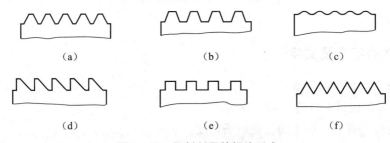

图 3 – 42　塑料制品的螺纹形式

（a）标准螺纹；（b）梯形；（c）瓶形；（d）锯齿形；（e）方形；（f）V 形

1. 塑料螺纹的要求

为便于螺纹型芯和螺纹型环的加工，模塑的螺纹直径不宜太小，外螺纹直径不宜小于 4 mm，内螺纹直径不宜小于 2 mm，螺纹应配合长度短（ <30 mm）、精度低。

2. 塑料螺纹的设计

（1）为便于脱模以及在使用中有较好的旋合性，模塑螺纹的螺距应≥0.75 mm，螺纹配合长度≤12 mm，超过时宜采用机械加工。

（2）如果模具螺纹的螺距未考虑收缩值，则塑料螺纹与金属螺纹的配合长度就不能太长，一般不大于螺纹直径的 1.5 ~ 2 倍。否则会因两者的收缩值不同而互相干涉，造成附加内应力，使螺纹联结强度降低。

（3）为了防止塑件上的螺纹始端和末端在使用中不会崩裂或变形，螺纹的始端和末端均不应突然开始和结束，而应有过渡部分，过渡段尺寸，见表 3 – 6。图 3 – 43、图 3 – 44 分别为塑料制品内、外螺纹的始末形状错误与正确图。另外，为了便于脱模，螺纹的前后端都应有一段无螺纹的圆柱面。

（4）配合长度如果在确定模具上螺纹的螺距时没有考虑塑料的成型收缩率，当不同材料的塑件螺纹相配合时，其配合长度应不超过 7 ~ 8 个牙。

表 3 – 6 塑料制件上螺纹始末部分尺寸   mm

螺纹直径	螺距 S		
	<0.5	>0.5	>1
	始末部分长度尺寸		
≤10	1	2	3
>10~20	2	2	4
>20~34	2	4	6
>34~52	3	6	8
>52	3	8	10
注：始末部分长度相当于车制金属螺纹时的退刀长度。			

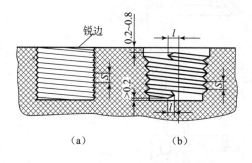

图 3 – 43 塑料制品内螺纹的始末形状
(a) 错误；(b) 正确

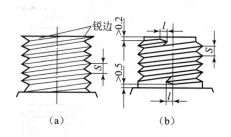

图 3 – 44 塑料制品外螺纹的始末形状
(a) 错误；(b) 正确

（5）螺距不能太小，一般选用公制标准螺纹，M6 以上才可选用 1 级细牙螺纹，M10 以上可选 2 级细牙螺纹，M18 以上可选 3 级细牙螺纹，M30 以上可选 4 级细牙螺纹。

（6）由于影响塑件螺纹精度的因素较多，在满足使用要求的前提下，精度宜取低些。其公差可按金属螺纹的粗糙级选用。

十一、塑料齿轮

塑料齿轮在电子、仪表等工业部门中的应用越来越广泛，目前主要用于精度和强度要求都不太高的齿轮传动。常用的塑料是尼龙、聚碳酸酯、聚甲醛、聚砜等。塑料齿轮由于其材料和成型的特殊性，与金属齿轮的设计相比有其固有的特点。

十二、嵌件的设计

在塑件内嵌入其他材料的零件，形成不可拆的连接，嵌入的零件称为嵌件。嵌件的作用如下：

（1）增加塑件局部的强度、硬度、耐磨性、导电性、导磁性等。

（2）增加塑件的尺寸和形状的稳定性，提高精度。

（3）降低塑料的消耗以及满足其他多种要求。

金属嵌件用得最普遍，黄铜不生锈、耐腐蚀、易加工且价格适中，是嵌件的常用材料。采用嵌件一般会增加塑件的成本，使模具结构复杂，而且在模塑成型时因向模具中安装嵌件（嵌件错放、定位不准、失落及大嵌件预热等）会降低塑件的生产率，难于实现自动化。因此，在设计塑件时，能避免嵌件应用的尽可能不用。塑件上有金属导体等，可在成型后再装配。

1. 嵌件的要求

（1）金属嵌件采用切削或冲压加工而成，因此嵌件形状必须有良好的加工工艺性。

（2）具有足够的机械强度（材质、尺寸）。

（3）嵌件与塑料基体间有足够的结合强度，使用中不拔出、不旋转。嵌件表面应加制菱形滚花［图3-45（a）］、直纹滚花［图3-45（b）］或制成六边形［图3-45（c）］、切口、打孔、折弯［图3-45（d）、（e）］、压扁［图3-45（f）］等各种形式。

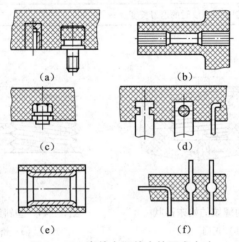

图3-45 嵌件在塑件中的固定方法

（4）嵌件的安放和定位，不能因设备的运动或振动而松动甚至脱落；在高压塑料熔体的冲击下不产生位移和变形；嵌件与模具的配合部分应能防止溢料，避免出现毛刺，影响使用性能。轴类嵌件的安放定位如图3-46所示。

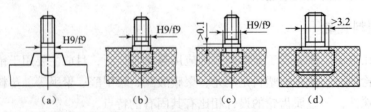

图3-46 轴类嵌件的安放定位

(a) 光杆与模具配合；(b) 凸肩配合；(c) 圆环配合；(d) 凸肩配合

如图3-47所示，图3-47（a）盲孔嵌件套在模具光轴上的安放定位（有少许熔体流入），图3-47（b）、（c）、（d）为嵌件的凸台与模具配合（H9/f9）方式的安放定位。

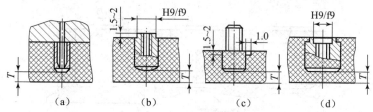

图 3－47　孔类嵌件的安放定位

为便于在模具中安放与定位，嵌件的外伸部分（即安放在模具中的部分）应设计成圆柱形，因为模具加工圆孔最容易。当嵌件为螺杆时，如图 3－48 所示，光杆部分与模具的配合应具有 IT9 级的间隙配合，否则塑件会顺着螺纹部分产生溢料。

（5）模塑时应能防止溢料，嵌件应有密封凸台等结构，如图 3－49 所示。

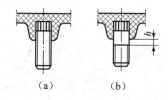

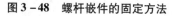

图 3－48　螺杆嵌件的固定方法

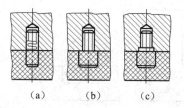

图 3－49　嵌件密封凸台结构

（a）无密封凸台差；（b）单密封凸台尚可；（c）双密封凸台最好

（6）便于模塑后嵌件的二次加工，如攻螺纹、端面切削、翻边等。

（7）金属嵌件与塑件冷却时收缩不同，使嵌件周围产生很大的内应力而造成塑件开裂。对于某些刚性较大的塑件（如聚碳酸酯、聚砜等），这种开裂现象更为明显。为防止塑件应力开裂，嵌件周围的塑料层应有足够的厚度（表 3－7）。同时嵌件本身结构不应带有尖角，以减少应力集中。嵌件的材料与周围的聚合物热胀系数尽可能接近，避免因二者收缩率不同而产生较大的应力，致使塑件开裂。另外，还可通过预热嵌件或成型后退火处理降低内应力。

表 3－7　金属嵌件周围塑料层厚度　　　　　　　　　　　　　mm

	金属嵌件直径 D	周围塑料层最小厚度 C	顶部塑料层最小厚度 H
	≤4	1.5	0.8
	>4~8	2.0	1.5
	>8~12	3.0	2.0
	>12~16	4.0	2.5
	>16~25	5.0	3.0

2. 嵌件的设计

（1）为避免制品底部过薄出现波纹形缩痕而影响外观及强度，应取嵌件底面距制品壁面的最小距离 $T > D/6$，如图 3－50 所示。

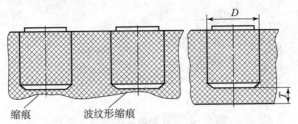

图 3-50 嵌件底面离制品壁面的距离

嵌件与制品侧壁的间距不能过小，以保证模具有一定的强度，如图 3-51 所示。

凸台中设置嵌件时，为保证嵌件结合稳定以及塑料基体的强度，嵌件应伸入到凸台的底部（需保证最小底厚），嵌件头部制成圆角，如图 3-52 所示。

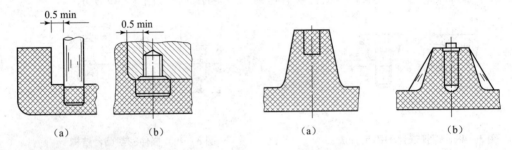

图 3-51 嵌件与制品侧壁的间距   图 3-52 制品凸台中的嵌件

（2）单侧带有嵌件的塑件，因为两侧的收缩不均匀而形成很大的内应力，会使塑件产生弯曲或断裂，如图 3-53 所示。

（3）注射成型时，为了防止嵌件受到塑料的流动压力作用而产生位移或变形，嵌件应牢固地固定在模具内，如图 3-54 所示。

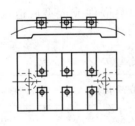

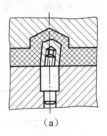

图 3-53 单侧带有嵌件的塑件图   图 3-54 嵌件在塑件中的固定方法

（4）嵌件设计应尽量采用不通孔或不通螺孔，这样可以在设计模具时采用插入方式解决嵌件的定位，如图 3-55（a）所示。当嵌件有螺纹通孔时，一般先将螺纹嵌件旋入插件后，再放入模具内定位，如图 3-55（b）所示。

（5）为了避免鼓胀，套筒嵌件不应设置在塑件的表面上或边缘附近，正确位置如图 3-56（b）所示。为了提高塑件的强度，嵌件通常设置在凸耳或凸起部分，同时嵌件应比凸耳部分长一些，如图 3-57 所示。

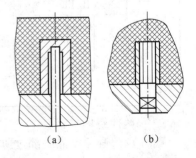

图 3-55 盲孔或通孔的固定方法

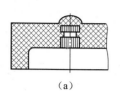 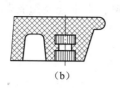 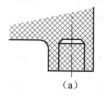 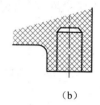

图 3－56　套筒嵌件的固定方法　　　　图 3－57　设置在塑件凸起部位的嵌件

（6）为了提高嵌件装在模具里的稳定性，在条件许可时，嵌件上应有凸缘并使其凹入［图 3－58（a）］或凸起［图 3－58（b）］。

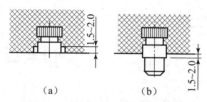

图 3－58　提高嵌件稳定性的方法

（7）当嵌件的自由伸出长度超过 $2d$ 时（d 为嵌件支承的直径），垂直于压缩方向的嵌件应有支承柱，如图 3－59（a）所示。在压入细长嵌件时，应另有支承销，以减小压缩时的弯曲，如图 3－59（b）所示。细长薄片嵌件，除使用支承销外，还要在嵌件中间 A 处打一通孔，以减小料流阻力，减少嵌件受力变形，如图 3－59（c）所示。

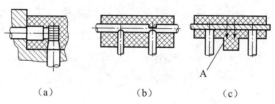

图 3－59　细长嵌件的支承方法

（8）最常用的螺纹嵌件是在嵌件嵌入部分的外圆加工出菱形花或直滚花加径向沟槽的方法，使嵌件受拉伸载荷和扭转载荷而不松动，如图 3－60 所示，直滚花加径向沟槽的方法比菱形滚花更可靠，可以承受更大的载荷，适用尺寸较大的嵌件。当 $d=6\sim50$ mm，$b=0.5\sim4$ mm，$c\leqslant1/3h$。

十三、铰链的设计

利用聚丙烯、乙烯共聚物等塑料的分子高度取向的特性，可直接成型铰链结构。铰链具有优异的耐疲劳性，在箱体、盒盖、容器等塑料产品中可以直接成型为铰链结构。

1. 铰链的要求

（1）铰链部分应尽量薄，一般取 $0.25\sim0.38$ mm，充模时塑料熔体流向必须垂直铰链轴线方向，使分子取向，延长弯折寿命。

图 3－60　螺杆嵌件
的尺寸

如果从模腔取出塑件后立刻人工弯曲若干次，可大大提高其强度，延长疲劳寿命。

（2）铰链部分的截面长度不可过长，否则弯折线不止一条，闭合效果不佳。

（3）壁厚的减薄过渡处，应以圆弧过渡。

（4）铰链部分厚度及成型时的模温必须一致，否则会缩短其弯折寿命。

2. 铰链的设计

铰链的截面设计形式如图 3-61 所示。

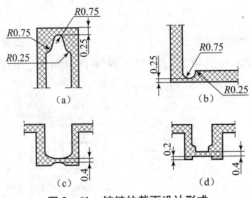

图 3-61　铰链的截面设计形式

任务实施

如图 3-1 所示的塑料壳体，塑件的分析如下：

1. 塑件外形尺寸

该塑件壁厚为 3 mm，塑件外形尺寸不大，塑料熔体流程不太长，适合注射成型。

2. 塑件脱模斜度

塑件脱模斜度 30′~1°。ABS 属无定型塑料，成型收缩率较小，参考常用塑料的脱模斜度，选择该塑件上的型芯和凹模脱模斜度统一为 1°。

【学习小结】

（1）慎重确定塑件的尺寸、精度和表面质量的合格性，含则影响模塑成型。

（2）掌握塑件的几何形状设计原则，关系到塑件的质量、生产率和成本。

（3）掌握塑件的螺纹、嵌件和铰链的设计，便于模具结构设计。

项目三　壳体塑料成型工艺的选择

塑料成型是指将各种形态的塑料（粉料、粒料、溶液）制成所需要形状的塑件或坯件的过程。成型的种类很多，有注射成型、压缩成型、压注成型、挤出成型、泡沫塑料的成型等，其中前四种方法最为常用。

任务一　注射成型技术

注射成型是在金属压铸法的启示下发展起来的成型方法，由于与医用注射器工作原理基本相同而得名。

图 3 – 62 所示为专用注射成型机，图 3 – 63 所示为注射成型的塑料制品。

图 3 – 62　专用注射成型机

图 3 – 63　注射成型的塑料制品

一、注射成型原理

注射机有柱塞式和螺杆式两种，注射机类型不同，成型原理也不同。下面以螺杆式注射机注射成型原理为例进行介绍。

1. 注射机组成

注射成型是通过注射机来实现的。如图 3 – 64 所示，注射机主要由注射装置、合模装置、液压传动系统、电器控制系统及机架等组成。

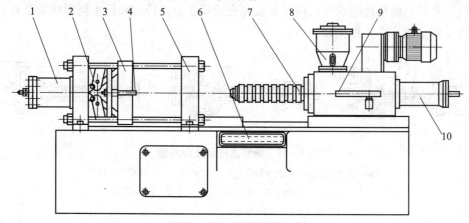

图 3 – 64　注射机的组成

1—锁模油缸；2—锁模机构；3—移动模板；4—顶出杆；5—定模固定板；6—控制台；7—料筒及加热器；
8—料斗；9—定量供料装置；10—注射油缸

注射机的作用有两个：一是加热熔融塑料，达到黏流状态；二是对黏流态塑料加高压，使其高速射入型腔。

工作时模具的动、定模分别安装于注射机的移动模板和定模固定板上，由合模机构合模并锁紧，由注射装置加热、塑化、注射，待融料在模具内冷却定型后由合模机构开模，最后由推出机构将塑件推出。注射机各组成部分的作用如下。

1）注射装置

它的主要作用是使固态的塑料均匀地塑化成熔融状态，并以足够的压力和速度将熔料注入闭合的模腔。一般由塑化部件（机筒、螺杆、喷嘴等）、料斗、计量装置、注射和注射座移动油缸等组成。

2）合模装置

它的主要作用是保证成型模具可靠，闭合和实现模具的开闭动作。因为在注射过程中，进入模腔中的熔料具有一定的压力，这就要求合模装置给予模具足够的夹紧力（合模力），以防止模具在熔料作用下打开。合模装置由定模板、动模板、拉杆、合模油缸、制品顶出装置等组成。

3）液压传动和电器控制系统

从注射成型工艺过程可知，注射成型是由塑料熔融、模具闭合、注射熔料入模、压力保持、制品冷却定型、开模取出制品等多个工序组成的。液压传动和电器控制系统是为保证这一过程按照预定的工艺要求（压力、速度、时间、温度）和动作程序准确地进行而设置的；液压传动系统是注射机的动力系统，它是由油泵、各种控制阀门及管路组成的；电器控制系统的作用是根据工艺过程的顺序和时间，不断向液压系统的电控阀发生指令信号，使各阀门协同动作，从而改变管路中油流的方向和流量，使各动力油缸完成开、闭模和注射等动作。

2. 注射成型原理

如图3-65所示，螺杆式注射成型原理是将颗粒状或粉状塑料从注射机的料斗送入加热的料筒，塑料受到料筒的传热和螺杆对塑料的剪切摩擦热作用而逐渐熔融塑化，并不断被螺杆压实而推向料筒前端，产生一定压力，使螺杆在转动的同时，缓慢地向后移动。当螺杆退到预定位置，触及限位开关时，螺杆即停止转动并后退，然后注射活塞带动螺杆按一定的压力和速度，将塑料熔体经喷嘴注入模具型腔并充满模腔，经冷却获得不同形状的塑件，开模取出塑件，即完成一个工作循环。

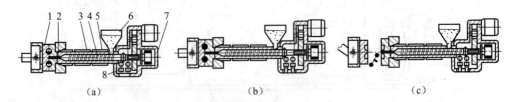

图3-65　螺杆式注射成型原理

（a）合模注射；（b）保压冷却；（c）加料预塑、开模推出制件

1—模具；2—喷嘴；3—加热装置；4—螺杆；5—料筒；

6—料斗；7—螺杆传动装置；8—注射液压缸

1）加料

将塑料原料加入注射机的料斗6中，落入料筒5内，并随着螺杆4的转动沿着螺杆向前输送。

2）塑化

在输送过程中，塑料在料筒中受加热装置 3 和螺杆 4 剪切摩擦热的作用而逐渐升温，直至由固体颗粒融化成黏流态，并产生一定的压力。当螺杆头部的压力达到能够克服注射液压缸 8 活塞后退的阻力时，在螺杆转动的同时逐步向后退回，料筒前端的熔体逐渐增多，当螺杆退到预定位置（行程开关）时，即停止转动和后退，如图 3 - 65（c）所示。至此，加热塑化完毕。塑化直接关系到塑料制品的产量和质量。

3）注射

不论何种形式的注射机，注射的过程都可分为充模、保压、倒流、浇口冻结后的冷却和脱模等几个阶段。

二、注射成型特点

注射成型广泛用于各种塑件的生产，其产量约占塑料制品总量的30%，注射模具占塑料成型模具数量的50%以上。注射成型特点如下：

（1）能一次成型外形复杂、尺寸精确，带有金属或非金属嵌件的塑件。

（2）成型周期短、生产率高，易于实现自动化生产，生产适应性强。

（3）成型塑料品种多，除氟塑料外，几乎所有的热塑性塑料都可用此法成型。注射成型也能加工某些热固性塑料，如酚醛塑料等。

但是注射成型所需设备昂贵，模具结构也比较复杂，且制造成本高，因此注射成型特别适合大批量生产。

任务二 压缩成型技术

压缩成型又称为模压成型或压制成型，它是热固性塑料成型的主要方法。图 3 - 66 所示为压缩成型机及常见的压塑产品。

图 3 - 66 压缩成型机及常见的压塑产品

一、压缩成型原理

它是将塑料原料直接加入敞开的成型温度下的模具加料腔中，然后合模加压，使其成型并固化，从而获得所需要的塑件。

二、压缩模塑件成型过程

1. 加料

将粉料、粒状、碎屑状或纤维状的塑料放入成型温度下的模具加料腔中，如图 3 - 67

（a）所示。

　2. 合模加压

　　上模在压力机作用下下行，进入凹模并压实，然后加热、加压，熔融塑料开始固化成型，如图 3-67（b）所示。

　3. 制件脱模

　　当塑件完全固化后，通过一定的脱模力将塑件取出，从而获得所需要的塑料制品，如图 3-67（c）所示。

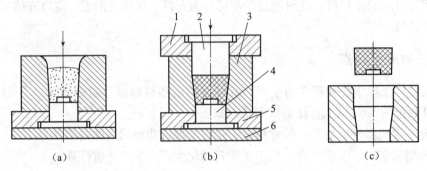

图 3-67　压缩成型

（a）加料；（b）合模加压；（c）制件脱模

1—上模板；2—上凸模；3—凹模；4—下凸模；5—下模板；6—垫板

　　压缩成型主要用于热固性塑料制品的生产，其中环氧树脂和酚醛塑料使用最为广泛，比如电器照明用设备零件、电话机、开关插座、塑料餐具、齿轮等。

任务三　压注成型技术

　　压注成型又称传递成型或挤塑成型，它也是成型热固性塑料制品的常用方法之一。压注成型是在克服压缩成型缺点、吸收注射成型优点的基础上发展起来的。图 3-68 所示为压注成型的塑料制品。

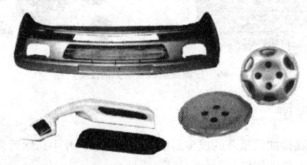

图 3-68　压注成型的塑料制品

一、压注成型原理

压注成型原理如图 3-69 所示。

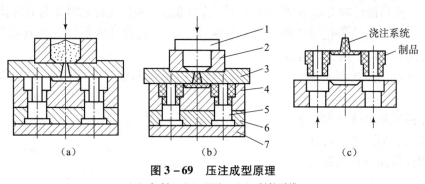

图 3 - 69　压注成型原理

(a) 加料；(b) 压注；(c) 制件脱模

1—压注柱塞；2—加料腔；3—上模座；4—凹模；5—型芯；6—型芯固定板；7—垫板

二、压注模塑件成型过程

1. 加料、加热

将经预压成锭状并预热的塑料加入模具的加料腔内，继续加热使其受热成为黏流态，如图 3 - 69 (a) 所示。

2. 加压、固化

在与加料室配合的压料柱塞的作用下，熔料通过设在加料室底部的浇注系统高速挤入型腔，进入并充满闭合的模具型腔。然后，塑料在型腔内继续受热、受压，经过一定时间后固化，如图 3 - 69 (b) 所示。

3. 脱模

打开模具取出塑料制品，如图 3 - 69 (c) 所示。清理加料室和浇注系统后进行下一次成型。

压注成型中常用的热固性塑料有酚醛、三聚氰胺、甲醛和环氧树脂等。

【学习小结】

(1) 注射成型广泛地用于塑料制件的生产中，但注射成型前的设备及模具制造费用较高，不适合单件、小批量生产。

(2) 压缩成型的工作过程与压注成型唯一的不同是，压缩是加料合模，压注是合模加料；二者都设有加热系统。

项目四　壳体注射成型模具设计

任务一　注射模设计步骤

一、接受任务书

"模具设计任务书"通常由塑料制件工艺员根据成型塑料制件任务书提出，经主管领导

批准后下达。模具设计时必须清楚用户所有要求和希望，在接受订货时要与对方技术人员充分协商，并将协商的结果记录在模具设计任务书上。模具设计人员以"模具设计任务书"为依据进行模具设计，其主要内容包括：

（1）经审签的正规塑料制件图纸，并注明所用塑料的牌号与要求（如色泽、透明度等）。

（2）塑件说明书或技术要求。

（3）注射成型工艺的可行性分析。

（4）塑件样品（如仿制）。

二、收集、分析和消化原始资料

收集整理有关塑件设计、成型工艺、成型设备、机械加工及特殊加工等技术资料，以备模具设计时使用。

1. 分析塑件

（1）消化塑件图，了解塑件的用途，分析塑件的工艺性、尺寸精度等技术要求。了解塑件的原材料表面形状、颜色与透明度、使用性能与要求；塑件几何结构、倾斜度、嵌件壁厚、肋、圆角、粗糙度、尺寸精度、表面修饰、脱模斜度和嵌件等的可行性；熔接痕、缩孔等成型缺陷出现的可能与允许程度；浇口、顶杆等可以设置的部位；有无涂装、电镀、胶接、钻孔等后加工等；选择塑件精度最高的尺寸进行分析，察看估计成型公差是否低于塑件的允许公差，能否成型出合乎要求的塑件；明确塑件生产批量，小批量多采用单腔模具，大批量多采用多腔模具；脱模机构形式，是手动还是机动，凝料脱料等。发现问题，应与产品设计者探讨塑件的塑料品种与结构修改的可能性，可对塑件图纸提出修改意见，以适应成型工艺的要求。

如用户直接提供实样，则一般应根据实样绘成塑件图，将塑件的各项要求在图样上注写清楚。

（2）分析工艺资料、了解所用塑料的物化性能、成型特性及工艺参数等。了解材料与塑件必需的强度、刚度、弹性；所用塑料的结晶性、流动性、热稳定性；材料的密度、黏度特性、比热容、收缩率、热变形温度及成型温度、成型压力、成型周期等；收集弹性模量 E、摩擦系数 f、泊松比 μ 等与模具设计计算有关的资料与参数。

（3）熟悉工厂实际情况。了解有无模温调节控制设备；成型设备的技术规范；模具制造车间加工能力与水平；理化室的检测手段，等等。

2. 熟悉有关参考资料及技术标准

常用的有关参考资料有《塑料材料手册》《成型设备说明书》等，常用的有关技术标准有《机械制图标准》等。

三、选择成型设备

模具与设备必须配套使用，多数都是根据成型设备种类进行模具设计，设计模具之前，首先要选好成型设备。了解其性能，如注射容量、锁模力、注射压力、模具安装尺寸、顶出方式和距离、喷嘴直径和喷嘴球面半径、定位孔尺寸、模具最大与最小厚度、模板行程、模具外形大小能否安装等。

四、确定模具结构方案

1. 塑件成型

按塑件的形状结构合理确定其成型位置，成型位置很大程度上影响模具结构的复杂性。

2. 选择分型面

分型面的位置要有利于模具加工、排气、脱气、脱模、塑件的表面质量及工艺操作；当上述要求有矛盾时，应根据实际情况，以满足塑件的主要要求为宜。

3. 型腔布置

根据塑件的形状大小、结构特点、尺寸精度、批量大小及模具制造的难易、成本高低等确定型腔的数量和排列方式。

4. 确定塑件侧凹部分的处理方式

根据带侧凹或侧孔塑件的结构特点和批量大小，确定模具的侧向分型与抽芯方式，尽量避免与脱模机构发生干扰，否则应设置先复位机构。

5. 确定浇注系统和排气系统

确定浇注系统和排气系统时，应考虑主流道、分流道、冷料穴、浇口形状、大小形状和位置、排气方法、排气槽的位置与尺寸大小等因素。

6. 选择推出方式

制品顶出是注射成型过程中的最后一个环节，顶出质量的好坏将最后决定制品的质量。根据塑件的形状特点和质量要求，考虑开模、分型的方法与顺序，推出位置，推出零件的结构及浇注系统凝料的推出方式，拉料杆、推杆、推管、推板等脱模零件的组合方式，合模导向与复位机构的设置及侧向分型与抽芯机构的选择与设计。

7. 模温调节

模温调节考虑模温的测量方法，冷却水道的形状、尺寸与位置，特别是与模腔壁间的距离及位置关系。

8. 确定主要零件的结构与尺寸

考虑成型与安装的需要及制造与装配的可能，根据所选材料，通过理论计算或经验数据，确定型腔、型芯、导柱、导套、推杆、滑块等主要零件的结构与尺寸及安装、固定、定位、导向等方法。

9. 支承与连接

考虑如何将模具的各个组成部分通过支承块、模板、销钉、螺钉等支承与连接零件，按照使用与设计要求组合成一体，获得模具的总体结构。

确定方案时，设计中有些因素常常相互矛盾，必须在设计过程中通过不断论证、相互协调才能得到较好的处理，特别是涉及模具结构，往往要几个方案同时考虑，对每种结构进行比较分析，优化选择。因为结构上的原因，会直接影响到模具的制造和使用，甚至造成整套模具报废。

五、模具设计的有关计算

模具设计的计算包括以下几方面的计算：

（1）型腔和型芯的工作尺寸计算。

（2）型腔壁厚、底板厚度的确定。

（3）斜销等侧面分型与抽芯的计算。

（4）有关机构的设计计算。

（5）模具加热或冷却系统的有关计算。

六、绘制模具装配草图

参照有关塑料模架标准和结构零件标准，初步绘出模具的完整结构草图，并校核预选的成型设备。应先从画草图着手，是"边设计（计算）、边绘图、边修改"的过程，不能指望所有结构尺寸与数据一下就能定得合适，需经反复多次修改。基本做法是将初步确定的结构方案在图纸上具体化，最好是用坐标纸，尽量采用1:1的比例，先从型腔开始，由里向外，主视图与俯、侧视图同时进行。为了更好地表达模具中成型塑件的形状、浇口位置等，在模具总图中的俯视图上，可将定模拿掉，而只画出动模部分的俯视图。尽量采用模具的标准组合结构和选用标准零件。

在绘制模具装配草图时，应特别注意以下结构：

（1）型腔与型芯的结构。

（2）浇注系统、排气系统的结构。

（3）分型面及分型脱模机构。

（4）合模导向与复位机构。

（5）冷却或加热系统的结构形式与部位。

（6）安装、支承、连接、定位等零件的结构、数量及安装位置。

最后确定装配图的图纸幅面、绘图比例、视图数量布置及方式。模具装配图一般以三个视图为主（简单的可用两个或一个视图）。一个动定模合模状态下的主剖视图，用此图可表达模具各零件间的装配关系。一个是动模或定模分型面的投影视图，一般采用动模分型面的投影视图，当分型面上定模边形状较复杂时，可采用定模分型面的投影视图。用此图一般可表达型腔的周围形状、型腔的数量及排列布置、浇口位置、导柱、推杆等的布置状况。当零件数量较多，装配关系较复杂时，可再采用一个动定模合模状态下的左剖视图。剖视图常采用半剖、阶梯剖、局部剖。当用上述三个视图还不能完整、清楚地表达各零件间的装配关系时，还可再增加一些局部视图。

七、模具总装图的绘制

实际生产中结合模具的工作特点、安装和调整的需要，模具总装图的图面布置、视图选择及技术条件的表达方法等方面已形成一定的习惯，可以沿用执行。总装图的右上方画塑件图或塑料件的轴侧图，否则就画工序图，且应在该图上注明"工艺尺寸"字样，塑件图或工序图应该先画，然后画总装图。

（1）修改已完的结构草图，按标准画在正式图纸上，包括全部组成零件，要求有投影图及必要的剖面图、剖视图，且应严格贯彻机械制图国家标准。

（2）将原草图中不细不全的部分在正式图上补细补全。

（3）标注模具的必要尺寸，如外形尺寸、特征尺寸（定位圈直径）、配合尺寸、装配尺寸（安装在注射机上的螺钉孔中心距）、极限尺寸（活动零件移动的起止点）等。

（4）通常将塑件零件图绘制在模具总装图的右上方，并注明名称、材料、收缩率、制图比例等。

（5）按顺序将全部零件的序号编出，并填写零件明细表。

（6）全面检查，纠正设计或绘图过程中可能出现的差错与遗漏。

（7）标注技术要求和使用说明，包括：某些性能的要求（如顶出机构、侧抽芯机构等），装配工艺要求（如装配后分型面的贴合间隙大小、上下面的平行度、需由装配确定的尺寸要求等），使用与装拆注意事项及检验、试模、维修、保管等，达到要求；所使用设备的型号；模具防腐处理、模具编号、标记和字符、密封、保管等以及有关试模和检验方面等。

总之，模具总装图上应明确表达成型部分结构、模具外形结构及所有连接件、定位件、导向件的位置，分型面及脱模取件方式，浇注系统和排、引气系统结构，等等。

八、零件图的绘制

在绘制成型零件的零件图时，必须注意所给定的成型尺寸、公差及脱模斜度是否相互协调，其设计基准是否与制品的设计基准相协调。同时还要考虑型腔、型芯在加工时的工艺性及使用时的力学性能及其可靠性。由模具总装图拆画零件图的顺序为：先内后外，先复杂后简单，先成型零件，后结构零件。

（1）凡需自制的零件都应画出单独的零件图。

（2）图形尽可能按 1∶1 比例画，允许放大或缩小，但要做到视图选择合理，投影正确，布置得当。

（3）统一考虑尺寸、公差、几何公差、表面粗糙度的标注方法与位置。尺寸标注要集中、完整。根据零件的用途，正确标注表面粗糙度，可将用得最多的一种粗糙度以"其余"形式标于图纸右上角。

（4）零件图的编号与装配图的序号一致，便于查对。

（5）标注技术要求，填写标题栏，包括填写零件名称、图号、材料、数量、热处理、表面处理、硬度及图形比例等内容。

（6）自行校对，以防差错。

九、校对、审图最后用计算机出图

（1）校对。校对以自我校对为主，校对的内容有模具及其零件与塑件图纸的关系、成型收缩率的选择、成型设备的选用、模具结构的确定等。

（2）审图。审核模具总装图、零件图的绘制是否正确，验算成型零件的工作尺寸、装配尺寸、安装尺寸等。

（3）模具加工工艺审核。模具加工工艺审核应检查零件加工可行性，模具装配是否方便，是否有调整余地，是否适合模具车间加工的条件。

（4）在所有校对、审核正确无误后，用计算机打印出图。模具设计图完成以后，必须立即交用户认可，只有用户同意后，模具才可以备料投入生产，当用户有较大意见需作修改时，则必须在重新设计后再交用户认可，直至用户满意为止。之后将设计结果送达生产部门组织生产。

十、编写设计说明书

在进行模具课程设计和毕业设计时，通常还要求学生编写设计计算说明书。说明书要求论理透彻、文字简练、书写整洁、计算正确，附有必要的图、表、式。计算部分只需列出公式，代入数值、直接得出结果，不要把运算过程全部写出。说明书的页次排列可为封面、目录、任务书、说明书正文、参考资料编号。

十一、模具制造、试模与图纸修改

模具图交工后，设计者工作并未完成，往往需要跟踪模具加工制造全过程及试模修模过程，及时增补设计疏漏之处，更改设计不合理之处，或对模具加工厂方不能满足模具零件局部加工要求之处进行变通，直到试模完毕能生产合格注塑件。图纸的修改应注意手续和责任。

任务二　注射成型工艺性分析

一、注射成型工艺条件选择

1. 注射成型前的准备

为使成型过程顺利进行和保证质量，应对所用设备和塑料进行以下准备工作。

1）成型前对原料的质量检验

一般在成型前应对原料进行外观、热稳定性、流动性和收缩率等指标进行检验操作。

2）塑料的干燥

对吸湿性或黏水性强的塑料进行适当的预热干燥。一般采用红外线干燥、热风循环烘箱和负压沸腾等方法干燥，以避免制品表面出现银纹、斑纹和气泡等缺陷。对于不吸湿或吸湿性很小的塑料，只要包装、运输、储存条件良好，一般不必干燥。

3）料筒的清洗

生产中如需改变塑料品种、更换塑料、调换颜色，或发现成型过程中出现了热分解或降解反应，都应对注射机的料筒进行清洗或拆换。

4）嵌件的预热

由于金属与塑料两者收缩率不同，嵌件周围的塑料容易出现收缩应力和裂纹，使塑件强度降低。因此，除在设计塑件时加大嵌件周围的壁厚外，还可对金属嵌件进行预热。预热后可减少熔料与嵌件的温度差，从而使嵌件周围的熔料缓慢冷却，均匀收缩，以防止嵌件周围产生过大的内应力。

5）脱模剂的使用

在生产中，塑料易黏模，造成脱模困难，所以有的注射模还需涂上脱模剂。

2. 注射成型工艺过程

注射成型工艺过程是指由塑料转变成塑件的过程，如图 3 - 70 所示。其中加热塑化、加压注射和冷却定型是注射工艺过程的三个基本工序。

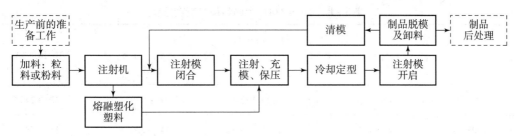

图 3 – 70　注射成型生产工艺过程循环图

1）加料

每次加料量尽可能一致，以保证塑料塑化均匀，减少成型压力传递的波动，保证每个塑件的重量一致，最终获得良好的塑料。通常其加料量由注射机计量装置来控制。

2）加热塑化

塑化是指塑料在料筒内经加热达到熔融流动状态，并具有良好可塑性的全过程。

3）加压注射和冷却定型

在柱塞或螺杆的推动下，将具有流动性和温度均匀的塑料熔体，从料筒中经过喷嘴、浇注系统注入模腔。塑料熔体进入模腔内的流动情况可分为充模、压实、倒流和浇口冻结后的冷却四个阶段。

4）脱模

塑件冷却到一定温度即可开模，在推出机构的作用下将塑件推出模外。

3. 注射成型工艺条件选择

工艺条件的选择和控制将影响注射塑件质量。注射成型工艺条件中最主要的工艺条件为温度、压力和时间。

1）温度

注射成型过程需要控制的温度有料筒温度、喷嘴温度和模具温度等。前两种温度主要是影响塑料的塑化和流动，而后一种温度主要是影响塑料的流动与冷却。

（1）料筒温度。一般料筒温度必须高于流动温度 T_f 或 T_m，但还须低于塑料的分解温度 T_d。对于热敏性塑料，如聚氯乙烯、聚甲醛等，除需严格控制料筒最高温度外，还应控制塑料在料筒中停留的时间。

在螺杆式注射机中，由于塑料受螺杆的剪切，获得摩擦热，塑化充分，因此选择料筒温度可比柱塞式注射机低 10 ℃ ~20 ℃。

料筒温度的分布一般分三段，从料斗一侧（后端）起，至喷嘴（前端）止逐步升高，使塑料温度平稳地上升达到均匀塑化的目的。由于螺杆式注射机的剪切摩擦热有助于塑化，故前端温度可略低于中段，以防止塑料的过热分解。部分塑料适用的料筒和喷嘴温度见表 3 – 8。

（2）喷嘴温度。直通式喷嘴可能产生"流涎现象"，通常喷嘴温度要比料筒最高温度略低。可以从塑料注射时所产生的摩擦热中得到一定的补偿。

（3）模具温度。通常，在保证顺利充模的前提下，采用较低的温度可以缩短冷却时间，从而提高劳动生产率，模具宜采用低温冷却（采用循环冷却水来冷却）。

部分塑料的注射温度与模具温度见表 3 – 9。

表3-8 部分塑料适用的料筒和喷嘴温度

塑料	料筒温度/℃			喷嘴温度/℃
	后段	中段	前段	
PE	160~170	180~190	200~220	220~240
HDPE	200~220	220~240	240~280	240~280
PP	150~210	170~230	190~250	240~250
ABS	150~180	140~170	160~180	220~240
PMMA	150~180	170~200	190~220	200~220
POM	150~180	180~205	95~215	190~215
PC	220~230	240~250	260~270	260~270
PA6	210	220	230	230
PPO	260~280	300~310	320~340	320~340
PSU	250~270	270~290	290~320	300~340

表3-9 部分塑料的注射温度和模具温度

塑料	注射温度/℃（熔体温度）	模腔表壁温度/℃	塑料	注射温度/℃（熔体温度）	模腔表壁温度/℃
ABS	200~270	50~90	PA66	260~290	40~80
HIPS	170~260	5~75	POM	180~220	60~120
LDPE	190~240	20~60	PPO	220~300	80~110
HDPE	210~270	30~70	PC	280~320	80~100
PP	250~270	20~60	PSF	340~400	95~160
PMMA	170~270	20~90	PBT	330~360	约200
软PVC	170~190	15~50	PET	340~425	65~175
硬PVC	190~215	20~60	PPS	300~360	120~150
PA6	230~260	40~60			

2）压力

压力包括塑化压力、注射压力和保压力三种，它们直接影响塑料的塑化和塑件的质量。

（1）塑化压力。采用螺杆式注射机时，螺杆顶部熔料在螺杆转动后退时所受到的压力，称背压（也称为塑化压力）。增大背压除了可驱除物料中的空气，提高熔体密实程度之外，还可使熔体内压力增大，螺杆后退速度减小，塑化时的剪切作用增强，摩擦热量增大，塑化效果提高。

（2）注射压力。注射机的注射压力指柱塞或螺杆头部对塑料熔体所施加的压力。其作用是克服塑料熔体从料筒流向型腔的流动阻力，给予熔体一定的充模速率；对熔体压实获得准确形状；在熔体冷却收缩时进行补料。

（3）保压压力。保压时间一般为 20～120 s，与物料温度、模具温度、制品壁厚、模具的流道和浇口大小有关。保压压力或保压时间选择的原则是保证成型质量，其具体数据可参考表 3－10。

3）时间（成型周期）

完成一次注射过程所需的时间称为成型周期，它包括以下各部分：

成型周期 {
充模时间（螺杆前进时间），即注射时间
压实时间（螺杆停留时间），即保压时间
闭模冷却时间（螺杆后退时间也包括在这段时间内）} 总冷却时间
其他时间（开模、脱模、涂脱模剂、安放嵌件和闭模等）

表 3－10　常用塑料注射成型工艺参数

项目 \ 塑料	LDPE	HDPE	PP	软 PVC	硬 PVC	PS	ABS	POM
注射机类型	柱塞式	螺杆式	螺杆式	柱塞式	螺杆式	柱塞式	螺杆式	螺杆式
螺杆转速/(r·min^{-1})	—	30～60	30～60	—	20～30	—	30～60	20～40
喷嘴形式	直通式	直通式	直通式	直通式	直通式	直通式	直通式	直通式
喷嘴温度/℃	150～170	150～180	170～190	140～150	150～170	160～170	180～190	170～180
料筒温度/℃ 前段	170～200	180～190	180～200	160～190	170～190	170～190	200～210	170～190
料筒温度/℃ 中段	—	180～200	200～220	—	165～180	—	210～230	180～200
料筒温度/℃ 后段	140～160	140～160	160～170	140～150	160～170	140～160	180～200	170～190
模具温度/℃	30～45	30～60	40～80	30～40	30～60	20～60	50～70	90～100
注射压力/MPa	60～100	70～100	70～120	40～60	80～130	60～100	70～90	80～120
保压压力/MPa	40～50	40～50	50～60	20～30	30～40	30～40	50～70	30～50
注射时间/s	0～5	0～5	0～5	0～8	2～5	0～3	3～5	2～5
保压时间/s	15～60	15～60	20～60	15～40	15～40	15～40	15～30	20～90
冷却时间/s	15～60	15～60	15～50	15～30	15～40	15～30	15～30	20～60
成型周期/s	40～140	40～140	40～120	40～80	40～90	40～90	40～70	50～160

项目＼塑料	PMMA		PA6		PC		PSU	PPO	醋酸纤维素
注射机类型	螺杆式	柱塞式	螺杆式	柱塞式	螺杆式	螺杆式	螺杆式	螺杆式	柱塞式
螺杆转速/（r·min^{-1}）	20～30	—	20～50	—	20～40		20～30		—
喷嘴形式	直通式	直通式	直通式	直通式	直通式	直通式	直通式	直通式	直通式
喷嘴温度/℃	180～200	180～200	200～210	240～250	230～250	280～290	250～280		150～180
料筒温度/℃ 前段	180～210	180～240	220～230	270～300	240～280	290～310	260～280		170～200
料筒温度/℃ 中段	190～210	—	230～240	—	260～290	300～330	260～290		—
料筒温度/℃ 后段	180～200	180～200	200～210	260～290	240～270	280～300	230～240		150～170
模具温度/℃	40～80	40～80	60～100	90～110	90～110	130～150	110～150		40～70
注射压力/MPa	50～120	80～130	80～110	110～140	80～130	100～140	100～140		60～130
保压力/MPa	40～60	40～60	30～50	40～50	40～50	40～50	50～70		40～50
注射时间/s	0～5	0～5	0～4	0～5	0～5	0～5	0～5		0～3
保压时间/s	20～40	20～40	15～50	20～80	20～80	20～80	30～70		15～40
冷却时间/s	20～40	20～40	20～40	20～50	20～50	20～50	26～60		15～40
成型周期/s	50～90	50～90	40～100	50～130	50～130	50～140	60～140		40～90

在保证质量的前提下，应尽量缩短成型中各个阶段的时间。在整个成型周期中，注射时间和冷却时间是主要组成部分。在生产中，充模时间一般为 3～5 s，保压时间一般为 20～120 s，冷却时间一般为 30～120 s。应尽量减少冷却时间，以缩短周期，提高劳动生产效率。

注射工艺条件的正确选择对保证产品质量有重要影响，注射条件的选择也很复杂。在实际生产中，应根据具体情况及预定的条件，对塑件直观分析或"对空注射"进行检查，然后对初定的工艺参数加以调整。常用塑料注射成型工艺参数见表 3 - 10。

4. 塑件的后处理

由于成型过程中制品内经常出现不均匀的结晶、取向和收缩，导致制品内产生相应的结晶、取向和收缩应力，脱模后除引起时效变形外，还会使制品的力学性能、光学性能及表观质量变坏，严重时还会开裂。为了解决这些问题，对制品进行适当的后处理，借以改善和提高塑件的性能，塑件的后处理主要指退火和调湿处理。

二、注射工艺规程的制定

塑料成型工艺规程是塑料成型生产中一种具有指导性的工艺文件，工艺规程是组织生产的重要依据。其规程编制大致步骤如下：

1. 塑件的分析

1）塑料的分析

仔细分析塑料的使用性能和工艺性能，通过对塑料使用性能的分析可以了解到此种塑料是否满足塑件的实际工作要求；分析塑料工艺性能为成型工艺及工艺条件提供资料，明确所用塑料对模具设计的限制条件，从而提出对模具设计的要求。

2）塑件结构、尺寸及公差、技术标准的分析

正确的塑件结构、合理的尺寸及公差和技术标准能够使塑件成型容易、质量高、成本低。反之，则塑料成型困难、质量低、成本高。塑件结构工艺差，将对成型工艺及工艺条件选择带来困难。通过对塑件成型加工的难易程度分析，解决成型工艺及模具设计要求。同时，对于塑件不合理的结构及要求，可以在满足使用要求的前提下，提出修改意见。

2. 塑料成型方法及工艺过程的确定

根据塑料的性能和塑件的要求，提出塑料的一般成型方法。并根据塑件的结构、尺寸、生产批量、使用条件，成型设备等因素，提出一种最佳成型方法。根据塑料的成型方法确定其工艺过程，保证必要的成型工序，安排好各道工序间的联系。工艺过程还包括成型前的准备和成型后处理及二次加工（如塑件的机械加工、修饰和装配等）。

3. 成型设备和工具的选择

成型方法确定后，必须进行成型设备的选择与校核。对于注射成型，应根据塑件成型所需塑料总体积来选择相应注射机类型及其规格，并进行其他参数的校核。另外，其他工序用设备也要选择，然后按工序注明设备的型号和规格。

4. 成型工艺条件的选择

恰当的工艺条件下才能成型出合格的塑件，在选择工艺条件时必须根据塑料的性能和实际情况进行全面分析，并根据塑件检验的结果及时修正预定工艺条件。在多种工艺条件中，温度、压力、时间是三项主要工艺条件，因此，一般成型方法中温度、压力、时间必须有明确的规定。

5. 工艺文件的制定

将上述工艺规程编制的内容和参数加以综合，以适当的文件形式确定下来，作为生产准备和生产过程的依据。工艺文件一般包括工艺说明书、工艺卡片等，其格式及书写可参考有关标准。

 任务实施

如图 3-1 所示的塑料壳体，塑件的成型工艺分析如下：

1. ABS 的性能分析

1）使用性能

ABS 综合性能好，冲击强度、力学强度较高，尺寸稳定，耐化学稳定性，电气性能良好；易于成型和机械加工，其表面可镀铬，适合制作一般机械零件、减摩零件、传动零件和结构零件。

2）成型性能

（1）无定型料。其品种很多，应按品种来确定成型条件。

（2）吸湿性强。必须充分干燥，要求表面光泽的塑件应进行长时间预热干燥。

（3）流动性中等。溢边 0.04 mm 左右。

（4）模具设计时要注意浇注系统，选择好进料口的位置、进料形式。若推出力过大或机械加工时塑件表面易呈现白色痕迹。

3）ABS 的主要性能指标

$$密度 \rho = （1.02 \sim 1.08）g/cm^3$$

2. ABS 的注射成型过程及工艺参数分析

1）注射成型过程

（1）成型前准备。对 ABS 的色泽、粒度和均匀度等进行检验，由于 ABS 吸水性较大，成型前应进行充分的干燥。

（2）注射过程。塑件在注射机料筒内经过加热、塑化达到流动状态后，由模具的浇注系统进入模具型腔成型。

（3）塑件的后处理。处理介质为空气和水，处理温度为 60 ℃ ~ 75 ℃，处理时间为16 ~ 20 s。

2）注射工艺参数

（1）注射机。注射机为螺杆式，螺杆转数为 30 r/min。

（2）料筒温度。后段 150 ℃ ~ 170 ℃；中段 165 ℃ ~ 180 ℃；前段 180 ℃ ~ 200 ℃。

（3）喷嘴温度。喷嘴温度为 170 ℃ ~ 180 ℃。

（4）模具温度。模具温度为 50 ℃ ~ 80 ℃。

（5）注射压力。注射压力为 60 ~ 100 MPa。

（6）成型时间。成型时间为 30 s，其中注射时间取 1.6 s，冷却时间 20.4 s，辅助时间8 s。

任务三　注射模的基本构造和特点

注射模的结构形式很多，组成零件也会有所不同。注射模的结构是由注射机的形式和塑件的复杂程度等因素决定的。如图 3 – 71 所示，根据注射模各个零部件所起的作用，可将其分成以下几个组成部分。

一、成型零件

成型零件是直接与塑料接触或部分接触并决定塑件的形状及其尺寸公差的零件。注射模闭合时，成型零件构成了型腔。构成型腔的所有零件统称为成型零件。模具的主要成型零件有型腔（成型塑件外部形状）、型芯（成型塑件内部形状）、螺纹型芯、螺纹型环及镶件等。

成型零件是决定塑件内外表面几何形状和尺寸的零件，是模具的重要组成部分，如图 3 – 71 中的型芯 7、型腔 2。

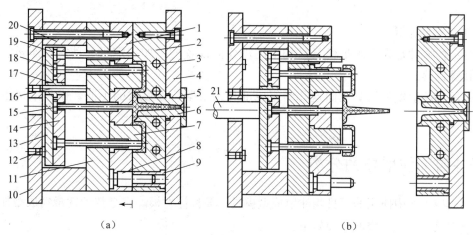

图 3 - 71 单分型面注射模

1—动模板；2—型腔；3—冷却水孔；4—定模座板；5—定位圈；6—主流道衬套；7—型芯；8—导柱；9—导套；
10—动模座板；11—支承板；12—限位钉；13—推板；14—推杆固定板；15—拉料杆；16—推板导柱；
17—推板导套；18—推杆；19—复位杆；20—垫块；21—注射机顶杆

二、结构零件

它一般不与塑料相接触，在模具中起安装、定位、导向、分型与抽芯、推出、加热或冷却等作用。一般包括固定板、浇注系统零件、导向零件、分型与抽芯机构、推出机构、加热或冷却装置，以及装配、定位、安装用的零件等。

1. 合模导向零件

合模导向零件主要用来保证动、定模合模或模具中其他零部件之间的准确对合，使塑件形状和尺寸精度达到要求，并避免损坏成型零部件，如图 3 - 71 中导柱 8 和导套 9。

2. 浇注系统

浇注系统是指将塑料熔体由注射机喷嘴引向模具型腔的通道，它对熔体充模时的流动特性以及塑件的质量等有着重要的影响。浇注系统由主流道、分浇道、浇口及冷料穴所组成。

3. 推出机构

推动机构指在开模过程中，将塑件及浇注系统凝料推出或拉出的装置。图 3 - 71 中的推出机构由 13、14、15、16、17、18 及 19 等组成。

4. 侧向分型抽芯机构

塑件带有侧凹或侧凸时，在开模推出塑件之前，必须把成型侧凹和侧凸的活动型芯从塑件中抽拔出去，实现这类功能的装置就是侧向分型抽芯机构。

5. 温度调节系统

为了满足注射工艺对模具温度的要求，需要在模具中设置冷却或加热装置对模具进行温度调节。

6. 排气系统

在注射过程中必须将型腔内原有的空气和塑料本身发挥出来的气体排出，以免它们造成成型缺陷。排气结构常在分型面处开设排气槽，也可以利用推杆或型芯与模具的配合间隙来

排气。

7. 其他结构零件

其他结构零件是为了满足模具结构上的需要而设置的，如固定板、动定模座板、支承板、连接螺钉等。

不是所有注射模都具备上面这几个组成部分，根据塑件形状的不同，模具结构组成也不同。

任务四　注射模的分类

注射成型生产中使用的模具叫注射成型模具，简称注射模。它是热塑性塑料成型加工中常用的一种模具。注射模的分类如下：

一、按型腔容量分类

按型腔容量可分为大型注射模（3 000 cm³以上、模具质量大于 2 t，锁模力约 6000 kN以上）、小型注射模（100 cm³以下）和介于二者之间的中型注射模。

二、按塑件的精度分类

按塑件的精度可分为一般注射模和精密注射模，本章为一般注射模。

三、按型腔数目分类

按型腔数目可分为单型腔模和多型腔模。

1. 单型腔模具

单型腔模具指一模一个塑件的模具，这种模具结构简单，制造方便，造价低廉，但生产效率较低，设备的潜力不能充分发挥。它主要用于成型大型塑件和形状复杂或多嵌件的塑件，或小批量生产，或试制场合。

2. 多型腔模具

多型腔模具指一副两个以上塑件的模具，这种模具生产率高，设备潜力能够充分发挥，但模具结构比较复杂，造价较高。它主要用于生产批量较大的场合或小型塑件的成型。

四、按分型面分类

1. 分型面

为了塑件及浇注系统凝料的脱模和安放嵌件的需要，将模具型腔适当地分成两个或更多部分，这些可以分离部分的接触表面，通称为分型面。

2. 分型面的形状

分型面有平面［图 3 - 72（a）］、斜面［图 3 - 72（b）］、阶梯面［图 3 - 72（c）］和曲面［图 3 - 72（d）］。

分型面应尽量选择平面的，但为了适应塑件成型的需要和便于塑件脱模，也可以采用后三种分型面。

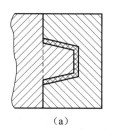 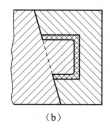 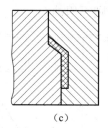 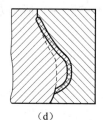

（a）　　　　　　（b）　　　　　　（c）　　　　　　（d）

图 3－72　分型面的形状

3. 分型面的表示方法

分型面可能是垂直于合模方向或倾斜于合模方向，也可能是平行于合模方向，如图 3－73所示。

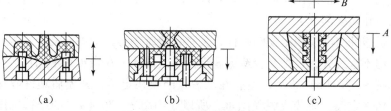

（a）　　　　　　　　（b）　　　　　　　　（c）

图 3－73　分型面的表示方法

4. 分型面选择的一般原则

分型面是否合理，对塑件的质量、操作的难易、模具制造都有很大的影响，主要应考虑以下几点：

1）分型面应选择在塑料件的最大截面处

无论塑料件以何方位布置型腔，都应将此作为首要原则。否则如图 3－74（b）所示，无法脱模和加工型腔。

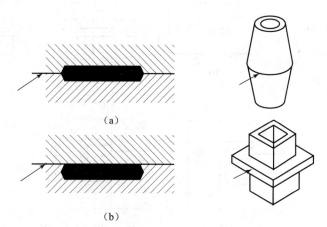

（a）

（b）

图 3－74　分型面应选在塑料件的最大截面处

2）塑件在型腔中的方位选择

为避免侧向分型和侧向抽芯导致模具结构复杂，要注意塑件在型腔中的方位，尽量只采用一个与开模方向垂直的分型面，使模具结构尽可能简单。如图 3－75 所示塑件，采用图 3－75（a）所示方案，则需三面抽芯；采用图 3－75（b）所示方案，需单面抽芯；而采用图 3 – 75（c）所示方案，则不用抽芯。

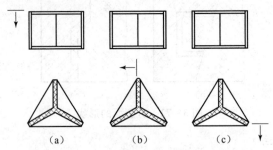

图 3 – 75 避免侧凹或侧孔塑件方位

3）分型面应便于塑件的脱模

因为推出机构通常都设在动模部分，所以为了便于塑件脱模，在一般情况下应使塑件在开模时尽可能留在动模部分。

要具体分析塑件与动模和定模的摩擦力关系，使摩擦力大的朝向动模一方，才能把塑件留在动模上。但不宜过大，否则又会造成脱模困难。图 3 – 76 表示在不同情况下，解决塑件的留模问题。图 3 – 76（b）所示，型腔在动模，凸模在定模，开模后塑件收缩而必然包紧凸模，使塑件留在定模，而造成脱模困难，所以改用图 3 – 76（a）的结构。图 3 – 76（d）所示，内形有较多的孔或较复杂的内凹时，塑件成型收缩后必然留在型芯上，如型腔设在动模上，增加了塑件的脱模阻力，使脱模困难，所以改用图 3 – 76（c）的结构。当塑件带有金属嵌件时，嵌件不会收缩，对型芯没有包紧力，如采用图 3 – 76（f）的结构，型腔设在定模上，则开模后塑件定会留在定模上，使脱模困难，所以改用图 3 – 76（e）的结构。

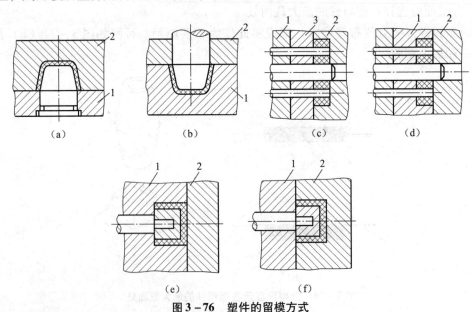

图 3 – 76 塑件的留模方式

1—动模；2—定模；3—推件板

4）分型面的选择应有利于侧向分型与抽芯

为便于抽芯，当塑件有侧孔或侧凹时，应尽可能地将侧型芯设在动模部分，如图 3 – 77（a）所示，若侧型芯设在定模部分，如图 3 – 77（b）所示，则抽芯比较困难。一般的侧向分型抽芯机构的抽拔距较小，在选择分型面时，应将抽芯或分型距离较大的放在开模的方向上，而将抽芯距离较小的放在侧向，如图 3-77（c）所示，图 3-77（d）所示较差。侧向滑块合模时锁紧力较小，而对于大型塑件且又侧向分型时，应将投影面积大的分型面设在垂直于合模方向上，将投影面积小的分型面作为侧向分型，如图 3-77（e）所示，如采用图 3-77（f）的结构，则可能由于侧滑块锁不紧而产生溢料。

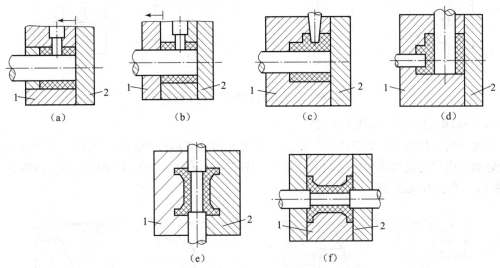

图 3-77　分型面对侧向分型与抽芯的影响
1—动模；2—定模

5）分型面的选择应保证塑件的精度

同轴度要求较高的部分，应尽可能设在同一侧。如图 3-78 所示双联齿轮，大齿轮、小齿轮和内孔三者之间有较高的同轴度要求，应采用图 3-78（a）所示方案，把这三部分都设在同一侧。如采用图 3-78（b）所示方案，由于动定模合模时的定位误差，大齿轮与小齿轮及内孔的同轴度要求便不易保证。如由于受塑件结构形状的限制，同轴度要求较高的部分不可能设在同一侧，则应设法提高动定模之间的定位精度。

6）分型面的选择应不影响塑件外观

不要设在塑件要求光亮平滑的表面或带圆弧的转角处，且产生飞边容易修整的部位，如图 3-79 所示。

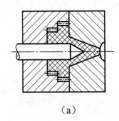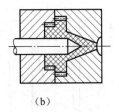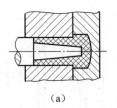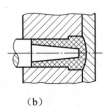

图 3-78　分型面对塑件质量的影响　　　　图 3-79　分型面对塑件外观的影响
　　　　　　　　　　　　　　　　　　　　（a）结构合理；（b）结构不合理

7）分型面的选择应有利于防止溢料

当塑件在垂直于合模方向的分型面上的投影面积接近于注射机的最大注射面积时，就会产生溢料，如图3-80（a）所示的塑件比采用图3-80（b）的方位合理。图3-80（c）的结构所产生的飞边方向是垂直的，而图3-80（d）的结构所产生的飞边方向是水平的，应根据具体要求来选择。

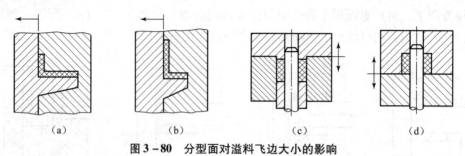

图3-80　分型面对溢料飞边大小的影响

8）分型面的选择应有利于排气

因为利用分型面上的间隙或在分型面上开排气槽，结构较为简单。所以为了便于排气，一般分型面应尽可能与熔体流动的末端重合，图3-81（a）、（c）的结构合理，而图3-81（b）、（d）的结构不合理。

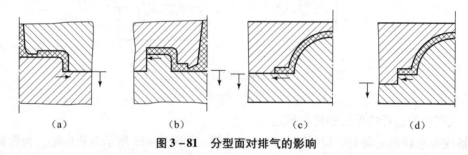

图3-81　分型面对排气的影响

9）分型面的选择应尽量使成型零件便于加工

分型面的位置选择应尽量使成型零件便于加工，保证成型零件的强度，避免成型零件出现薄壁及锐角。

10）分型面的选择应考虑减小由于脱模斜度造成塑件的大小端尺寸差异。若外观无严格要求，较高的且脱模斜度要求小的塑件，可将分型面选在中间，如图3-82（a）所示，而图3-82（b）的结构，为了顺利脱模，则脱模斜度较大，造成塑件大小端尺寸相差较大。

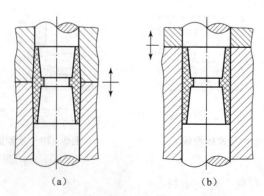

图3-82　分型面对脱模斜度的影响

以上几点原则，有时对一具体塑件，在选择分型面位置时，若不可能全部符合要求，应根据实际情况，以满足塑件的主要要求为主。

5. 按分型面来分类

1）按分型面的数目分类

一副模具根据需要可能有一个或两个以上分型面。可以分为一个、二个、三个或多个分型面的模具。

2）按分型面的特征分类

按分型面的特征可以分为水平分型面的模具、垂直分型面的模具和水平与垂直分型面的模具。

水平分型面是指分型面的位置垂直于合模方向；垂直分型面是指分型面的位置平行于合模方向。因此，模具在立式注射机上工作时，水平分型面与地面相平行；在卧式注射机上工作时，水平分型面与地面相垂直，如图 3－83 所示。

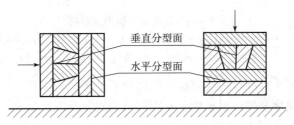

图 3－83　分型面与地面的相对关系

五、按注射模总体结构特征来分类

1. 单分型面注射模

如图 3－71 所示，模具由定模和动模两块组成，模具上只有一个将动、定模分开的主分型面，因此称为单分型面注射模，也叫两板式注射模。这是注射模中最简单且用得最多的一种结构形式，据统计占总注射模的 70%。开模时，动模后退，模具从分型面分开，塑件包紧在型芯 7 上随动模部分一起向左移动而脱离型腔 2，同时，浇注系统凝料在拉料杆 15 的作用下，和塑料制件一起向左移动。移动一定距离后，当注射机的顶杆 21 接触推板 13 时，脱模机构开始动作，推杆 18 推动塑件从型芯 7 上脱下来，浇注系统凝料同时被拉料杆 15 推出，如图 3－71（b）所示。然后人工将塑料制件及浇注系统凝料从分型面取出。闭模时，在导柱 8 和导套 9 的导向定位作用下，动定模闭合。在闭合过程中，定模板推动复位杆 19 使脱模机构复位。然后，注射机开始下一次注射。

2. 双分型面注射模具

双分型面注射模如图 3－84 所示，又称三板式注射模、顺序分型注射模。它与单分型面注射模相比，除主分型面外，还增加了一个与主分型面平行的分型面。除有两块模板外，中间还有一块活动模板，活动模板设有浇口、流道及动模所需的其他零件和部件，当模具开启时，中间活动模板与其他两块模板分离，塑料制品与浇口冷料分别从该板两侧取下，即由不同的分型面取出。分型面 A—A 用于取浇注系统凝料或其他辅助功能，分型面 B—B 打开用于取塑件，因此得名。开模时，在弹簧 7 的作用下，中间板 11 与定模座板 10 在 A—A 处定距分型，其分型距离由定距拉板 8 和限位钉 6 联合控制，以便取出这两板间的浇注系统凝

模具学

料。继续开模时，模具便在 B—B 分型面分型，塑件与凝料拉断并留在型芯上到动模一侧，最后在注射机的固定顶出杆的作用下，推动模具的推出机构，将型芯上的塑件推出。

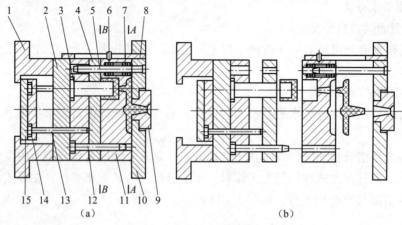

图 3-84 卧式双分型面注射模

1—支架；2—支承板；3—型芯固定板；4—推件板；5，12—导柱；6—限位钉；7—弹簧；8—定距拉板；
9—主流道衬套；10—定模座板；11—中间板（浇道板）；13—推杆；14—推杆固定板；15—推板

　　这种注射模主要用于点浇口的注射模、侧向分型抽芯机构设在定模一侧的注射模以及因塑件结构特殊需要的顺序分型注射模中，它们的结构较复杂，质量大，成本高。

　　3. 带有活动成型零件的注射模

　　由于塑件结构的特殊要求，如带有内侧凸、内侧凹或螺纹孔等塑件，由于生产批量小，若采用模内机动抽芯或机动脱螺纹，模具复杂，生产成本高，为简化模具设计和成型时方便，常常在模具中设置活动镶件，这些活动镶件成型塑件的某一部分，开模后连同塑件用手或专用工具分开。工作过程中至少要备有 2 套活动镶件，以便交替使用。模具的这些活动镶块装入模具时，应可靠地定位，以免造成塑件报废或模具损坏。如图 3-85 所示为带有活动镶件的注射模，制件内侧带有凸台，采用活动镶块 3 成型，开模时，塑件留在型芯上，待分型一定距离后，由推出机构的推杆推动活动镶块 3 连同塑件一起被推出模外，然后由人工或其他装置将塑件与镶件分离。这种模具要求推杆 9 完成推出动作后能先回程，以便活动镶块 3 在合模前再次放入型芯 4 的定位孔中。

　　4. 侧向分型抽芯注射模

　　对于带有侧孔或侧凹的塑件，不能直接从模具中顶出，必须先将成型侧孔或侧凹的模具零件从塑件上侧向分开，因此模具须增加抽芯机构或

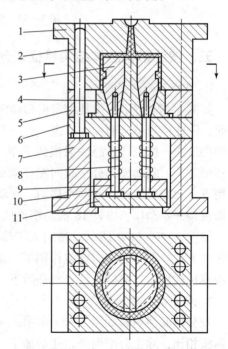

图 3-85 带有活动镶块的注射模

1—定模座板；2—导柱；3—活动镶块；4—型芯；
5—动模板；6—支承板；7—模脚（支架）
8—弹簧；9—推杆；10—推杆固定板；
11—推板

| 180

侧向分型机构，使侧型芯作横向运动。也有在模具上装液压缸或气压缸带动侧型芯作横向分型抽芯的。图 3-86 所示为斜导柱侧向分型抽芯的注射模。开模时，在开模力的作用下，定模上的斜导柱 2 驱动动模部分的斜滑块 3 作垂直于开模方向的运动，使其从塑件侧孔中抽拔出来，然后再由推出机构将塑件从主型芯上推出模外。

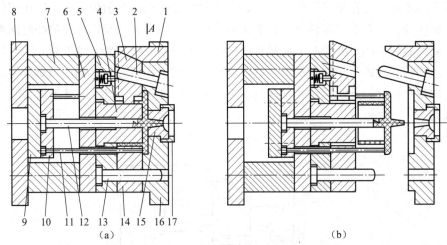

（a）　　　　　　　　　　　　　　　　　（b）

图 3-86　斜导柱侧向分型抽芯的注射模

（a）合模状态；（b）开模状态；

1—楔紧块；2—斜导柱；3—斜滑块；4—型芯；5—固定板；6—支承板；7—支架；8—动模座板；9—推板；

10—推杆固定板；11—推杆；12—拉料杆；13—导柱；14—动模板；15—主流道衬套；16—定模板；17—定位圈

5. 定模设推出机构的注射模

通常模具开模后，要求塑件留在有推出机构的动模一侧，故顶出装置也设在动模一侧。但有时由于某些塑件的特殊要求或受形状限制，开模后塑件将留在定模一侧或留在动、定模，为此，应在定模一侧设置推出机构。如图 3-87 所示，开模后塑件（衣刷）留在定模上，待分型到一定距离后，由动模通过定距拉板或链条等带动定模一侧的推板，将塑件从定模的型芯上脱出。

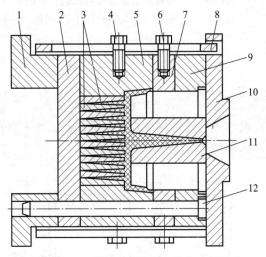

图 3-87　定模设有推出机构的注射模

1—模脚；2—支承板；3—成型镶片；4—拉板固紧螺钉；5—动模；6—螺钉；7—推件板；8—拉板

9—定模板；10—定模座板；11—型芯；12—导柱

6. 自动卸螺纹的注射模

生产批量大的螺纹塑件时，采用活动螺纹成型镶件在机外卸下的方法效率低，应使用带有传动机构的模具。要求在注射成型后自动卸螺纹时，可在模具中设置能转动的螺纹型芯或型环，利用注射机本身的旋转运动或往复运动，也可装置专门的电机、液压电机将螺纹塑件脱出。图3-88所示为在角式注射机上带有自动卸螺纹机构的注射模。为了防止塑件跟随螺纹型芯一起转动，一般要求塑件外形具有防转结构，图中是利用塑件端面的凸起图案来防止塑件随螺纹型芯转动的。开模时，模具从A—A处分开的同时，螺纹型芯1由注射机的开合模丝杆带动旋转并开始从塑件中旋出，此时，塑件暂时留在型腔内不动，当螺纹型芯在塑件内还有一扣或半扣时，定距螺钉4使模具从B—B分型面分开，塑件即被带出型腔，并与螺纹型芯脱离。

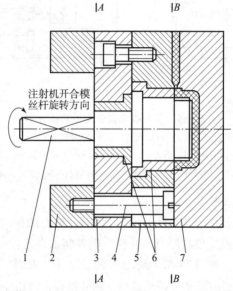

图3-88 带有自动卸螺纹机构的注射模
1—螺纹型芯；2—动模座；3—支承板；4—定距螺钉；5—动模板；6—衬套；7—定模板

 任务实施

如图3-1所示的塑料壳体，拟定模具的结构形式如下：

分型面位置的确定：通过对塑件结构形式的分析，分型面应选在截面最大且有利于开模取出塑件的底平面上，其位置如图3-89所示。

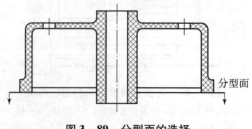

图3-89 分型面的选择

任务五　注射模与注射机的关系

一、注射机概述

1. 注射机的分类

注射机的分类方法较多，常用的有以下几种。

1）按注射机规格大小分类

按注射机规格大小可将注射机分为五类，见表 3－11。

表 3－11　按注射机的规格大小分类

类型	合模力/kN	理论注射量/cm³	类型	合模力/kN	理论注射量/cm³
超小型	<160	<16	大型	5 000～12 500	4 000～10 000
小型	160～2 000	16～630	超大型	>16 000	>16 000
中型	2 000～4 000	800～3 150			

2）按注射机外形结构特征分类

（1）立式注射机。这种注射机如图 3－90 所示，它的注射装置与合模装置的轴线重合，并与机器安装底面垂直。其优点是占地面积小，模具装拆方便，安装嵌件和活动型芯简便可靠。其缺点是塑件推出后常需用手取出，不能自动掉落，不易实现自动化操作，而且机身较高不够稳定，加料不太方便等。所以多用于注射量小于 60 cm³ 的多嵌件塑件。

（2）卧式注射机。卧式注射机如图 3－91 所示，它的注射装置与合模装置轴线重合，并与机器安装底面平行。其优点是机身低易操作，且塑件推出后可自动坠落，便于自动化生产。其缺点是模具的装拆及嵌件安放不方便，且机器占地面积较大。

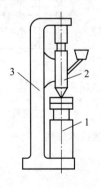

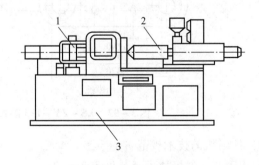

图 3－90　立式注射机　　　　　　图 3－91　卧式注射机

1—锁模装置；2—注射装置；3—机身　　　1—锁模装置；2—注射装置；3—机身

卧式注射机的形式是注射中最普遍、最主要的一种，应用也最为广泛。

3）按注射机的塑化方式分类

按注射机塑化方式（即塑化用的零部件及工作原理），注射机主要分为柱塞式和螺杆式

两大类。

2. 注射机规格表示方法

注射机最大注射量是指注射机螺杆或柱塞以最大注射行程注射时，一次所能达到的塑料注射量。对于不同类型注射机，最大注射量有不同的标定方法。螺杆式注射机是以一次所能注射出的塑料熔体体积（以 cm^3 计）表示，这种方法的优点是不论何种塑料，最大注射量数值都是相同的。

柱塞式和螺杆式注射机最大注射量的标定，习惯上是不相同的。对于柱塞式注射机，其最大注射量，在国际上规定用克数表示，但由于柱塞作最大注射行程时注射出的塑料容积一定，不同塑料的密度不同，因此注射不同塑料时，注射机的最大注射量会不同。因此，我国规定用密度接近 $1\ g/cm^3$ 的聚苯乙烯的最大注射量作为注射机的最大注射量。国产注射机的最大注射量是按 cm^3 标注的。

3. 注射机的技术规范

注射模安装在与其适应的注射机上进行生产，在设计模具时，必须熟悉所选用注射机的技术规范，注射机的技术规范项目较多，主要有注射机类型、最大注射量、最大锁模力、模具安装尺寸及开模行程等。

1）常用注射机的模板技术规格

以 XS – ZY – 125 卧式注射机为例，其模板技术规格如图 3 – 92 所示。

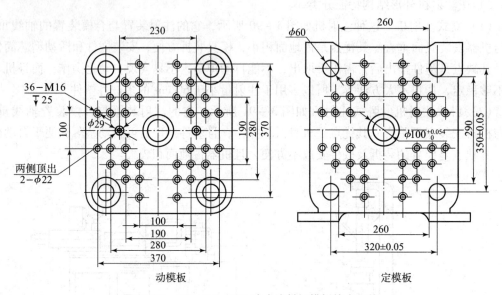

动模板　　　　　　　　　　　　　　　　　定模板

图 3 – 92　XS – ZY – 125 卧式注射机模板技术规格

2）注射机的技术规范

常用国产注射机技术规范见表 3 – 12。

二、注射机有关参数的校核

设计模具时，当模具总体结构及有关尺寸确定后，应对选用的注射机进行有关参数的校核，选择合适的注射机是注射加工正常进行的前提。

表 3 - 12　常用国产注射机技术规范

项目＼型号	XS - Z - 60	XS - ZY - 125	XS - ZY - 250	XS - ZY - 500	XS - ZY - 1000	XS - ZY - 4000
注射量/cm³	60	125	250	500	1 000	4 000
螺杆（柱塞）直径/mm	38	42	50	65	85	130
注射压力/MPa	122	119	130	104	121	106
注射行程/mm	170	115	160	200	260	370
注射时间/s	2.9	1.6	2	2.7	3	~6
螺杆转速/(r·min⁻¹)	—	29, 43, 56, 69, 86, 101	25, 31, 39, 58, 32, 89	20, 25, 32, 38, 42, 50, 63, 80	21, 27, 35, 40, 45, 50, 65, 83	16, 20, 32, 41, 51, 74
注射方式	柱塞	螺杆式	螺杆式	螺杆式	螺杆式	螺杆式
锁模力/kN	500	900	1 800	3 500	4 500	10 000
最大成型面积/cm²	130	320	500	1 000	1 800	3 800
模板最大行程/mm	180	300	500	500	700	1 100
模具厚度/mm 最大	200	300	350	450	700	1 000
模具厚度/mm 最小	70	200	200	300	300	700
拉杆空间/(mm×mm)	190×300	260×290	448×370	540×440	650×550	1050×950
模板尺寸/(mm×mm)	330×440	428×450	598×520	700×850	—	—
锁模方式	液压-机械	液压-机械	液压-机械	液压-机械	稳压式	稳压式
油泵 流量/(L·min⁻¹)	70, 12	100, 12	180, 12	200, 25	200, 18, 18	50, 50
油泵 压力/MPa	6.5	6.5	6.5	6.5	14	20
电动机功率/kW	11	10	18.5	22	40, 5.5, 5.5	17, 17
螺杆驱动功率/kW	-	~4	5.5	7.5	13	30
加热功率/kW	2.7	5	9.83	14	16.5	37
机器外形尺寸/(m×m×m)	3.61×0.85×1.55	3.34×0.75×1.55	4.7×1.0×1.815	6.5×1.3×2.0	7.67×1.74×2.38	11.5×3.0×4.5
机器质量/kg	2 000	3 500	4 500	12 000	20 000	65 000
模具定位孔尺寸/mm	$\phi55^{+0.06}_{0}$	$\phi100^{+0.054}_{0}$	$\phi125^{+0.06}_{0}$	$\phi150^{+0.06}_{0}$	$\phi150^{+0.06}_{0}$	$\phi200^{+0.06}_{0}$
喷嘴球径/mm	SR12	SR12	SR18	SR18	SR18	SR18
喷嘴孔径/mm	$\phi4$	$\phi4$	$\phi4$	$\phi5$	$\phi7.5$	$\phi7.5$
顶出 中心孔径/mm	$\phi50$	—	—	—	—	—
顶出 两侧 孔径/mm	—	$\phi22$	$\phi40$	$\phi24.5$	$\phi20$	—
顶出 两侧 孔距/mm	—	230	280	530	850	—

1. 最大注射量的校核

注射机的最大注射量标志着注射机所能加工塑件的最大重量或体积。选择注射机时，必须保证塑件所需的注射量（包括浇注系统及飞边在内）小于注射机允许的最大注射量，一般占注射机理论注射量的 20% ~ 80%。若注射量小于 20%，尤其对于热敏性塑料，由于每次注射量太小，塑料在料筒内停留时间过长，导致高温分解，会降低制品质量和性能。

当注射机的最大注射量以最大注射容积标定时，注射机的最大注射容积 V_{max} 应等于或大于成型塑件所需塑料的容积 V_S，即

$$K_L V_{max} \geq V_S \qquad (3-1)$$

式中：V_{max}——注射机最大注射容积（公称容积，cm^3）；

V_S——塑件所需塑料的容积（包括浇注系统凝料及飞边在内，cm^3）；

K_L——注射机最大注射量利用系数，一般取 $K_L = 0.8$。

因塑料的容积（体积）与其压缩率有关，故所需塑料的体积为

$$V_S = K_S V \qquad (3-2)$$

式中：K_S——塑料的压缩率，见表 3-13；

V——塑件的体积（包括浇注系统凝料及飞边在内，cm^3）。

表 3-13 某些热塑性塑料的密度及压缩率

塑料名称	密度 ρ /（$g \cdot cm^{-3}$）	压缩率 K_S	塑料名称	密度 ρ /（$g \cdot cm^{-3}$）	压缩率 K_S
高压聚乙烯	0.9 ~ 0.94	1.84 ~ 2.30	尼龙	1.09 ~ 1.14	2.0 ~ 2.1
低压聚乙烯	0.940 ~ 0.965	1.725 ~ 1.909	聚甲醛	1.4	1.8 ~ 2.0
聚丙烯	0.90 ~ 0.91	1.92 ~ 1.96	ABS	1.0 ~ 1.1	1.8 ~ 2.0
聚苯乙烯	1.04 ~ 1.06	1.90 ~ 2.15	聚碳酸酯	1.2	1.75
硬聚氯乙烯	1.35 ~ 1.45	2.3	醋酸纤维素塑料	1.24 ~ 1.34	2.40
软聚氯乙烯	1.16 ~ 1.35	2.3	聚丙烯酸酯塑料	1.17 ~ 1.20	1.8 ~ 2.0

当注射机的最大注射量以最大注射重量标定时，则应将注射机的最大注射容积换算成最大注射质量，其关系式为

$$W_{max} = \rho' V_{max} \qquad (3-3)$$

式中：W_{max}——注射机的最大注射质量（公称质量，g）；

ρ'——在料筒温度和压力下熔融塑料的密度（g/cm^3）；

V_{max}——注射机最大注射容积（公称容积，cm^3）。

而 $$\rho' = c\rho \qquad (3-4)$$

式中：ρ——塑料在常温下的密度（g/cm^3），见表 3-13；

c——料筒温度下塑料体积膨胀率的修正系数（未考虑压力的影响），对结晶型塑料，$c = 0.85$，对非结晶型塑料，$c = 0.93$。

因此，当注射机的最大注射量以最大注射质量标定时，可按式（3-5）校核：

$$K_L W_{max} \geq W \tag{3-5}$$

式中：W_{max}——注射机最大注射质量（公称质量，g）；

　　　W——塑件的质量（包括浇注系统凝料及飞边在内，g）。

而

$$W = \rho V \tag{3-6}$$

2. 注射压力的校核

注射压力校核的目的是校验注射机的最大注射压力能否满足塑件成型的需要，为此注射机的最大注射压力应大于或等于塑件成型时所需的注射压力，即

$$p_{max} \geq p \tag{3-7}$$

式中：p_{max}——注射机的最大注射压力（MPa）；

　　　p——塑件成型时所需的注射压力（MPa），它的大小与注射机的类型、喷嘴形式、塑料的流动性、浇注系统及型腔的阻力等因素有关。一般取 $p = 40 \sim 200$ MPa。

一般来说，成型所需注射压力范围如下：

（1）塑件形状简单、熔体流动性好、厚壁者，所需注射压力一般小于 70 MPa；

（1）塑件形状一般、精度要求一般、熔体流动性好者，所需注射压力通常选 70 ~ 100 MPa；

（3）塑件形状一般、有一定精度要求、熔体黏度中等（如改性 PE、PS），所需注射压力选 100 ~ 140 MPa；

（4）塑件壁薄、尺寸大，壁厚不均，精度要求高，熔体黏度高者，注射压力选 10 ~ 140 MPa。

选取时可参考部分塑料的注射压力，见表 3-14。

表 3-14　部分塑料的注射压力　　　　　　　　　　　　　　　　　　　　　　　MPa

塑料	注射条件		
	易流动的厚制品	中等流动程度的一般制品	难流动的薄壁窄浇口制品
聚乙烯	70 ~ 100	100 ~ 120	120 ~ 150
聚氯乙烯	100 ~ 120	120 ~ 150	>150
聚苯乙烯	80 ~ 100	100 ~ 120	120 ~ 150
ABS	80 ~ 110	100 ~ 130	130 ~ 150
聚甲醛	85 ~ 100	100 ~ 120	120 ~ 150
聚酰胺	90 ~ 101	101 ~ 140	>140
聚碳酸酯	100 ~ 120	120 ~ 150	>150
聚甲基丙烯酸甲酯	100 ~ 120	150 ~ 210	>150

3. 锁模力的校核

锁（合）模力为注射机锁模装置用于夹紧模具的力。当高压塑料熔体充满模具型腔时，

会在型腔内产生很大的力,迫使模具沿分型面胀开,从而发生溢料现象。这个力等于塑件及浇注系统在分型面上的投影面积之和(A)与型腔内熔体压力(pq)的乘积。因此,所选注塑机的锁(合)模力(F)必须大于由于高压熔体注入模腔而产生的胀模力。注射机锁模力的校核关系式应为

$$F \geqslant p_q A \tag{3-8}$$

式中:F——注射机的公称锁模力(N);

   A——塑件及浇注系统在分型面上的投影面积之和(m^2);

   p_q——型腔内熔体压力(MPa),常取 $p_q = 20 \sim 40$ MPa。

而型腔内塑料熔体所受的压力简称型腔压力,此压力比注射机料筒内的注射压力小得多,因料筒内的熔体,经过注射机的喷嘴和模具的浇注系统后,有很大的压力损失,故

$$p_q = K_y p \tag{3-9}$$

式中:K_y——压力损失系数,一般取 $K_y = 1/3 \sim 2/3$。

在实际工程中,可参考型腔内熔体的平均压力来校核。型腔压力因塑料品种、塑件复杂程度及精度不同而不同,可由表 3-15、表 3-16 选取。

表 3-15　常用塑料选用的型腔压力

塑料品种	LDPE	HDPE	MDPE	PS	AS	ABS	PMMA	CA
模腔压力/MPa	10 ~ 15	20	35	15 ~ 20	30	30	30	35

表 3-16　型腔内熔体的平均压力

塑件特点	平均压力 p_q/MPa	举例
容易成型的制件	24.5	PE、PP、PS 等壁厚均匀的日用品、容器
一般塑件	29.4	在较高模温下,成型薄壁容器类塑件
中等黏度的塑件和有精度要求的塑件	34.3	ABS 等精度要求较高的工程结构件,如壳体、齿轮等
高黏度塑料,高精度、难于成型的塑件	39.2	用于机器零件上高精度的齿轮或凸轮等

因此,注射机的锁模力,也可以按式(3-10)校核:

$$F \geqslant K_y p A \tag{3-10}$$

整理后得

$$A \leqslant \frac{F}{K_y p} \tag{3-11}$$

$$A \leqslant \frac{F}{p_q} \tag{3-12}$$

4. 模具与注射机合模部分相关尺寸的校核

为了使注射模具能够安装到注射机上,设计模具时,必须校核注射机上与模具安装部分相关的尺寸。

1)喷嘴尺寸

注射机喷嘴前端球面半径 r 和孔径 d 与模具浇口套始端的球面半径 R 及小孔径 D 应吻

合，如图 3-93 所示，以防止高压塑料熔体从缝隙中溢出。它们一般应满足下列关系：

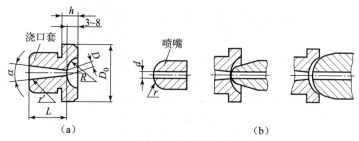

图 3-93　喷嘴与浇口套的关系

$$R = r + (1 \sim 2) \text{ mm} \tag{3-13}$$

$$D = d + (0.5 \sim 1) \text{ mm} \tag{3-14}$$

如果 $R < r$，将会出现如图 3-93（b）所示的死角，而积存塑料，使主流道凝料无法脱出。

2）定位圈尺寸

为保证模具主流道中心线与注射机喷嘴中心线相重合，注射机固定模板上设有定位孔，模具的定模座板上应设有凸起的定位圈（或浇口套），两者按 H9/f9 间隙配合。定位圈高度应小于定位孔深度，定位圈高度 h，小型模具为 5~10 mm，大型模具为 10~15 mm，如图 3-93（a）所示。中小型模具一般只在定模座板上设置定位圈，而大型模具在动、定模座板上均设置定位圈。

定位圈形式如图 3-94 所示。

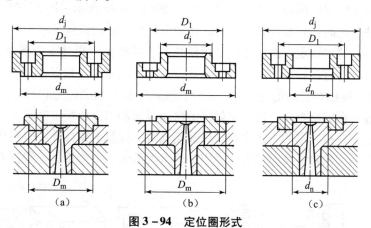

图 3-94　定位圈形式

3）模具外形尺寸

模具长宽尺寸应与注塑机的拉杆内间距相适应，安装模具的外形尺寸应小于注射机的拉杆间距，以保证模具至少能从一个方向穿过拉杆间的空间（从上面吊入或从侧面移入）安装在注塑机上，否则模具无法安装；同时，模具的座板尺寸不应超过注射机的模板尺寸。

4）模具厚度

由于注射机可安装模具的厚度有一定限制，如图 3-95 所示，所以设计模具的闭合厚度 H_m 必须在注射机允许安装的最大模具厚度 H_{max} 及最小模具厚度 H_{min} 之间，即

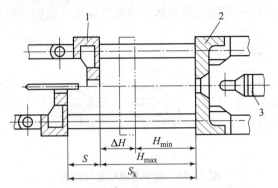

图 3 – 95　注射机动、定模固定板的间距

1—动模固定板；2—定模固定板；3—喷嘴；S—开模行程；

S_k—动、定模固定板间的最大开距；ΔH—注射机调模距离

$$H_{max} \leqslant H_m \leqslant H_{min} \qquad\qquad (3-15)$$
$$H_{max} = H_{min} + \Delta H \qquad\qquad (3-16)$$

式中：ΔH——注射机的动模和定模之间的距离调节量。

若 $H_m < H_{min}$，可采用加设垫板厚度 H 的方法增大模厚，使 $H_m + H \geqslant H_{min}$ 即可，若 $H_m > H_{max}$，特别是液压肘杆式合模机构的注射机，其肘杆无法撑直，合模不可靠，这是不允许的，这时只能重新设计模具厚度或更换注射机，以满足合模要求。

5）安装模具的螺孔位置尺寸

注塑机固定及移动模板上有许多不同间距的螺钉孔和 T 形槽，用于固定模具。模具的动、定模安装到注射机的模板上的方法有两种，如图 3 – 96 所示。图 3 – 96（a）所示为用压板固定的方法，此时，只要模脚附近有螺孔即可，对螺孔的位置要求有很大的灵活性，此方法用得较普遍。这种固定方法的优点是简便快速，对模具上模具固定板外形尺寸限制小，但固紧力小于用螺钉直接固定，利用压板直接固定方法适用于质量较小的小型模具。图 3 – 96（b）所示为直接用螺钉固定的方法，此时，模具座板上孔的位置和尺寸与注射机模板上的安装螺孔位置必须完全吻合。每台注射机的移动模板和固定模板上都有一定数量和一定孔径的螺纹安装孔，并按一定的方式排列。设计模具时，模具上螺纹孔的间距和尺寸必须与这些螺纹安装孔协调。螺钉直接固定方法适用于质量大的大、中型模具。螺钉或压板数目通常为每边 2～4 个。

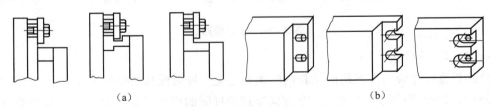

（a）　　　　　　　　　　　　　　　　　（b）

图 3 – 96　模具的固定形式

（a）用压板固定；（b）用螺丝固定

5. 开模行程校核

开模行程是指模具开合模过程中，注射机移动模板的移动距离。模具打开顶出塑件时，要求动、定模必须分开一定的距离，这一距离应该不超过注射机移动模板的后移距离，即开

模行程。选注射机时，其最大开模行程必须大于取塑件或有其他要求时，所需分开模具的距离。开模行程的校核有以下几种情况：

1）最大开模行程与模厚无关的校核

对于液压－机械联合作用的锁模机构的注射机，其最大开模行程由锁模的曲肘的运动或移模油缸的运动所决定，与模具厚度无关，模具安装高度靠连接在移动模板后的大调节螺母，在允许的最大和最小模具高度之间调节。单分型面或双分型面注射模的校核方法分别如下。

（1）对于单分型面注射模，如图 3 - 97 所示。

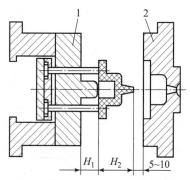

图 3 - 97　单分型面注射模开模
1—动模；2—定模

$$S \geqslant H_1 + H_2 + (5 \sim 10) \text{ mm} \tag{3-17}$$

式中：S——注射机的最大开模行程（移动模板行程，mm）；

H_1——塑件脱模所需的推出距离（mm）；

H_2——（包括浇注系统高度在内的）塑件高度（mm）。

（2）对于双分型面注射模，如图 3 - 98 所示。

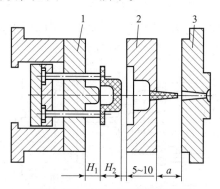

图 3 - 98　双分型面注射模开模
1—动模；2—中间板；3—定模

$$S \geqslant H_1 + H_2 + a + (5 \sim 10) \text{ mm} \tag{3-18}$$

式中：H_1——塑件脱模所需的推出距离（mm）；

H_2——塑件高度（不包括浇注系统高，mm）；

a——取出浇注系统凝料所需的分模距离（mm）。

2）注射机最大开模行程与模厚有关的校核

对于合模系统为全液压式的注射机，开模行程会受到模具安装高度的影响，安装的模具高度越大，开模行程越小。其模具最大开模行程 S 等于注射机的移动模板与固定模板之间的最大开距 S_K 减去模具闭合厚度 H_m，如图 3-95 所示，即

$$S = S_K - H_m \tag{3-19}$$

式中：S——安装模具后，动、定模之间的最大开距，即最大开模行程（mm）；

S_K——注射机的移动模板和固定模板之间的最大开距（mm）；

H_m——模具的闭合厚度（mm）。

（1）对于单分型面注射模（图 3-99），有

$$S_K \geqslant H_m + H_1 + H_2 + （5 \sim 10）\text{ mm} \tag{3-20}$$

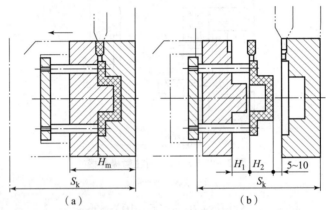

图 3-99　直角式注射机开模行程与模具闭合厚度有关的开模行程校核

（a）开模前；（b）开模后

（2）对于双分型面注射模，则

$$S_K \geqslant H_m + H_1 + H_2 + a + （5 \sim 10）\text{ mm} \tag{3-21}$$

3）塑件内表面为阶梯状时开模行程校核

塑件脱模所需推出距离常等于型芯的高度，但对于内侧为阶梯形状的塑件，有些不必推出型芯的全部高度即可取出塑件，如图 3-100 所示。

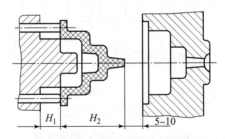

图 3-100　塑件内表面为阶梯状时开模行程校核

4）考虑侧向抽芯距离时的最大开模行程校核

有的模具侧向分型抽芯的动作是通过斜导柱等分型抽芯机构来完成的，在这种情况下，分开模具不只是为了取塑件，还要满足完成侧向抽芯距离 L 所需的开模距离 H_c 的要求，如图 3-101 所示。

（1）当 $H_c > H_1 + H_2$ 时，开模行程按式（3-22）校核：

$$S \geqslant H_c + （5 \sim 10）\text{ mm} \tag{3-22}$$

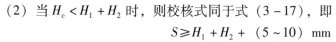

（2）当 $H_c < H_1 + H_2$ 时，则校核式同于式（3-17），即

$$S \geqslant H_1 + H_2 + (5 \sim 10) \text{ mm}$$

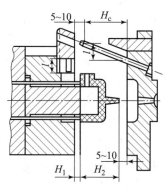

图 3-101　有侧向抽芯机构的开模情况

当斜导柱装置方式改变后，上两式不一定适合，应根据具体情况确定。

5）有螺纹型芯或型环的开模行程校核

生产带螺纹制件的模具，有时通过专门的机构将开模运动转变为旋转运动来旋出螺纹型芯或螺纹型环，因此校核时还应考虑螺纹型芯或型环的开模行程，再综合考虑制件高度、脱模距离等因素。例如使螺纹型芯旋转一周需要的开模行程 h，型芯旋转 n 圈方与制品相分离，则旋出型芯所需开模距离为 nh。

6. 推出机构的校核

各种型号注射机的推出装置设置情况及推出距离等各不相同，设计模具时，必须了解注射机推出杆的直径、推出形式（是中心推杆还是两侧双杆推出等）、最大推出距离及双推杆中心距等，以保证模具的推出机构与注射机的推出机构相适应。国产注射机的推出装置大致可分为以下几类：中心顶杆机械顶出，如卧式 XS-ZY-350 等；两侧双顶杆机械顶出，如卧式 XS-ZY-125 等；中心顶杆液压顶出与两侧双顶杆机械顶出，如卧式 XS-ZY-250 等；中心顶杆液压顶出与其他开模辅助油缸联合作用，如 XS-ZY-1000 等。

在以中心顶杆顶出的注射机上用的模具，应对称地固定在移动模板中心位置上，以便注射机的顶杆顶在模具的推板中心位置上；以两侧双顶杆顶出的注射机上用的模具，模具推板的长度应足够长，以便注射机的顶杆能顶到模具上的推板上。

 任务实施

如图 3-1 所示的塑料壳体，拟定模具的结构形式如下：

1. 型腔数量的确定

该设计选择的是一模两腔。

2. 注射机型号的确定

1）注射量的计算

通过三维软件建模设计分析计算得

塑件体积：

$$V_{塑} = 47.755 \text{ cm}^3$$

塑件质量：

$$m_{塑} = \rho V_{塑} = 47.76 \times 1.02 = 48.7 \ (\text{g})$$

2）浇注系统凝料体积初步估算

浇注系统的凝料在设计之前不能确定准确的数值，但可以根据经验按照塑件体积的 0.2~1 倍来估算。本设计采用的流道简单且短，因此浇注系统凝料按 0.2 倍来估算，故一次注入模具型腔塑料熔体的总体积，即浇注系统的凝料和两个塑件体积之和为

$$V_{总} = V_{塑}(1 + 0.2) \times 2 = 47.755 \times 1.2 \times 2 = 114.612(\text{cm}^3)$$

3）选择注射机

因 $K_1 V_{max} \geq V_{总}$，所以

$$V_{max} \geq V_{总}/K_1 = 114.612/0.8 = 143.265 \ (\text{cm}^3)$$

初步选定公称注射量为 160 cm³、SZ – 160/100 型卧式注射机，其主要技术参数见表 3 –17。

表 3 –17   注射机主要技术参数

理论注射容量/cm³	160	移模行程/mm	325
螺杆柱塞直径/mm	40	最大模具厚度/mm	300
注射压力/MPa	150	最小模具厚度/mm	200
注射速率/ (g·s⁻¹)	105	锁模形式	双曲肘
塑化能力/ (g·s⁻¹)	45	模具定位孔直径/mm	125
螺杆转速/ (r·min⁻¹)	0 ~200	喷嘴球半径/mm	12
锁模力/kN	1 000	喷嘴口半径/mm	3
拉杆内间距/mm	345 ×345		

4）注射机相关参数的校核

（1）注射压力校核。查表可知，ABS 所需注射压力为 80 ~110 MPa，这里取 $p_0 = 100$ MPa，该注射机公称注射压力 $p_{max} = 150$ MPa，注射机安全系数 $k_1 = 1.25 ~ 1.4$，这里取 $k_1 = 1.3$，则

$$k_1 p_0 = 1.3 \times 100 = 130 \ (\text{MPa}) \ < p_{max}$$

所以，注射机注射压力合格。

（2）锁模校核。塑件在分型面上的投影面积 $A_{塑}$，则

$$A_{塑} = \frac{\pi}{4} \times (85^2 - 12^2 - 4 \times 5^2) = 5 \ 480 \ (\text{mm}^2)$$

浇注系统在分型面上的投影面积 $A_{浇}$，可以按照多型腔模的统计分析来确定。$A_{浇}$ 是每个塑件在分型面上的投影面积 $A_{塑}$ 的 0.2 ~0.5 倍。由于本例流道设计简单，分流道相对较短，因此流道凝料投影面积可适当取小一些，这里取 $A_{浇} = 0.2 A_{塑}$。

塑件和浇注系统在分型面上总的投影面积 $A_{总}$ 为

$$A_{总} = n(A_{塑} + A_{浇}) = 2 \times 1.2 \times 5 \ 480 = 13 \ 152(\text{mm}^2)$$

模具型腔内的胀型力 $F_{胀}$ 为

$$F_{胀} = A_{总} \, p_q = 13\,152 \times 35 = 460\,320(\text{N}) = 460.32(\text{kN})$$

常取 $p_q = 20 \sim 40$ MPa，对于黏度较大且精度较高的塑料制品应取较大值。ABS 属中等黏度塑料及有精度要求的塑件，取 35 MPa。

注射机公称锁模力 $F_{锁} = 1\,000$ kN，锁模力的安全系数为 $k_2 = 1.1 \sim 1.2$，这里取 $k_2 = 1.2$，则

$$k_2 F_{胀} = 1.2 \times 460.32 = 552.384 \ (\text{kN}) \ < F_{锁}$$

所以，注射机锁模力合格。

（3）对于其他安装尺寸的校核要等到模架选定、结构尺寸确定后方可进行。

任务六　注射模结构设计

一、成型零件的结构设计

1. 型腔的结构设计

型腔是成型塑件外表面的凹状零件，它的结构决定于塑件的形状、零件加工与装配的工艺要求，通常可分为整体式和组合式两大类。

1）整体式型腔

整体式型腔是由一块钢材加工而成的，是在模具的模板上加工的，模具一般不进行热处理。如图 3-102 所示，这种型腔结构简单，牢固可靠，具有较高的强度和刚度，不易变形，成型的塑件质量较好。但当塑件形状复杂时，其型腔的加工工艺性较差。需用电火花、立式铣床加工，仅适合于形状简单的中小型塑料件。

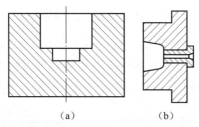

（a）　　　　（b）

图 3-102　整体式型腔

2）组合式型腔

为了便于凹模的加工、维修、热处理，或为了节省优质钢材，常采用组合式结构形式。组合式型腔是由两个以上零件组合而成的，这种型腔主要用于形状复杂塑件的成型。

组合式型腔的组合形式有以下几种：

（1）整体嵌入式。各个型腔一般单独加工制成，本身是整体式的，然后整体嵌入模板中。整体嵌入式凹模结构能节约优质模具钢，嵌入模板后有足够强度与刚度，使用可靠且置换方便，适用于小型塑件的多型腔模具，但模具体积较大，其结构如图 3-103 所示。

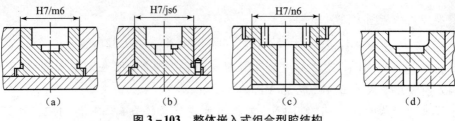

图 3 – 103 　整体嵌入式组合型腔结构

（2）局部镶嵌式。为了加工方便或便于更换型腔某一部位容易磨损的件，常采用局部镶嵌的办法，镶件单独制成，然后嵌入模体，其结构如图 3 – 104 所示。

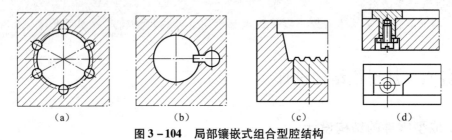

图 3 – 104 　局部镶嵌式组合型腔结构

（3）底部大面积镶拼式。通孔型腔在加工切削、线切割、磨削、抛光及热处理加工时较为方便。当型腔底部形状比较复杂或尺寸较大时，可将型腔做成穿孔的，再镶上底板，使内形加工变为外形加工，其结构如图 3 – 105 所示。

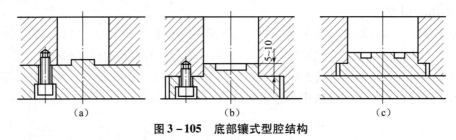

图 3 – 105 　底部镶式型腔结构

（4）侧壁镶拼式。如塑件结构需要，也可将型腔侧壁做成镶拼的，如图 3 – 106 所示，其中 U 形部分为穿孔的槽形，便于加工、抛光和热处理，侧壁镶块配合面经磨削抛光后，用销钉和螺钉定位紧固。这种侧壁镶拼结构的型腔适用于中小型塑件。

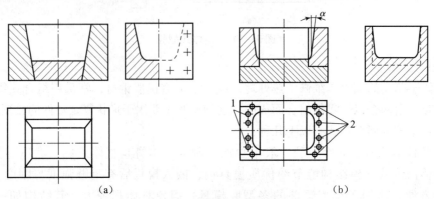

图 3 – 106 　侧壁镶拼式型腔结构

1—螺钉；2—销钉

（5）用模套紧箍的侧壁镶拼式。对于大型和形状复杂的型腔，由于塑料的压力很大，螺钉易被拉伸变形或剪切变形，可将侧壁镶拼部分压入模框中，模框板应有足够的强度和刚度，如图3-107所示。但增加了模具的尺寸和重量。

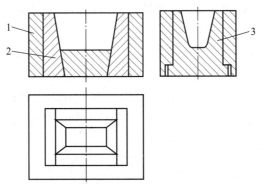

图3-107　用模套紧箍的侧壁镶拼式型腔结构
1—模套；2，3—侧拼块

（6）四壁镶拼式。对于大型和形状复杂的型腔，可将它的四壁和底部分别加工后压入模框，如图3-108所示。侧壁之间采用扣锁连接以保证装配的准确性，减少塑料挤入。在侧壁连接处的外侧做成0.3~0.4 mm的间隙，使内侧连接紧密。此外，四角镶件的转角半径 R 应大于模板的转角半径 r。

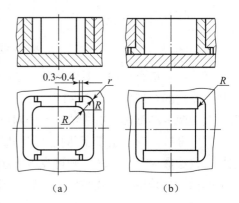

图3-108　四壁镶式型腔结构

（7）瓣合式型腔。对于侧壁带凹的塑件（如线圈骨架），为了便于脱模，可将型腔做成两瓣或多瓣组合式，成型时瓣合，脱模时瓣开。常见的瓣合式凹模是两瓣组合式，这种凹模通称为哈夫（half）型腔，如图3-109所示。它由两瓣对拼拼块、定位导销和模套组成。

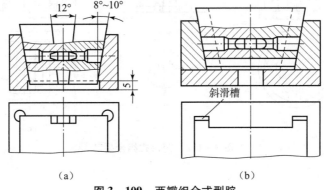

图3-109　两瓣组合式型腔

2. 型芯的结构设计

1）型芯

型芯是指注射模中成型塑件有较大内表面的凸状零件，又称主型芯。型芯有整体式和组

合式两大类。

（1）整体式型芯。形状简单的主型芯可做成整体式，在整块模板上加工而成。图3-110所示为整体式型芯，结构牢固，成型的塑件质量较好，但机械加工不便，钢材耗量较大。这种型芯主要用于形状简单的小型型芯。

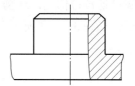

图3-110　整体式型芯

（2）组合式型芯。对于形状复杂或形状虽不复杂的大型型芯，但从节约贵重金属钢材、减少加工量考虑多采用组合式的结构。

①整体组合结构。如图3-111所示的结构，为了节约贵重钢材、便于加工和热处理，也便于动模与定模对准，将型芯和模板采用不同材料制成，然后连接成一体。

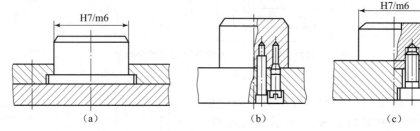

图3-111　整体组合式型芯

②镶拼式组合结构。对于形状复杂的型芯，为了便于加工，可采用镶拼式组合结构，但应注意结构的合理性。图3-112（a）所示的型芯，如采用整体式结构，必然造成加工困难，改用两个小型芯的镶拼结构，分别单独加工，则可使加工工艺大大简化；但当两个小型芯位置十分接近时，由于型芯孔之间的壁很薄，热处理时容易开裂，如用图3-112（b）的结构，仅镶嵌一个小型芯，则可克服上述缺点；图3-112（c）所示的结构，其中有两处长方形凹槽，如采用整体式结构，则加工相当困难，改用三块镶块分别加工后铆钉铆合，就比较方便加工。

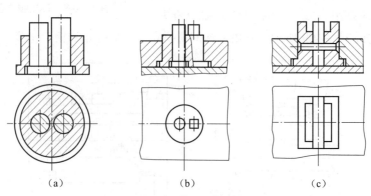

图3-112　镶拼式组合型芯

2）小型芯

小型芯又称成型杆，它是指成型塑件上较小孔或槽的零件，也是用来成型塑件内表面的零件。

（1）孔的成型方法。

①通孔的成型方法。通孔常有三种方式，如图3-113所示。另外，对于长的通孔，可

以采用如图 3 – 114 所示形式。

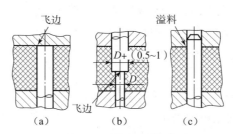

图 3 – 113　通孔的成型方法（一）

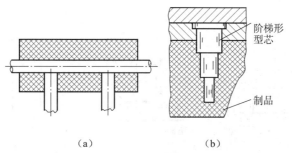

图 3 – 114　通孔的成型方法（二）

（a）支承形式；（b）阶梯形式

②复杂孔的成型方法。塑件上斜孔、坡形孔、阶梯孔和三通等形状复杂的孔，可采用双向型芯拼合等方法来成型，尽量避免采用侧抽芯机构，从而使模具结构简化，如图 3 – 115 所示。

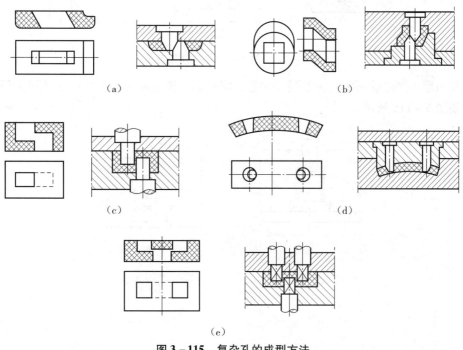

图 3 – 115　复杂孔的成型方法

③盲孔的成型方法。盲孔的成型法只能采用一端固定的型芯来成型，为了防止型芯在成型时弯曲，应采用图 3-116 所示的型芯支撑柱予以加强，但支撑柱必然在塑件形成工艺孔，因此应事先征得塑件设计者的同意。

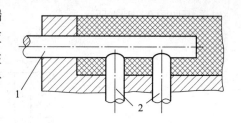

图 3-116　防止型芯弯曲的方法

1—型芯；2—支撑柱

（2）小型芯的固定方法。小型芯通常采用整体组合式，单独制造，再嵌入固定板中固定。

①单个小型芯的固定。单个小型芯的固定方式如图 3-117 所示。

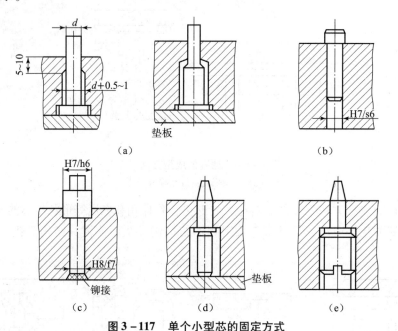

图 3-117　单个小型芯的固定方式

②非圆形小型芯的固定。为了便于制造，成型部分按制品形状加工，将其固定部分做成圆形，如图 3-118 所示。

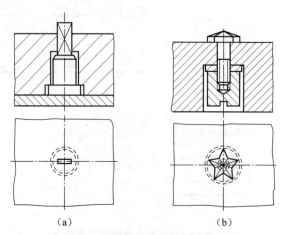

图 3-118　非圆形小型芯的固定方式

③多个互相靠近的小型芯的固定。当采用台肩固定时，如其台肩部分互相重叠干涉，则可将该部分磨去，而将固定板铣成圆坑或铣成长槽，如图3－119（a）、（b）所示；当仅在局部有小型芯时，可用嵌入小支承板的方法，以缩小模具厚度，减小型芯配合尺寸，缩短型芯的长度，既节省钢材，又利于制造和使用，如图3－119（c）、（d）所示。

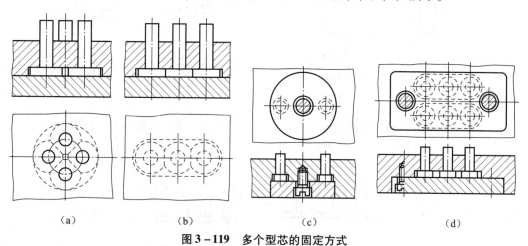

| (a) | (b) | (c) | (d) |

图3－119　多个型芯的固定方式

3）镶拼中常见的错误结构

（1）要防止产生横向飞边影响脱模。飞边的影响如图3－120所示。

（2）应避免镶拼痕迹残留在塑料制品表面。镶拼痕迹如图3－121所示。

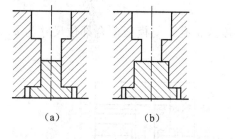

| (a) | (b) |

图3－120　飞边的影响
（a）合理；（b）不合理

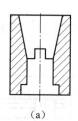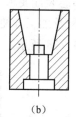

| (a) | (b) |

图3－121　镶拼痕迹
（a）合理；（b）不合理

（3）除圆形孔以外的异形孔，应减少配合面，便于加工。减少配合面如图3－122所示。

（4）在嵌入件的底面有孔，便于拆卸顶出。便于拆卸如图3－123所示。

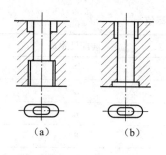

| (a) | (b) |

图3－122　减少配合面
（a）合理；（b）不合理

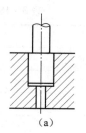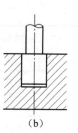

| (a) | (b) |

图3－123　便于拆卸
（a）合理；（b）不合理

（5）避免嵌件有尖角。避免尖角如图 3 – 124 所示。

（6）嵌入型芯凸肩孔，采用共用一孔，可节约工时，如图 3 – 125 所示。

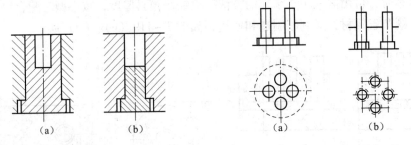

图 3 – 124　避免尖角

(a) 合理；(b) 不合理

图 3 – 125　共用一沉孔（一）

(a) 合理；(b) 不合理

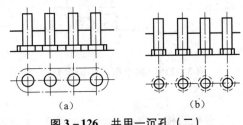

图 3 – 126　共用一沉孔（二）

(a) 合理；(b) 不合理

4）型芯装配要求

为装配及加工方便，应具有 1∶50 的斜度或扩孔，与模板配合部位尺寸为 h，如图 3 – 127 和表 3 – 18 所示。

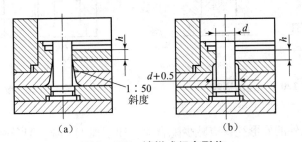

图 3 – 127　镶拼式组合型芯

表 3 – 18　配合尺寸推荐值　　　　　　　　　　　　　　　　　　mm

型芯直径	装配尺寸 h
<5	3
>5 ~ 10	5
>10 ~ 15	6
>15 ~ 25	8
>25 ~ 50	10
>50	12

5）螺纹型芯和螺纹型环的结构设计

螺纹型芯是成型塑件上的内螺纹（螺孔），螺纹型环则是成型塑件上的外螺纹（螺杆）。此外，它可用来固定金属螺纹嵌件。此处仅介绍手动卸除的结构，在注射成型后，在模外将螺纹型芯成型零件从塑件上旋出。

在模具内安装螺纹型芯或型环的主要要求是成型时要可靠定位，不因外界振动或料流的冲击而位移，在开模时能随塑件一起方便地取出，并能从塑件上顺利地卸除。

（1）螺纹型芯。

①螺纹型芯用于立式注射机的下模或卧式注射机的定模。螺纹型芯的结构及固定方式如图 3 - 128 所示，通常采用 H8/h8 间隙配合，将螺纹型芯直接插入模具对应的配合孔中。为了使螺纹型芯能从塑件螺孔或螺纹嵌件的螺孔中顺利拧出，一般将其尾部做成四方形或相对的两边磨成两个平面，以便于夹持。

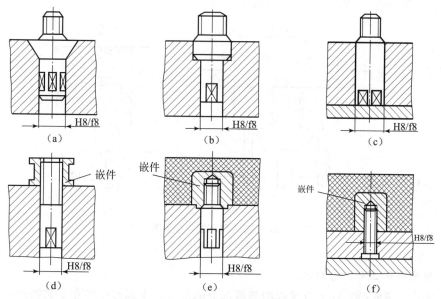

图 3 - 128　螺纹型芯的结构及固定方式

②螺纹型芯用于立式注射机的上模或卧式注射机的动模。对于用于立式注射机的上模或合模时冲击振动较大的卧式注射机模具的动模，螺纹型芯的装固常用图 3 - 129 所示弹性固定形式。

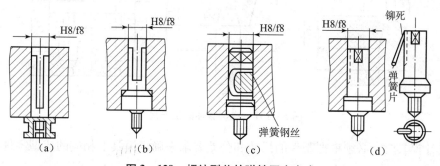

图 3 - 129　螺纹型芯的弹性固定方式

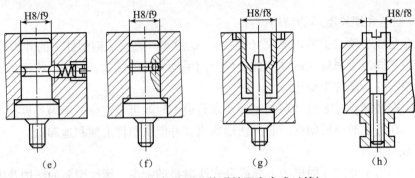

图 3 – 129　螺纹型芯的弹性固定方式（续）

（2）螺纹型环。螺纹型环有成型塑件外螺纹用［图 3 – 130（a）］和固定带有外螺纹的环状嵌件用［图 3 – 130（b）］两种类型，后者又称嵌件环。螺纹型环在模具闭合前装在型腔内，成型后随塑件一起脱模，在模外卸下。

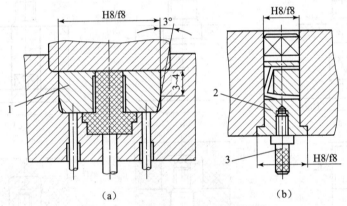

图 3 – 130　螺纹型环的类型及其固定
1—螺纹型环；2—嵌件环；3—嵌件

3. 成型零件的工作尺寸计算

工作尺寸是指成型零件上直接成型塑件部分的尺寸，主要有型腔和型芯的径向尺寸、型腔的深度或型芯的高度尺寸、中心距尺寸等，如图 3 – 131 所示。

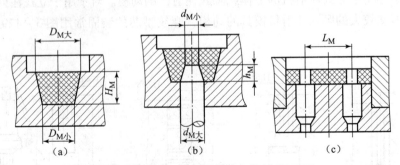

图 3 – 131　成型零件的工作尺寸

在设计模具时，必须根据塑件的尺寸和公差要求来确定模具上相应的成型零件的尺寸和公差。

1）影响塑件尺寸公差的因素

（1）成型零件的制造误差。成型零件的公差等级越低，其制造公差越大，因而成型的塑件公差等级也就越低。成型零件的制造公差 δ_z，一般取塑件总公差 Δ 的 $1/4 \sim 1/3$，即 $\delta_z = \Delta /4 \sim \Delta /3$。

（2）成型零件的磨损量。由于在成型过程中的磨损，型腔尺寸将变得越来越大，型芯尺寸越来越小，中心距尺寸基本保持不变。

对于中小型塑件，最大磨损量 δ_c 可取塑件总公差 Δ 的 $1/6$，即 $\delta_c = \Delta /6$；对于大型塑件则取 $\Delta /6$ 以下。

（3）成型收缩率的偏差和波动。成型收缩率是指室温时塑件与模具型腔（或型芯）两者尺寸的相对差。在设计计算时由于收缩率估计不准而造成的误差，会影响塑件的尺寸公差。对一副已完工的模具来说，收缩率波动是造成塑件尺寸变化的主要因素，塑料收缩率波动越大，可能产生的成型收缩率的估计误差越大。一般可取 $\delta_s = \Delta /3$。

（4）模具安装配合的误差。成型零件配合间隙的变化，会影响塑件的尺寸误差。安装配合误差常用 δ_j 表示。

（5）水平飞边厚度的波动。对于注射模，水平飞边厚度很薄，甚至没有飞边，所以对塑件高度尺寸影响很小。水平飞边厚度波动所造成的误差以 δ_f 表示。

综上所述，塑件可能产生的最大误差 δ 为上述各种误差的总和，即

$$\delta = \delta_z + \delta_c + \delta_s + \delta_j + \delta_f \tag{3-23}$$

研究表明，在生产大尺寸塑件时，δ_s 对塑件公差影响很大，应稳定工艺条件和选用收缩率波动小的塑料，慎重估计收缩率作为计算成型尺寸的依据，单靠提高成型零件的制造精度是没有实际意义的，也是不经济的。相反，在生产小尺寸塑件时，δ_z 和 δ_c 对塑件公差的影响比较突出，此时应主要提高成型零件的制造精度和减少磨损量。

2）成型零件工作尺寸计算方法

按平均缩率计算，在设计计算之前，必须对它们的标注形式及其偏差分布做一些必要的规定。

（1）塑件上的外形尺寸采用单向负偏差，基本尺寸为最大值；与塑件外形尺寸相应的型腔类尺寸采用单向正偏差，基本尺寸为最小值。

（2）塑件上的内形尺寸采用单向正偏差，基本尺寸为最小值；与塑件内形尺寸相应的型芯类尺寸采用单向负偏差，基本尺寸为最大值。

（3）塑件和模具上的中心距尺寸均采用双向等值正、负偏差，它们的基本尺寸均为平均值。

（4）除了上述型腔、型芯和中心距三大类尺寸之外，当有型芯、凸块和孔槽等一些局部成型结构的中心线到某一成型面的距离，以及成型塑料螺纹所需要螺纹型芯和螺纹型环中的工作尺寸时，原则上讲，对于它们均可分别比照上述三类尺寸进行设计计算。

塑件和成型零件均按单向极限将公差带置于零线的一边，如图 3-132 所示。

如塑件上原有公差为双向偏差制，则应按上述要求加以换算。为了保证塑件的尺寸精度在许可的误差范围内，通常使型芯尺寸尽量大一些，型腔尺寸尽量小一些，以便在试模后加以校正。

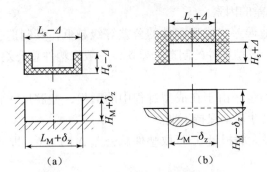

图 3 -132　塑件尺寸与模具成型尺寸

3）型腔和型芯工作尺寸计算

S_{max}、S_{min} 为塑料最大、最小收缩率，平均值 $S_{cp} = （S_{max} + S_{min}）/2$

（1）型腔和型芯径向尺寸。

①型腔径向尺寸。

$$L_{M} = \left(L_{s} + L_{s}S_{cp} - \frac{3}{4}\Delta \right)^{+\delta_{z}} \tag{3-24}$$

②型芯径向尺寸。

$$L_{M} = \left(L_{s} + L_{s}S_{cp} + \frac{3}{4}\Delta \right)_{-\delta_{z}} \tag{3-25}$$

（2）型腔深度和型芯高度尺寸。

①型腔深度尺寸。

$$H_{M} = \left(H_{s} + H_{s}S_{cp} - \frac{2}{3}\Delta \right)^{+\delta_{z}} \tag{3-26}$$

②型芯高度尺寸。

$$H_{M} = \left(H_{s} + H_{s}S_{cp} + \frac{2}{3}\Delta \right)_{-\delta_{s}} \tag{3-27}$$

（3）型腔和型芯脱模斜度的确定。

①一般在保证塑件精度要求的前提下，型腔和型芯在脱模方向的脱模斜度尽量取大些，以便于脱模；型腔的斜度可比型芯取小些，塑料对型芯的包紧力较大，以便于脱模。

②在取脱模斜度时，对型腔尺寸应以大端为基准，斜度取向小端方向；对型芯尺寸应以小端为基准，斜度取向大端方向。

③当塑件的结构不允许有较大斜度或塑件为精密级精度时，脱模斜度只能在公差范围内选取；当塑件为中级精度要求时，其脱模斜度的选择应保证在配合面的 2/3 长度内满足塑件公差要求，一般取 $\alpha = 10' \sim 20'$；当塑件为粗级精度时，脱模斜度值可取 $\alpha = 20'$、$30'$、$1°$、$1°30'$、$2°$、$3°$。

（4）说明。

①成型精度较低的塑件，工作尺寸数值只算到小数点后的第一位，第二位数值四舍五入；成型精度较高的塑件，其工作尺寸的数值要算到小数点后第二位，第三位数值四舍五入。

②对于收缩率很小的聚苯乙烯、醋酸纤维素等塑料，成型薄壁塑件时，可以不必考虑收

缩，工作尺寸按塑件尺寸加上其制造公差即可。

③了解塑件的使用性能，着重控制配合尺寸（如孔和外框）、装配尺寸等，对其余无关重要的尺寸简化计算，甚至可按基本尺寸不放收缩，也不控制成型零件的制造公差，则可大大简化设计和制造。

4）中心距工作尺寸计算

塑件上孔的中心距对应着模具上型芯的中心距；反之塑件上突起部位的中心距对应着模具上孔的中心距，如图 3 - 133 所示。中心距尺寸通常不受摩擦磨损影响，因此可看作一种不变的尺寸。

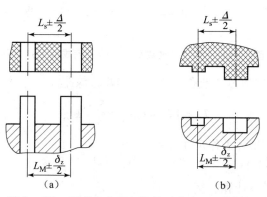

图 3 - 133　型芯中心距与塑件对应中心距的关系

模具上型芯的中心距取决于安装型芯的孔的中心距，表 3 - 19 列出了制造误差与孔间距之间的关系。在坐标镗床上加工时，轴线位置尺寸偏差不会超过 $0.015 \sim 0.02$ mm，并与基本尺寸无关。

表 3 - 19　孔间距公差 δ_z

孔间距/mm	制造公差/mm
< 80	± 0.01
$80 \sim 220$	± 0.02
$220 \sim 360$	± 0.03

中心距尺寸一般采用双向等值公差，设塑件中心距尺寸为 $L_s \pm \Delta/2$，模具中心距尺寸为 $L_M \pm \delta_z/2$。

$$L_M = (L_s + L_s S_{cp}) \pm \frac{\delta_z}{2} \qquad (3 - 28)$$

5）型芯（或成型孔）中心到成型面距离尺寸计算

安装在凹模内的型芯（或孔）中心与凹模侧壁距离尺寸和安装在凸模上的型芯（或孔）中心与凸模边缘距离尺寸，都属于这类成型尺寸，如图 3 - 134 所示。

（1）安装在凹模内的型芯（或孔）中心与凹模侧壁距离尺寸的计算。

$$L_M = \left(L_s + L_s S_{cp} - \frac{\delta_c}{4} \right) \pm \frac{\delta_z}{2} \qquad (3 - 29)$$

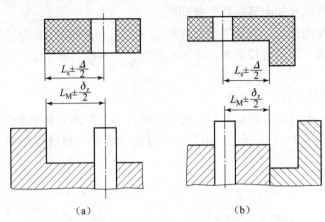

（a）　　　　　　　　　（b）

图 3 – 134　型芯（或成型孔）中心到成型面的距离

（2）安装在凸模上的型芯（或孔）中心与凸模边缘距离尺寸计算。

$$L_{M} = \left(L_{s} + L_{s}S_{cp} + \frac{\delta_{c}}{4} \right) \pm \frac{\delta_{z}}{2} \qquad (3-30)$$

6）螺纹型芯和螺纹型环工作尺寸计算

此处介绍略。

7）成型零件工作尺寸计算实例

已知如图 3 – 135 所示塑件，最小收缩率为 0.5%，最大收缩率为 1.0%，$D = 48_{-0.38}^{-0.10}$ mm，$d = 18_{0}^{+0.20}$ mm，$L = 33 \pm 0.13$ mm，$h_{a} = 12_{0}^{+0.18}$ mm，$h_{b} = 34_{0}^{+0.26}$ mm，$H_{a} = 16_{-0.20}^{0}$ mm，$H_{b} = 38_{-0.26}^{0}$ mm。求该塑件的成型零件工作尺寸。

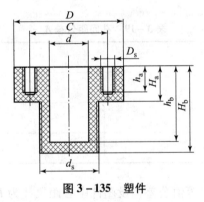

图 3 – 135　塑件

解： 其最小收缩率为 $S_{min} = 0.5\%$，最大收缩率为 $S_{max} = 1.0\%$，平均收缩率为 $S_{cp} = 0.75\%$。将尺寸 $\phi 48_{-0.38}^{-0.10}$ 换算为 $\phi 47.9_{-0.28}^{0}$。模具成型零件的制造公差取 $\delta_{z} = \Delta/4$。

（1）型腔尺寸。

$$D_{M} = \left(D + DS_{cp} - \frac{3}{4}\Delta \right)^{+\delta_{z}}$$
$$= (47.9 + 47.9 \times 0.0075 - 0.75 \times 0.28)^{+0.07} = 48.05^{+0.07} \text{（mm）}$$

$$H_{aM} = \left(H_{a} + H_{a}S_{cp} - \frac{2}{3}\Delta \right)^{+\delta_{z}}$$
$$= (16 + 16 \times 0.0075 - 0.67 \times 0.2)^{+0.05} = 15.99^{+0.05} \text{（mm）}$$

$$H_{bM} = \left(H_b + H_b S_{cp} - \frac{2}{3}\Delta \right)^{+\delta_z}$$

$$= (38 + 38 \times 0.007\,5 - 0.67 \times 0.26)^{+0.07} = 38.11^{+0.07}\ (\text{mm})$$

（2）型芯尺寸。

$$d_M = \left(d + dS_{cp} + \frac{3}{4}\Delta \right)_{-\delta_z}$$

$$= (18 + 18 \times 0.007\,5 + 0.75 \times 0.20)_{-0.05} = 18.26_{-0.05}\ (\text{mm})$$

$$h_{bM} = \left(h_b + h_b S_{cp} + \frac{2}{3}\Delta \right)_{-\delta_z}$$

$$= (34 + 34 \times 0.007\,5 + 0.67 \times 0.26)_{-0.07} = 34.43_{-0.07}\ (\text{mm})$$

（3）中心距尺寸。

$$L_M = (L + LS_{cp}) \pm \frac{\delta_z}{2}$$

$$= (33 + 33 \times 0.007\,5) \pm 0.03 = 32.25 \pm 0.03\ (\text{mm})$$

8）型腔和底板的强度及刚度计算

（1）强度及刚度。

设计成型零部件时，需要同时进行强度和刚度校核，以确保成型零部件能够同时满足强度和刚度要求。但是，对于大型模具，当成型零部件在制品成型过程中发生的弹性变形量达到许用数值时，其内部应力往往都还不能达到模具材料的许用应力，因此在这种情况下变形是主要问题，可以只对成型零部件进行刚度校核；反之，对于小型模具，成型零部件的强度问题比较突出，即应力达到许用数值时，弹性变形量与其许用数值之间相差还比较大，故在这种情况下只对成型零部件进行强度校核即可。

理论分析和实践证明，模具对强度及刚度的要求并非要同时兼顾。对大尺寸型腔，刚度不足是主要矛盾，应按刚度条件计算；对小尺寸型腔，强度不够则是主要矛盾，应按强度条件计算。强度计算的条件是满足各种受力状态下的许用应力。刚度计算的条件，可以从以下两个方面加以考虑。

①要防止溢料。模具因高压塑料熔体注入而弹性变形，型腔的某些配合面间隙会产生溢料。此时应根据不同塑料的最大不溢料间隙来确定其刚度条件。常用塑料 $[\delta]$ 值选取范围见表 3-20。

表 3-20 常用塑料 $[\delta]$ 值选取范围

黏度特性	塑料品种	$[\delta]$ 值允许范围/mm
高黏度	PC、PPO、PSF、HPVC	0.06 ~ 0.08
低黏度	PA、PE、PP	0.025 ~ 0.04
中黏度	PS、ABS、PMMA	0.04 ~ 0.05

②应保证塑件精度。塑件均有尺寸要求，模具型腔在塑料注入时应有很好的刚性，不产生过大的弹性变形。最大弹性变形值可取塑件允许公差的 1/5，常见中小型塑件公差为0.13 ~ 0.25 mm（非自由尺寸），因此允许弹性变形量为 0.025 ~ 0.05 mm，可按塑件大小和

精度等级选取。

（2）型腔和底板的强度及刚度计算。

①力学分析计算法。常用型腔和底板计算公式可参阅其他书。大型注射模具设计，动模支承板厚度一般应按公式计算。但如果塑件面积大，当跨度 L 较大时，所算出的支承厚度 S 很大，既浪费材料，又增加了模具重量。在支承板下面增设顶柱（或支撑板），则支承板厚度可大大减薄，这样既节约了垫板材料，同时又增加了模具的刚度，如图 3 - 136 所示。

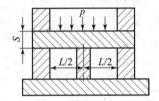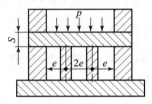

图 3 - 136　支承板加支撑减小跨度

②查表法。型腔壁厚和动模垫板厚度的计算比较复杂，为简化模具设计，一般采用经验数据或查有关表格。经验数据见表 3 - 21 ~ 表 3 - 23。

表 3 - 21　圆形型腔壁厚参考尺寸　　　　　　　　　　　　　　　mm

型腔直径 d	整体式型腔	镶拼式型腔	
	型腔壁厚 S	型腔壁厚 S_1	模套壁厚 S_2
~ 40	20	7	18
40 ~ 50	20 ~ 22	7 ~ 8	18 ~ 20
50 ~ 60	22 ~ 28	8 ~ 9	20 ~ 22
60 ~ 70	28 ~ 32	9 ~ 10	22 ~ 25
70 ~ 80	32 ~ 28	10 ~ 11	25 ~ 30
80 ~ 90	38 ~ 40	11 ~ 12	30 ~ 32
90 ~ 100	40 ~ 45	12 ~ 13	32 ~ 35
100 ~ 120	45 ~ 52	13 ~ 16	35 ~ 40
120 ~ 140	52 ~ 58	16 ~ 17	40 ~ 45
140 ~ 160	58 ~ 65	17 ~ 19	45 ~ 50

表 3 – 22　矩形型腔壁厚参考尺寸　　　　　　　　　　　　　　　　　　　　mm

型腔宽度 a	整体式型腔	镶拼式型腔	
	型腔壁厚 S	型腔壁厚 S_1	模套壁厚 S_2
~40	25	9	22
40 ~ 50	25 ~ 30	9 ~ 10	22 ~ 25
50 ~ 60	30 ~ 35	10 ~ 11	25 ~ 28
60 ~ 70	35 ~ 42	11 ~ 12	28 ~ 35
70 ~ 80	42 ~ 48	12 ~ 13	35 ~ 40
80 ~ 90	48 ~ 55	13 ~ 14	40 ~ 45
90 ~ 100	55 ~ 60	14 ~ 15	45 ~ 50
100 ~ 120	60 ~ 72	15 ~ 17	50 ~ 60
120 ~ 140	72 ~ 85	17 ~ 19	60 ~ 70
140 ~ 160	85 ~ 95	19 ~ 21	70 ~ 78

表 3 – 23　动模垫板厚参考尺寸

b/mm	$b \approx L/mm$	$b \approx 1.5L/mm$	$B \approx 2L/mm$	
<102	$(0.12 \sim 0.13)b$	$(0.10 \sim 0.11)b$	$0.08b$	
>102 ~ 300	$(0.13 \sim 0.15)b$	$(0.11 \sim 0.12)b$	$(0.08 \sim 0.09)b$	
>300 ~ 500	$(0.15 \sim 0.17)b$	$(0.12 \sim 0.13)b$	$(0.09 \sim 0.10)b$	

　　注：当压力 $p > 29$ MPa，$L \geq 1.5b$ 时，取表中数值乘以 $1.25 \sim 1.35$；当压力 $p < 49$ MPa、$L \geq 1.5b$ 时，取表中数值乘以 $1.5 \sim 1.6$。

模具学

任务实施

如图 3-1 所示的塑料壳体，拟定模具的成型零件结构设计如下：

1. 成型零件的结构设计

1) 型腔的结构设计

根据对塑件的结构分析，本设计采用整体嵌入式，如图 3-137 所示。

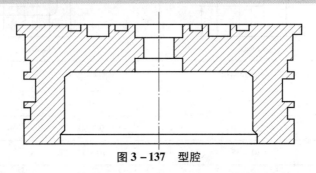

图 3-137 型腔

2) 型芯的结构设计

根据对塑件的结构分析，该塑件的型芯有两个：一个是主型芯，如图 3-138 所示，因塑件包紧力较大，所以设在动模部分；另一个是成型零件的中心轴孔内表面的小型芯，如图 3-139 所示，设计时将其放在定模部分，同时有利于分散脱模力并简化模具结构。

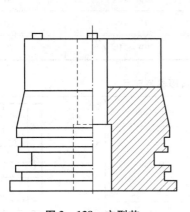

图 3-138 主型芯

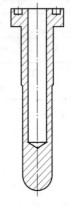

图 3-139 小型芯

将这几个部分装配起来，如图 3-140 所示。

2. 成型零件钢材的选用

该零件的成型零件要有足够的刚度、强度、耐磨性及良好的抗疲劳性能，同时要考虑它的机械加工性能和抛光性能。又因为该零件为大批量生产，所以构成型腔钢材选用 P20。

对于成型塑件外圆筒的主型芯，由于脱模时与塑件的磨损严重，因此钢材选用高合金工具钢 Cr12MoV。

而对于成型内部圆筒的小型芯，塑件中心轮毂包住型芯，型芯需要散发的热量比较多，磨损也比较严重，因此也采用 Cr12MoV，型芯中心通冷却水冷却。

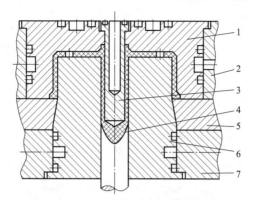

图 3 – 140 动、定模成型零件装配结构

1—型腔；2—定模板；3—小型芯；4—中心推杆；5—推件板；6—主型芯；7—型芯固定板

3. 成型零件工作尺寸的计算

1）型腔径向尺寸计算

塑件外部尺寸的转换：$L_{s1} = 85^{+0.3}_{-0.2}$ mm $= 85.3^{\ 0}_{-0.5}$ mm，相应的塑件制造公差 $\Delta_{s1} = 0.5$ mm；

$L_{s2} = 81^{+0.3}_{-0.2}$ mm $= 81.3^{\ 0}_{-0.5}$ mm，相应的塑件制造公差 $\Delta_{s2} = 0.5$ mm。以下取 $\delta_z = \dfrac{1}{6}\Delta$。

ABS 的收缩率为 $0.3\% \sim 0.8\%$，其平均收缩率 $S_{cp} = 0.0055$。

$$L_{M1} = \left(L_{s1} + L_{s1}S_{cp} - \frac{3}{4}\Delta_{s1} \right)^{+\delta_{z1}}$$

$$= \left(85.3 + 85.3 \times 0.0055 - \frac{3}{4} \times 0.5 \right)^{+0.083} = 85.39^{+0.083} \ (mm)$$

$$L_{M2} = \left(L_{s2} + L_{s2}S_{cp} - \frac{3}{4}\Delta_{s2} \right)^{+\delta_{z2}}$$

$$= \left(81.3 + 81.3 \times 0.0055 - \frac{3}{4} \times 0.5 \right)^{+0.083} = 81.37^{+0.083} \ (mm)$$

2）型腔深度尺寸计算

塑件高度方向尺寸的转换：塑件高度最大尺寸 $H_{s1} = (30 \pm 0.1)$ mm $= 30.1^{\ 0}_{-0.2}$ mm，相应的 $\Delta_{s1} = 0.2$ mm；塑件轮毂外凸台高度的最大尺寸 $H_{s2} = 5^{+0.1}_{0}$ mm $= 5.1^{\ 0}_{-0.1}$ mm，相应的 $\Delta_{s2} = 0.1$ mm。

$$H_{M1} = \left(H_{s1} + H_{s1}S_{cp} - \frac{2}{3}\Delta_{s1} \right)^{+\delta_{z1}}$$

$$= \left(30.1 + 30.1 \times 0.0055 - \frac{2}{3} \times 0.2 \right)^{+0.033} = 30.13^{+0.033} \ (mm)$$

$$H_{M2} = \left(H_{s2} + H_{s2}S_{cp} - \frac{2}{3}\Delta_{s2} \right)^{+\delta_{z2}}$$

$$= \left(5.1 + 5.1 \times 0.0055 - \frac{2}{3} \times 0.1 \right)^{+0.017} = 5.06^{+0.017} \ (mm)$$

3）型芯径向尺寸计算

（1）动模型芯径向尺寸计算。塑件内部径向尺寸的转换：$L_{s1} = 75\,^{+0.2}_{-0.1}$ mm $= 74.9\,^{+0.3}_{0}$ mm，$\Delta_{s1} = 0.3$ mm。

$$L_{M1} = \left(L_{s1} + L_{s1}S_{cp} + \frac{3}{4}\Delta_{s1}\right)_{-\delta_{z1}}$$

$$= \left(74.9 + 74.9 \times 0.005\,5 + \frac{3}{4} \times 0.3\right)_{-0.05} = 75.5\,_{-0.05}\ \text{（mm）}$$

（2）动模型芯内孔尺寸计算。

$$L_{s2} = 18\,_{-0.10}\ \text{mm}, \quad \Delta_{s2} = 0.1\ \text{mm}。$$

$$L_{M2} = \left(L_{s2} + L_{s2}S_{cp} + \frac{3}{4}\Delta_{s2}\right)^{+\delta_{z2}}$$

$$= \left(18 + 18 \times 0.005\,5 + \frac{3}{4} \times 0.1\right)^{+0.016} = 18.17\,^{+0.016}\ \text{（mm）}$$

（3）定模型芯尺寸的计算。塑件内孔径向尺寸的转换：$L_{s3} = 12\,^{0}_{-0.1}$ mm $= 11.9\,^{+0.1}$ mm，相应的塑件制造公差 $\Delta_{s3} = 0.1$ mm。

$$L_{M3} = \left(L_{s3} + L_{s3}S_{cp} + \frac{3}{4}\Delta_{s3}\right)_{-\delta_{z3}}$$

$$= \left(11.9 + 11.9 \times 0.005\,5 + \frac{3}{4} \times 0.1\right)_{-0.017} = 12.04\,_{-0.017}\ \text{（mm）}$$

4）型芯高度尺寸计算

（1）型芯塑件内腔大型芯高度的计算。塑件尺寸转换：$H_{s1} = (27 \pm 0.1)$ mm $= 26.9\,^{+0.2}_{0}$ mm，相应的 $\Delta_{s1} = 0.2$ mm。

$$H_{M1} = \left(H_{s1} + H_{s1}S_{cp} + \frac{2}{3}\Delta_{s1}\right)_{-\delta_{s1}}$$

$$= \left(26.9 + 26.9 \times 0.005\,5 + \frac{2}{3} \times 0.2\right)_{-0.033} = 27.18\,_{-0.033}\ \text{（mm）}$$

（2）成型塑件中心圆筒型芯高度的计算。塑件尺寸转换：$H_{s2} = 40\,^{+0.2}_{-0.1}$ mm $= 39.9\,^{+0.3}_{0}$ mm，相应的 $\Delta_{s2} = 0.3$ mm。

$$H_{M2} = \left(H_{s2} + H_{s2}S_{cp} + \frac{2}{3}\Delta_{s2}\right)_{-\delta_{s2}}$$

$$= \left(39.9 + 39.9 \times 0.005\,5 + \frac{2}{3} \times 0.3\right)_{-0.05} = 40.20\,_{-0.05}\ \text{（mm）}$$

5）成型孔间距计算

塑件尺寸转换：$L_s = (60 \pm 0.1)$ mm $= \left(60 \pm \dfrac{0.2}{2}\right)$ mm，相应地，$\Delta_s = 0.2$ mm。

$$L_M = (L_s + L_s S_{cp}) \pm \frac{\delta_z}{2}$$

$$= (60 + 60 \times 0.005\,5) \pm 0.016 = 60.33 \pm 0.016\ \text{（mm）}$$

塑件型芯和型腔的成型尺寸标注如图3-141、图3-142及图3-143所示。

4. 成型零件尺寸及动模垫块厚度的计算

1）型腔侧壁厚度的计算

　　型腔侧壁采用嵌件，结构紧凑。型腔嵌件单边厚选 15 mm。由于型腔采用直线、对称结构布置，故两个型腔之间壁厚满足结构设计就可以了。型腔与模具周边的距离由模板的外形尺寸来确定，根据估算模板平面尺寸选用 200 mm × 355 mm，它比型腔布置的尺寸大得多，所以完全满足强度和刚度要求。

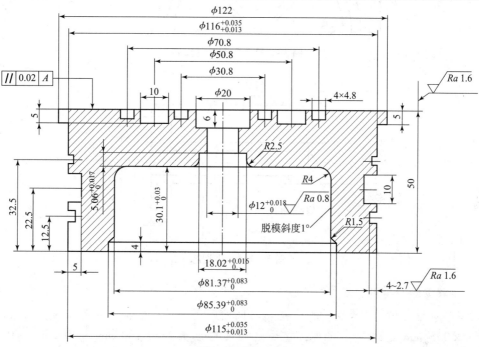

图 3-141　型腔

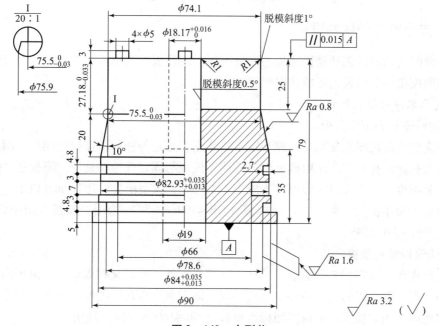

图 3-142　主型芯

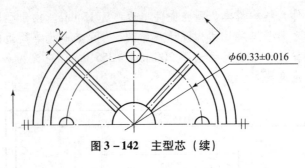

图 3-142　主型芯（续）

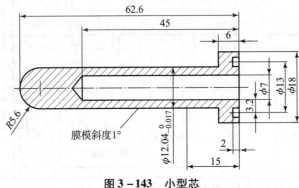

图 3-143　小型芯

2）动模垫板厚度的计算

动模垫板厚度和所选模架的两个垫块之间的跨度有关，根据型腔的布置，模架应选在 200 mm × 355 mm 这个范围之内，垫块之间的跨度大约为 200 mm − 40 mm − 40 mm = 120 mm。查动模垫板厚参考尺寸约 13 mm，故动模板可按照标准厚度取 32 mm。

二、支承零件的结构设计

塑料模的支承零件包括动模座板、定模座板、定模板、支承板、垫板等，与合模导向机构和推料脱模机构等组装，形成注射模架。

1. 支承零件的结构设计

1）动模座板和定模座板

动模座板和定模座板分别是动模和定模的基座，也是与注射机连接的模板。因此，座板的轮廓尺寸和固定孔必须与注射机上模具的移动模板与固定模板相适应。座板还必须具有足够的强度和刚度。小型模具座板厚度不应小于 13 mm，大型模具可达 75 mm 以上。注射模的动模座板和定模座板尺寸可参照标准模板（GB 4169.8—84）选用。座板多用中碳钢制成，调质后为 230～270 HBS。

2）动模板和定模板

它们的作用是固定型芯、型腔、导柱、导套等零件，所以又称固定板。由于模具的类型及结构的不同，固定板的工作条件也有所不同。固定板应有足够的厚度，保证凹模、型芯等零件固定稳固。固定板的尺寸可参照标准模板（GB 4169.8—84）选用。

3）支承板

支承板的作用是防止型芯、型腔、导柱、导套等零件脱出，增强这些零件的稳固性并承受型芯和型芯等传递而来的成型压力。支承板与固定板的连接通常用螺钉和销钉紧固，其连接方式如图 3 – 144 所示，图中三种方式皆为螺钉连接，适用于推杆分模的固定式模具，为了增加连接强度，一般采用圆柱头内六角螺钉。

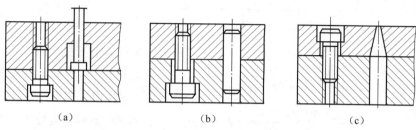

图 3 – 144　支承板与固定板的连接方式

支承板应具有足够的强度和刚度，以承受成型压力而不过量变形，它的强度和刚度计算方法与型腔底板的相似。支承板的尺寸也可参照标准模板（GB 4169.8—84）选用。

4）垫块

垫块的作用是使动模支承板与动模座板之间形成用于推出机构运动的空间，或调节模具总高度以适应成型设备上模具安装空间对模具总高的要求。垫块的高度在形成推出机构空间时，应根据推出机构的推出行程来确定，一般应使推件板（或推杆）将塑件推出高于型腔 10 ~ 15 mm。

垫块与支承板和座板组装方法如图 3 – 145（a）所示。所有垫块的高度应一致，否则由于负荷不匀会造成动模板损坏。对于大型模具，两个支承块之间跨距大，为了增强动模的刚度，可在动模支承板和动模座板之间采用支承柱［图 3 – 145（b）］，起辅助支承作用。如果推出机构设有导向装置，则导柱也能起到辅助支承作用。垫块和支承柱的尺寸可参照有关标准（GB 4169.6—84）。

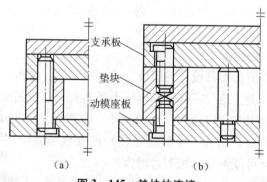

图 3 – 145　垫块的连接

对中小型模具，支承块可以和动模固定板设计为一体，这时又称模脚。但对于大型模具，为了加工方便，垫块与模座间分开制造，单独设计为一个零件，这时称为垫块。垫块一般多用中碳钢制造。

5）模用弹簧

弹簧也是模具中常用的零件。顶出回程装置、抽芯装置和闭锁装置中都需用弹簧。在顶出行程很小的注射模中，可以采用弹簧来使顶板复位。模具所需的弹簧数，决定于所用注射机的规格。就顶出回程装置用的弹簧来说，通常 2 ~ 4 个足够了。

2. 注塑模标准模架的选用

1) 注射模模架规格标记

塑料注射模中小型模架规格的标记如下：

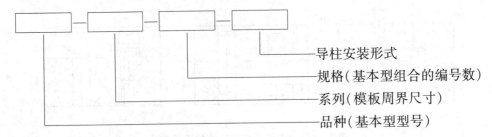

导柱安装形式

规格（基本型组合的编号数）

系列（模板周界尺寸）

品种（基本型型号）

导柱安装形式用代号 Z 和 F 来表示，如图 3-146 所示。Z 表示正装，即导柱安装在动模、导套安装在定模；F 表示反装形式，即导柱安装在定模、导套安装在动模。代号后还有序号 1、2、3，分别表示所用导柱的形式，1 表示采用直导柱，2 表示采用带肩导柱，3 表示采用带肩定位导柱。

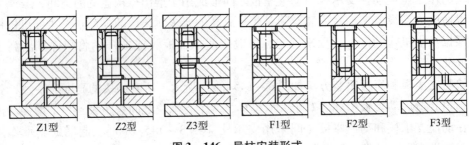

| Z1型 | Z2型 | Z3型 | F1型 | F2型 | F3型 |

图 3-146 导柱安装形式

例如：A2-100160-03-ZGB/T12556.1-1990，表示采用 A2 型标准注射模架，模板周界尺寸 100 mm×160 mm，规格编号为 03，即模板 A 为 12.5 mm，模板 B 为 20 mm，采用 Z2 形式。

2) 注塑模标准模架的选用

选择标准模架，可以简化模具设计与制造。选完模架后，模板、螺钉大小与安装位置等设计好尺寸数据就有了，而且这些零部件可以从市场上买到，或买来后再进行二次加工。

标准模架的尺寸系列很多，应选用合适的尺寸。若选择尺寸过小，有可能使模具强度、刚度不够，而且会引起螺孔、销孔、导套（导柱）的安放位置不对；若选择尺寸过大的模架，不仅成本提高，而且可能使注射机型号增大。

塑料注射模基本型模架系列由模板的 $B×L$ 决定。除了动、定模板的厚度由设计者从标准中选定外，模架的其他有关尺寸在标准中都已规定。选择模架的关键是确定型腔模板的周界尺寸长×宽和厚度。要确定模板的周界尺寸，就要确定型腔到模板边缘之间的壁厚。确定有关壁厚尺的方法是查表或用经验公式。模板厚度主要由型腔的深度来确定，并考虑型腔底部的刚度和强度。另外，模板厚度确定还要考虑到整付模架的闭合高度、开模空间等与注射机相适应。

模架选择步骤如下：

（1）确定模架组合形式。根据塑件成型所需的结构来确定模架的结构组合形式。

（2）确定型腔壁厚。通过查表或有关壁厚公式的计算得到型腔壁厚尺寸。

（3）计算型腔模板周界。型腔模板的长宽如图3-147所示。

型腔模板的长度：

$$L = S + A + t + A + S$$

型腔模板的宽度：

$$N = S + B + t + B + S$$

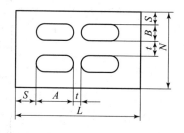

式中：L——型腔模板长度；

　　　N——型腔模板宽度；

　　　S——壁厚；

　　　A——型腔长度；

　　　B——型腔宽度；

图3-147　型腔模板的长宽

　　　t——型腔间壁厚，一般取壁厚S尺寸的1/3或1/4。

（4）模板周界尺寸。由步骤（3）计算出的模板周界尺寸要与标准尺寸模板的尺寸相符，一般选较大的尺寸。另外，在壁厚位置上应有足够的位置安装其他的零部件。

（5）确定模板厚度。根据型腔深度，并按标准尺寸进行选取。

（6）选择模架尺寸。根据确定下来的模板周界尺寸与模板所需厚度查标准模架。

（7）检验所选模架的合适性。对所选的模架还需校核与注射机之间的关系。

 任务实施

如图3-1所示的塑料壳体，模具模架的确定如下。

根据模具型腔布局的中心距和型腔嵌件的尺寸可以算出型腔嵌件所占的平面尺寸为115 mm×271 mm，又考虑型腔最小壁厚，导柱、导套的布置等，可选用模架结构A4型，模板周界200 mm×355 mm。

1. 各板尺寸的确定

1）定模型腔板A

塑件高度为40 mm，型腔嵌件深度为35 mm，又考虑在模板上不要开设冷却水道，还需留出足够的距离，故A板厚度取50 mm。

2）型芯固定板B

按模架标准，板厚取32 mm。

3）垫块C

$$垫块 = 推出行程 + 推板厚度 + 推杆固定板厚度 + (5\sim10)\ \text{mm}$$
$$= [35 + 20 + 15 + (5\sim10)]\ \text{mm} = 75\sim80\ \text{mm}$$

初步选定为80 mm。

经上述计算，模架确定A4型的模架，其外形尺寸宽×长×高=200 mm×355 mm×264 mm，如图3-148所示。

2. 模架各尺寸的校核

根据所选注射机来校核模具设计的尺寸。

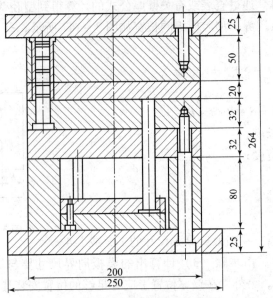

图 3-148　所选 A4 型模架结构

1) 模具平面尺寸 200 mm ×355 mm

200 mm ×355 mm <345 mm ×345 mm（拉杆间距），合格。

2) 模具高度尺寸 264 mm

200 mm（模具最小厚度）<264 mm <300 mm（模具最大厚度），合格。

3) 模具开模行程 S

$S = H_1 + H_2 + (5 \sim 10) \text{mm} = (40 + 40) + (5 \sim 10) \text{mm} = 85 \sim 90 \text{ mm} < 325 \text{ mm}$（开模行程），

合格。

三、浇注系统设计

1. 浇注系统组成及设计基本原则

注射模的浇注系统是指塑料熔体从注射机喷嘴进入模具开始到型腔为止，所流经的通道。它的作用是将熔体平稳地引入模具型腔，并在填充和固化定型过程中，将型腔内气体顺利排出，且将压力传递到型腔的各个部位，以获得组织致密、外形清晰、表面光洁和尺寸稳定的塑件。

1) 普通浇注系统的组成

普通浇注系统组成如图 3-149 所示，模具的浇注系统均由主流道、分流道、浇口及冷料穴等四部分组成。但不一定每个浇注系统都必须有这四部分，如一模一件，且一个浇口进料时，可没有分浇道。

（1）主流道。主流道是指从注射机喷嘴与模具接触处开始，到有分流道为止的一段料流通道。与注射机喷嘴在同一轴线，它起到将熔体从喷嘴引入模具的作用。

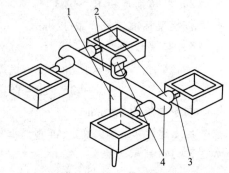

图 3-149　普通浇注系统组成

1—主流道；2—分流道；3—浇口；4—冷料穴

（2）分流道。分流道是主流道与型腔进料口之间的一段流道，可以是一级或多级分流道。用于一模多腔和一腔多浇口时（如对于较大塑件或形状复杂的塑件），将从主流道的熔体分配至各型腔或同一型腔的各处，起着对熔体的分流转向作用，也是浇注系统的断面变化和熔体流动转向的过渡通道。

（3）浇口。浇口是指料流进入型腔前最狭窄部分，也是浇注系统中最短的一段，其尺寸狭小且短，目的是使料流进入型腔前加速，便于充满型腔，且又利于封闭型腔口（适时凝固控制保压时间），防止熔体倒流。另外，也便于成型后冷料与塑件分离。

（4）冷料穴。在每个注射成型周期开始时，最前端的料接触低温模具后会降温、变硬，被称为冷料，为防止此冷料堵塞浇口或影响制件的质量而设置的料穴，作用就是储藏冷料，也常起拉钩流道凝料的作用。冷料穴一般设在主流道的末端和分浇道的末端。

2）浇注系统设计的基本原则

（1）必须了解塑料的工艺特性。每一种塑料都有其所适应的温度及剪切速率，设计浇注系统时应首先了解它们的这些工艺特性，以便于考虑浇注系统尺寸对熔体流动的影响。一般情况，都不希望浇注系统太长和太粗。

（2）排气良好。浇注系统应能顺利地引导熔体充满型腔，料流快而不紊，并能把型腔内的气体顺利排出。如图 3 - 150（a）所示的浇注系统，从排气角度考虑，浇口的位置设置就不合理，熔体进入型腔后，首先封闭分型面使气体无法排出，如改用图 3 - 150（b）和图 3 - 150（c）所示的浇注系统设置形式，则排气会良好。

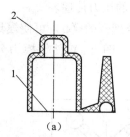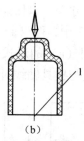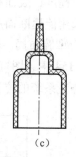

（a）　　　　　　　　（b）　　　　　　　　（c）

图 3 - 150　浇注系统与填充的关系

1—分型面；2—气泡

（3）防止型芯和塑件变形。高速熔融塑料进入型腔时，要尽量避免料流直接冲击型芯或嵌件，否则会使注射压力消耗大或使型芯及嵌件变形。对于大型塑件或精度要求较高的塑件，可考虑多点浇口进料，以防止浇口处由于收缩应力过大而造成塑件变形，如图 3 - 151（a）所示，如果只考虑充模问题，浇口可放在中间，但如果塑件较长，这种浇口会使塑件成型后出现虚线所示的翘曲变形。若改为图 3 - 151（b）所示的浇口或采用多点进料，可解决此问题。再如图 3 - 151（c）所示的随身听传动齿轮，虽然尺寸很小，但为保证该件的端面跳动和径向跳动精度，而采用三点进料。

（4）减少熔体流程及塑料耗量。在满足成型和排气良好的前提下，塑料熔体应以最短的流程充满型腔，这样可缩短成型周期，降低压力损失，提高成型效果，减少塑料用量。如图 3 - 152 所示的框形架，图（a）的流程长，且易产生熔接痕，强度差，改用图（b）较为合理。

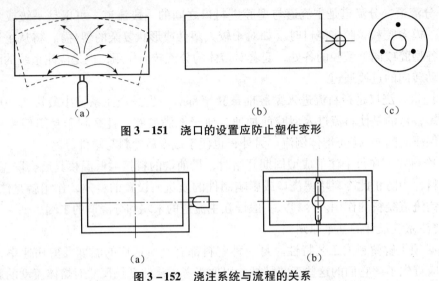

(a)　　　　　　　　　　(b)　　　　　　　　　(c)

图 3 – 151　浇口的设置应防止塑件变形

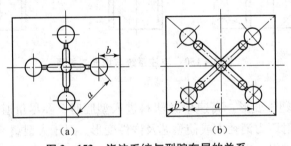

(a)　　　　　　　　　　　　(b)

图 3 – 152　浇注系统与流程的关系

（5）修整方便，并保证塑件的外观质量。浇注系统的设计要综合考虑塑件大小，形状及技术要求等问题，做到去除修整浇口方便，同时不影响塑件的外观和使用。

（6）要求热量及压力损失最小。熔融塑料通过浇注系统时，要求其热量及压力损失最小，防止温度和压力降低过多而引起填充不满等缺陷。因此，浇注系统应尽量减少转弯，采用较低的表面粗糙度，表面粗糙度 Ra 为 $0.8 \sim 1.6$ μm，在保证成型质量的前提下，尽量缩短流程，合理选用流道断面形状和尺寸等，以保证最终的压力传递。

（7）要结合型腔布局。图 3 – 153 中，图（a）不合理，图（b）可使模具尺寸减小，节约钢材；图 3 – 154 中，图（b）较图（a）的形式正确，图（a）使锁模力分布不均，产生溢料。另外，浇注系统的位置应尽量与模具轴线对称。

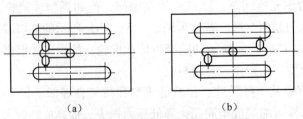

(a)　　　　　　　　　　　　(b)

图 3 – 153　浇注系统与型腔布局的关系

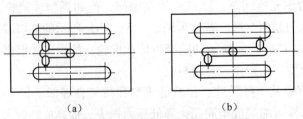

(a)　　　　　　　　　　　　(b)

图 3 – 154　浇注系统与锁模力的关系

（8）浇注系统在分型面上的投影面积应尽量小且容积尽量少。这样能减小所需锁模力及塑料耗量，缩短成型周期。制品投影面积较大时，在设计浇注系统时，应避免在模具的单面开设浇口，否则会造成注射时受力不均。

（9）避免形成强度不良的熔接缝。在型腔之外相应处设置冷料穴，使熔接缝产生在塑件之外，如图3-155所示。

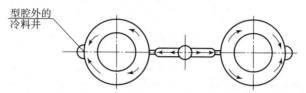

图3-155 型腔外设置冷料穴

（10）应防止将大小相差悬殊的塑料制品放在同一副模具内。当工件数量少时，可将几个不同形状零件放在一个模具中，省材料。但一模多件且不同时，因工艺要求不同，浇注时难以满足。

2. 普通浇注系统设计

流道系统的设计包括主流道、分流道、浇口和冷料穴及其他结构设计。

1）主流道设计

主流道轴线一般位于模具中心线上，与注射机喷嘴轴线重合，型腔也以此轴线为中心对称布置。主流道轴线垂直于分型面，主流道断面形状为圆形，带有一定的锥度。主流道设计要点如下：

（1）为便于凝料从直浇道中拔出，主流道设计成圆锥形，如图3-156所示，其锥角 $\alpha = 2° \sim 4°$，对流动性差的塑料取 $\alpha = 3° \sim 6°$，过大的锥角会产生湍流或涡流，卷入空气；过小的锥角使凝料脱模困难，还会使充模阻力增大。内壁表面粗糙度 Ra 小于 $0.63 \sim 1.25$ μm。

通常主流道进口端直径应根据注射机喷嘴孔径确定，如图3-157所示，其值参阅表3-24。若塑料的流动性好，且塑件尺寸较小，可取小值，反之取大值。设计主流道截面直径时，应注意喷嘴轴线和主流道轴线对中。

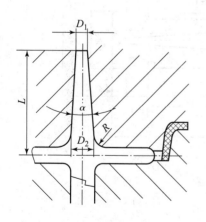

图3-156 主流道的形状和尺寸

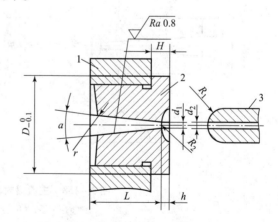

图3-157 注射机喷嘴与主流道衬套球面接触（$R_2 > R_1$）

1—定模底板；2—主流道衬套；3—注射机喷嘴

（2）主流道与分流道结合处采用圆角过渡，其半径 R 为 $1 \sim 3$ mm，以减小料流转向过渡时阻力，如图3-156所示。

表3-24 主流道截面直径的推荐值   mm

注射机注射量/g	60		125		250		500		1 000	
主流道进口端与出口端直径	D_1	D_2	D_1	D_2	D_1	D_2	D_1	D_2	D_1	D_2
聚乙烯、聚苯乙烯	4.5	6	4.5	6	4.5	6.5	5.5	7.5	5.5	8.6
ABS、AS	4.5	6	4.5	6.5	4.5	7	5.5	8	5.5	8.5
聚砜、聚碳酸酯	5	6.5	5	7	5	7.5	6	8.5	6	9

（3）在保证塑件成型良好的前提下，主流道的长度 L 尽量短，以减小压力损失，减少废料，主流道长度 L 按模板的厚度确定，一般不超过 60 mm。当主流道过长时，可将主流道衬套做深凹坑，让喷嘴伸入模具。

（4）为防止主流道与喷嘴处溢料及便于将主流道凝料拉出，主流道进口端与喷嘴头部采用弧面（或球面）接触定位，如图3-157所示。通常其球面半径 $R_2 = R_1 + (1 \sim 2)$ mm，凹入深度 $3 \sim 5$mm，进口处直径 $d_2 = d_1 + (0.5 \sim 1)$ mm，如图3-157所示。

（5）设置主流道衬套。由于主流道要与高温塑料和喷嘴反复接触、碰撞，容易损坏。所以，一般主流道不直接开在定模板上，而是制造单独的可拆卸浇口套，选用优质钢材，镶在定模板上，延长模具使用寿命，损坏后便于更换或修磨。

常用的主流道衬套有 A、B 两种，如图3-158所示，其中 B 型是为了防止衬套在熔体反压力作用下退出定模板而设计的。使用时用固定在定模上的定位圈压住衬套大端台阶，再用 2~4 个 M6~M8 的螺钉将定位圈紧固在定模座板上。

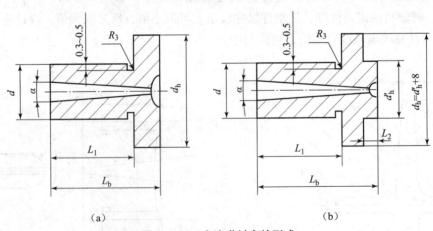

图3-158 主流道衬套的形式

（a）A 型；（b）B 型

对于小型注射机，可将主流道衬套与定位圈设计成一个整体，如图3-159（a）所示。主流道衬套里侧端面承受熔体高压，入口端面受喷嘴的冲撞和挤压，因此，需要有足够的硬度并紧固可靠。当推力很大时，可设计成图3-159（b）和（c）所示结构。图3-159（b）中，衬套里端面与熔体的接触面积尽可能小些，并由定位圈压紧。

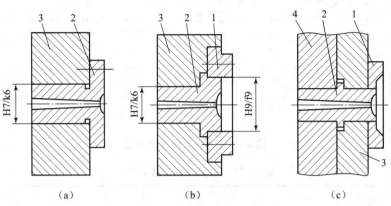

图 3 – 159　主流道衬套与定位圈

1—定位圈；2—主流道衬套；3—定模座板；4—定模板

浇口套常用材料为 45 钢、T8A、T10A 等，热处理后硬度为 53 ~ 57 HRC。衬套与定模板之间的配合采用 H7/m6。

（6）小型注射模具，批量生产不大，或者主流道方向与锁模方向垂直的注射模具，一般不用浇口套，而直接开设在定模板上。当主流道通过两块模板时，两板的拼缝间会溢入熔体，如图 3 – 160 所示，冷料脱模困难。

（7）浇口套的长度应与定模板厚度一致，它的端部不应凸出在分型面上，否则会造成合模困难，不严密，产生溢料，甚至压坏模具。

（8）浇口套部位是热量最集中的地方，为了保证注射工艺顺利进行和塑件质量，要考虑冷却措施。

2）分流道设计

分流道是主流道与浇口之间的通道，一般开设在分型面上。小型塑件单型腔的注射模，通常不设分流道，大型塑件采用多点进料或多型腔注射模都需要设置分流道。分流道的要求是塑料熔体从各个浇口尽可能同时地进入并充满型腔。

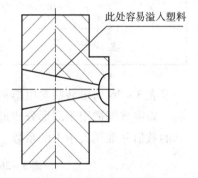

此处容易溢入塑料

图 3 – 160　主流道穿过两块板

分流道长度取决于模具型腔的总体布置方案和浇口位置。从输送熔体时减少压力损失和热量损失的要求出发，应力求缩短。

（1）分流道的截面形状及尺寸。

分流道断面积应保证型腔充满并补充因腔内塑料收缩所需的熔体，之后方可冷却凝固。因此，分流道断面直径或厚度应大于塑件壁厚。

从流动性、传热性等因素考虑，分流道的比表面积（分流道侧表面积与体积之比）应尽可能小。

常用的分流道断面形状为 U 形、梯形、正六边形等，分流道截面形状及特点如图 3 – 161 所示。

分流道断面尺寸视塑件尺寸、塑料品种、注射速率以及分流道长度而定。表 3 – 25 为常用分流道截面尺寸，供设计参考用。

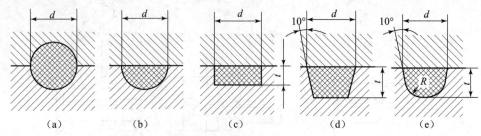
（a）　　　　（b）　　　　（c）　　　　（d）　　　　（e）

图3-161　分流道截面形式

表3-25　常用分流道截面尺寸

分流道截面		D	5	6	7	8	9	10	11	12
d_3 圆形		d_3	5	6	7	8	9	10	11	12
$5°\sim10°$	R	2.5	3	3.5	4	4.5	5	5.5	6
	H	5	6	7	8	9	10	11	12
$5°\sim10°$	H	3.5	4	5	5.5	6	7	8	9
	W	5	6	7	8	9	10	11	12

　　表3-26列出某些常用塑料分流道断面尺寸推荐范围，其数据是经验所得并经试验验证的。表中数据适用于圆形分流道断面，对其他断面的分流道，应按表中数据折算出断面积相同的数值并乘稍大于1的系数。

表3-26　某些常用塑料分流道断面尺寸推荐范围

塑料名称	分流道断面直径/mm	塑料名称	分流道断面直径/mm
ABS、AS	4.8~9.5	聚苯乙烯	3.5~10
聚乙烯	1.6~9.5	软聚氯乙烯	3.5~10
尼龙类	1.6~9.5	硬聚氯乙烯	6.5~16
聚甲醛	3.5~10	热塑性聚酯	3.5~8.0
丙烯酸	8~10	聚苯醚	6.5~10
醋酸纤维素	5~10	聚砜	6.5~10
聚丙烯	5~10	聚苯硫醚	6.5~13

（2）分流道的布置形式

分流道的布置形式取决于型腔的布局，其遵循的原则是，排列紧凑，能缩小模板尺寸，减小流程，锁模力力求平衡。对多腔模具的基本要求是应使各个型腔能够同时充满且各个型腔的压力相同，以保证各个型腔所成型出的塑件尺寸、性能一致。

分流道的布置形式有平衡式和非平衡式两种，以平衡式布置为宜。

平衡式的布置形式见表 3 - 27，其主要特征是从主流道到各个型腔的分流道，其长度、断面形状及尺寸均相等，以达到各个型腔能同时均衡进料的目的。

表 3 - 27　分流道平衡式的布置形式

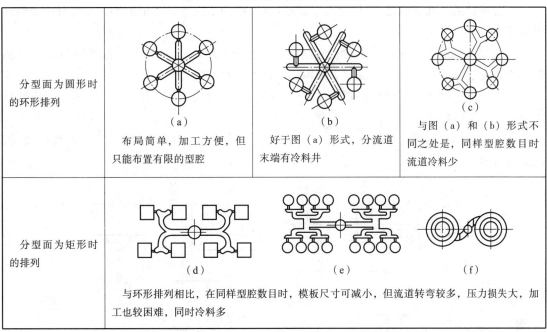

分型面为圆形时的环形排列	（a）	（b）	（c）
	布局简单，加工方便，但只能布置有限的型腔	好于图（a）形式，分流道末端有冷料井	与图（a）和（b）形式不同之处是，同样型腔数目时流道冷料少
分型面为矩形时的排列	（d）	（e）	（f）
	与环形排列相比，在同样型腔数目时，模板尺寸可减小，但流道转弯较多，压力损失大，加工也较困难，同时冷料多		

分流道非平衡式的布置形式见表 3 - 28，它的主要特征是各型腔的流程不同，为了达到各型腔同时均衡进料，必须将浇口按距主流道远近加工成不同尺寸。其优点是，同样空间时，比平衡式排列容纳的型腔数目多，型腔排列紧凑，总流程短。缺点是制件质量一致性很难保证。

表 3 - 28　分流道非平衡式的布置形式

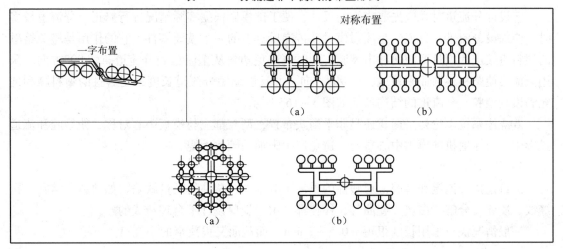

熔体优先在分流道内流动，直到整个分流道被充满。分流道内熔体的压力被升高后，熔体首先充满离分流道最远的型腔，然后再返回来，分别将各型腔充满。

为了使各型腔能基本上同时充满，应将靠近主流道的浇口做得大一些，而将较远处的浇口做得小一些，以达到平衡的效果。在一般情况下，根据试模的情况对浇口进行多次修正，就可取得合理的浇口尺寸。

（3）分流道设计要点。

①分流道的断面和长度设计，应在保证顺利充模的前提下，尽量取小，尤其对小型塑件更为重要。

②分流道的表面积不必很光，表面粗糙度 Ra 一般为 1.6 μm 即可，这样可以使熔融塑料的冷却皮层固定，有利于保温。表面粗糙度过大，料流阻力大。

③当分流道较长时，在分浇道末端应开设冷料穴，如表 3 – 27 和表 3 – 28 所示，以容纳冷料，保证塑件的质量。

④分流道与浇口的连接处要以斜面或圆弧过渡，如图 3 – 162 所示，有利于塑件的流动、填充及分离。

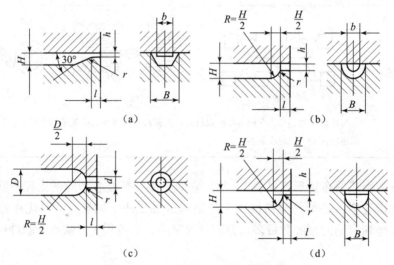

图 3 – 162　分流道与浇口的连接形式

⑤设计分流道时，应先取较小的尺寸，便于试模后根据实际情况进行修正。分流道较多时，应加设分流锥，分流锥是注射模具及传递模具上的一个重要零件，它的作用是避免熔融的塑料直接进入模具型腔而冲击型腔，同时也避免塑料从主流道到分流道急转 90° 方向。采用分流锥使塑料逐渐而平稳地转变 90° 方向，并且能缩短分流道长度，使熔融的塑料顺利地充满模具型腔。分流锥的结构形式如图 3 – 163 所示。

⑥浇注系统无论是平衡式还是非平衡式布置，型腔都应与模板中心对称，使型腔和流道投影中心与注射机锁模力中心重合，避免产生附加的倾侧力矩。

3）浇口的设计

浇口连接分流道和型腔，对塑件的质量影响很大，塑件的质量缺陷，如缺料、缩孔、拼缝线、质脆、分解、白斑、翘曲等，往往都是由于浇口设计不合理造成的。

一般情况浇口采用长度很短（0.5～2 mm）而截面又很狭窄的小浇口。

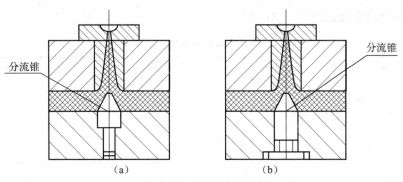

图 3 – 163　分流锥结构形式

（1）浇口的断面形状及尺寸。浇口的断面形状常用圆形和矩形，加工时要注意其尺寸的准确性。浇口的尺寸一般根据经验确定并取小些，然后在试模过程中，根据需要将浇口加以修正。表面粗糙度值不低于 $0.4~\mu m$。

①浇口截面的厚度 h。通常 h 可取塑件浇口处壁厚的 $1/3 \sim 2/3$ 或 $0.5 \sim 2~mm$。

②浇口的截面宽度 b。矩形截面的浇口，对于中小型塑件通常取 $b = (5 \sim 10)~h$，对于大型塑件取 $b > 10~h$。

③浇口长度 L。浇口的长度 L 尽量短，对减小塑料熔体流动阻力和增大流速均有利，通常取 $L = 0.5 \sim 2~mm$。

（2）浇口的形式及其特点。

注射模的浇口形式较多，其形状和安放位置应根据实际需要综合来确定，目前大多凭经验确定。

①直接浇口。直接浇口如图 3 – 164 所示，浇口尺寸较大，流程又短，流动阻力小，进料快，压力传递好，保压、补缩作用强，利于排气和消除熔接痕。主流道的根部不宜太粗，否则浇口去除困难，可将直接浇口设计在塑件的里侧，如图 3 – 164（b）所示，但会使塑件留在定模边，需设置倒装脱模，且遗留痕迹明显，浇口附近热量集中，冷凝速度慢，故内应力大，易产生气泡缩孔等缺陷。

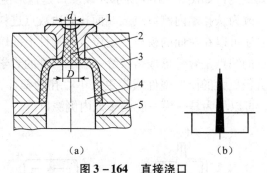

图 3 – 164　直接浇口

1—浇口套；2—浇口；3—型腔；4—型芯；5—推件板

直接浇口适用于成型深腔的壳形或箱形塑件（如盆、桶、电视机后壳等）、热敏性塑料、高黏度塑料及大型塑件。不适用于用聚乙烯、聚丙烯成型浅而平的塑件，因为易造成流动方向与垂直于流动方向收缩率差别大，引起翘曲变形。对于带有中心孔的较大塑件或厚壁件，浇口开设部位，成型孔的型芯端头可设计为尖锥形，作为熔体进入型腔的分流元件。

常用直接浇口主流道尺寸，参照表 3 – 29。

表 3 – 29　常用直接浇口主流道尺寸　　　　　　　　　　　　　mm

塑料质量 主流道直径 塑料品种	< 3 g		3 ~ 12 g		大型塑件	
	d	*D*	*d*	*D*	*d*	*D*
聚苯乙烯	2.5	4	3	6	3	8
聚乙烯	2.5	4	3	6	3	7
ABS	2.5	5	3	7	4	8
聚碳酸酯	3	5	3	8	5	10

②盘形浇口。盘形浇口如图 3 – 165 所示，又叫中心浇口，分流道成圆盘形，浇口为圆环，不会产生熔接缝。只要浇口各处厚度保持一致，就可保证均衡充模，保证塑件壁厚的均匀性。此浇口流动平稳，排气良好，塑件质量好。对于图 3 – 165（b）、（c）两种形式，锥形头部的型芯还兼起分流锥的作用。但这种浇口缺点是成型孔的型芯只能一端支撑，成为悬臂梁，若浇口环各处厚度有差异，会使熔体进入型腔不均衡，引起型芯偏斜；冷料多，盘状浇口切除也较困难，需要专用工具冲切。

盘形浇口适用于单型腔的圆筒形塑件或中间带孔的塑件。

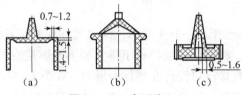

图 3 – 165　盘形浇口

③轮辐式浇口。轮辐式浇口如图 3 – 166 所示，该浇口是盘形浇口的一种变异形式。将盘形浇口中的环形进料，改为从孔端内侧数点或端面孔周边数点进料，既可以减少塑料消耗又容易切除。同时，型芯还可以在对面的模板上定位，但塑件上的熔接痕增多了，从而对塑件强度有影响。轮辐浇口的缺点是容易形成熔接缝，影响塑件的力学性能。

轮辐式浇口适用于直径更大的筒形塑件或带更大中心孔的塑件，也适用于框架形塑件，如图 3 – 166（b）所示，可以认为是一模一腔的多处内侧浇口。

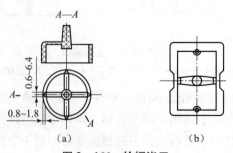

图 3 – 166　轮辐浇口

┃ 230 ┃

④爪形浇口。爪形浇口如图 3 - 167 所示，该浇口是轮辐式浇口的一种变异形式。分流道与浇口不在同一平面，而成一定夹角。采用爪形浇口，成型孔的型芯伸入定模可以得到支撑定位，增加了稳定性，有利于保证塑件壁厚均匀和同轴度。爪形浇口厚度和宽度的确定与轮辐式浇口相同，但也容易形成熔接缝，影响塑件外观质量，浇口开设较困难。

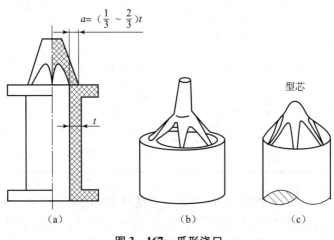

图 3 - 167 爪形浇口

爪形浇口主要应用于长筒形件或同轴度要求较高的塑件。

⑤侧浇口。侧浇口如图 3 - 168 所示，断面多采用矩形，不仅容易加工，也容易调整尺寸达到合理要求。浇口痕迹在分型面处，切除后对塑件外观影响小。可根据塑件的形状、特点灵活地选择塑件的某个边缘进料，一般开设在分型面上。

但侧浇口注射压力损失大，熔料流速较高，保压补缩作用小，成型壳类件时排气困难，因而易形成熔接痕、缺料、缩孔等。

如图 3 - 168 (b) 所示，根据经验，浇口深度 a 为浇口处塑件壁厚的 1/3 ~ 2/3。表 3 - 30 为常见塑料的浇口深度推荐值。进料口的宽度，中小型制件一般可取 $(3 \sim 10)a$，大型制件可取 $10a$ 以上。进料口长度 c 可取 0.7 ~ 2 mm。浇口与塑件连接部位为 $R0.5$ 的圆角或 $0.5 \times 45°$ 的倒角，浇口和分流道连接部位一般斜度为 30° ~ 45°。

侧浇口能成型各种材料、各种形状的塑件，应用非常广泛。适用于一模多件，应用于各种塑料。

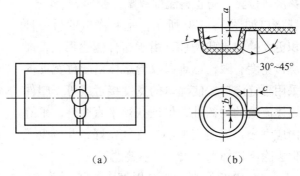

图 3 - 168 侧浇口

表3-30 常见塑料的浇口深度 a 推荐值   mm

壁厚	形状	聚乙烯 聚丙烯 聚苯乙烯	有机玻璃 ABS 聚甲醛	聚碳酸酯 聚苯醚 聚砜
<1.5	复杂	0.5~0.6	0.5~0.8	0.6~1
	简单	0.5~0.7	0.6~0.8	0.8~1.2
1.5~3	复杂	0.6~0.8	0.8~1.2	1.2~1.5
	简单	0.6~0.9	1.2~1.4	1.3~1.6
>3	复杂	0.8~1	1~1.4	1.4~1.6
	简单	0.8~1.1	1.2~1.5	1~1.6

⑥扇形浇口。扇形浇口如图3-169所示,它是侧浇口的变异形式,采用一般侧浇口时,因浇口宽度小,熔体进入型腔后沿塑件宽度方向的流动不均衡,使整个塑件翘曲变形,不能保证塑件所要求的平直度。但扇形浇口去除困难,且痕迹明显。

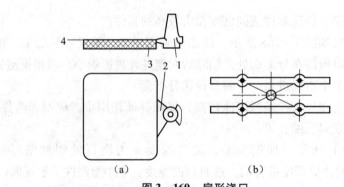

图3-169 扇形浇口

1—主流道;2—浇口;3—塑件;4—分型面

浇口尺寸一般深为0.5~1 mm或为浇口处塑件壁厚1/3~2/3,宽为6 mm。

扇形浇口适用于表面积较大的扁平塑件及细长形件,但对流程短的效果好,注意选择浇口位置,防止料流导致塑件变形。

⑦平缝浇口。平缝浇口如图3-170所示,是侧浇口的另一种变异形式,对于表面积更大的扁平状塑件,由于塑件侧边很长,即使采用扇形浇口,因浇口宽度有限,也难以改善熔体沿塑件宽度的均衡分布,这时只有采用平缝浇口,使浇口的宽度接近或等于塑件侧边长度,才能改善熔体流动的均衡性,保证获得平直塑件。平缝浇口无熔接痕,塑件内应力小,翘曲变形小,排气良好,并减少了气泡及缺料等缺陷。但去除浇口加工量大,且痕迹明显。

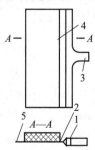

图3-170 平缝浇口

1—平行流道;2—浇门;
3—分流道;4—塑件;
5—分型面

浇口长 L 为0.7~1 mm,浇口厚度一般取0.25~0.65 mm。

平缝浇口用于成型板、条之类的大面积扁平塑件,对有透明度和平直度要求、表面不允许有流痕的片状塑件尤其适宜，对防止聚乙烯塑件变形更为有效。

⑧点浇口。点浇口如图3-171所示，它是一种尺寸很小、截面为圆形的直接浇口的特殊形式。开模时，浇口可自动拉断，有利于自动化操作，还可减少熔接痕。

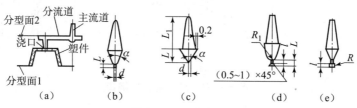

图3-171　点浇口

浇口尺寸太小时，料流易产生喷射，对塑件质量不利。浇口尺寸 $l = 0.5 \sim 2$ mm，$d = 0.5 \sim 1.5$ mm，$\alpha = 6° \sim 15°$，$R_1 = 1.5 \sim 3$ mm，$R = 0.2 \sim 0.5$ mm，$L = 1 \sim 3$ mm，$L \geqslant (2/3) L_1$。

当制件尺寸较大时，采用多点浇口从几点同时进料，可缩短料在型腔中的流动距离，加快进料速度，减小流动阻力，减少翘曲变形，如图3-172所示。

点浇口适用于熔体黏度随剪切速率变化而明显改变的塑料和黏度较低（流动性好好）的塑料，如聚乙烯、聚丙烯、尼龙类塑料、聚苯乙烯、ABS等，要求采用较高的注射压力，主要用于壳体、盒、罩及大平面塑料制品。

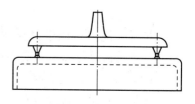

图3-172　多点浇口

⑨潜伏式浇口或剪切浇口。潜伏式浇口如图3-173所示，它是由点浇口演变而来的。其进料部分通过流道可放在塑件的内表面、侧表面或表面看不见的肋、柱上，因而，它除具有点浇口的特点外，比点浇口的制件表面质量更好，可将三板式简化成两板式模具。这种浇口及流道的中心线与塑件顶出方向有一定的角度，靠顶出时的剪切力作用，使制件与浇口冷料分离。这种浇口注射压力损失大，浇口加工困难。

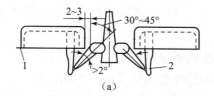
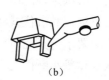

图3-173　潜伏式浇口

1—分型面；2—塑件

潜伏式浇口主要用于表面质量要求高、大批量生产的多型腔小零件的模具。由于推出时必须有较强的冲击力，故不宜用于脆性的塑料（如聚苯乙烯），以免浇道断裂，堵塞浇口。如图3-174、图3-175所示为潜伏式浇口的具体应用。

⑩护耳式浇口。护耳式浇口如图3-176所示，可以克服小浇口易产生喷射及在浇口附近有较大内应力等缺陷，防止浇口处有脆弱点和破裂，是一种典型的冲击型浇口。在防止补料应力方面也特别有效，因为补料应力主要集中在凸耳上，成型后从塑件上切除掉，切除麻烦，痕迹大。护耳部分视塑件的要求去除或保留，可以保证塑件外观。

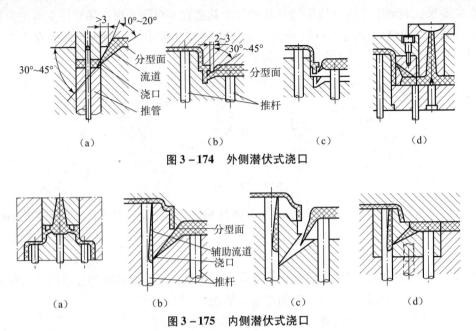

图 3-174 外侧潜伏式浇口

图 3-175 内侧潜伏式浇口

护耳式浇口适用于聚碳酸酯、ABS、有机玻璃、硬聚氯乙烯等流动性差、对应力敏感的塑料。

（3）浇口类型的选择。

①按塑料品种选择浇口。一般，低黏度塑料适宜于选用断面积较小的浇口，黏度对剪切速率变化敏感的塑料也选用小浇口。典型的小断面浇口是侧浇口、点浇口和潜伏式浇口。轮辐式浇口、爪形浇口是多处进料的小浇口。高黏度塑料一般不宜采用小浇口，因为高黏度塑

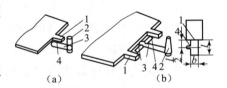

图 3-176 护耳式浇口
1—护耳；2—主流道；
3—分流道；4—浇口

料需要较高的注射压力，小浇口的压力损失大，不利于充满型腔。

②按塑件尺寸形状选择浇口。普通盒形、罩形、壳形塑件，外形不大的各式容器，都可以采用侧浇口、点浇口和潜伏式浇口。

③按塑件质量要求选择浇口。塑件的表面质量要求高时，应采用点浇口、侧浇口、潜伏式浇口、轮辐式浇口等小断面浇口，它们与塑件分离后基本上不留痕迹。

④按模腔数量选择浇口。有些浇口，例如直接浇口、盘形浇口、轮辐式浇口、爪形浇口，只能用到单腔模具。侧浇口、潜伏式浇口、平缝浇口、扇形浇口、护耳式浇口等，只适宜用到多腔模具，如果用到单腔模具中，会造成分型面处熔体压力重心不平衡。

点浇口既适用于单腔模，也适用于多腔模。

⑤为提高塑件的生产率，应尽量选用小断面浇口。浇口的冷却凝固时间不能比塑件冷却凝固时间长。小断面浇口不仅成型周期短，也容易切除。浇口最小断面应以不引起塑件内部缩孔和表面凹陷为原则。

⑥按塑料件翘曲变形程度选择浇口。对称盒盖类壳体、圆筒形塑料件，采用中心直接浇口、轮辐式浇口或爪形浇口较为适宜；对于较大圆盘形壳体若采用多点浇口，以塑料件重心为中心取等边三角形顶点，设置3个点浇口；对于较大矩形箱体塑料件，取对角线位置上的

4个点浇口，翘曲变形最小；对于矩形薄片塑料件，采用平缝浇口为好；对于圆形薄片塑料件，采用扇形浇口较有效。

一般，选择浇口时应遵循原则，当然这些原则在应用时会产生某些不同程度的矛盾，因此应以保证得到优质产品为主，排除次要因素，根据具体情况决定。

(4) 浇口位置的选择。浇口位置不同，熔体充入模腔时的流程、流向、流态都会不同，型腔各部分的熔体压力分布也会不同，对塑件内在和外观质量必然会有不同影响。

①浇口的尺寸及位置选择应避免料流产生喷射和蠕动（蛇形流）。当塑料熔体通过一个狭小的浇口，进入一个宽度和厚度都较大的型腔时，由于受到很大的剪切应力作用，将会产生喷射和蠕动等熔体断裂现象，此时，喷出的高度定向的细丝或断裂物会很快冷却变硬，而与后进入型腔的塑料不能很好地熔合，使塑件出现明显的熔接痕。此外，料流高度定向还会产生收缩不一致，使塑件翘曲变形及力学性能各向异性。另外，喷射还会使型腔中的气体难以顺序排出，形成气泡、焦点或喷痕，而影响塑件外观。

为了克服上述缺陷，一是适当地加大浇口截面尺寸，降低剪切速率；二是将浇口对着模具中强度足够的型芯，即采用冲击型浇口，以改变料流方向，达到减小喷痕的目的。图3-177中图 (b) 中的喷痕较图 (a) 中有所改善。

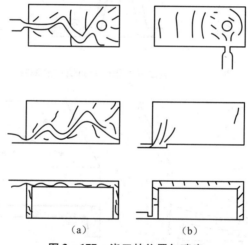

图3-177　浇口的位置与喷痕

在塑件允许的情况下，可以采用护耳式浇口，如图3-176所示，将喷痕控制在护耳上，保证塑件外观良好。

②浇口应开设在塑件断面较厚的部位，有利于熔体流动和补料。当塑件上壁厚不均时，在避免喷射的前提下，应把浇口位置放在厚壁处，减小料流进口处的压力损耗，保证能在高压下充满模腔。另外，厚壁处往往是最后凝固的地方，易形成缩坑或表面凹陷，如图3-178 (a) 所示，而把浇口放在此处可利于补料，如图3-178 (b) 所示，且图3-178 (b) 又与改进塑件结构设计相结合，效果较佳。

③浇口位置的选择应使塑料流程最短，料流变向最少。在保证塑料良好充模的前提下，应使塑料流程最短、变向最少，以减少流动能量的损失。如图3-179 (a) 所示的浇口位置，塑料流程长，料流变向次数多，流动能量损失大，因此，塑料填充效果差，而改为图3-179 (b)、(c) 所示的浇口形式和位置，就能弥补上述缺陷。又如大型板状塑件，采

用一个浇口，定向大，各向收缩差异大，塑件易产生内应力和翘曲变形，这时适当增加浇口数量或改变浇口形式即可改善之，如图3-180所示。

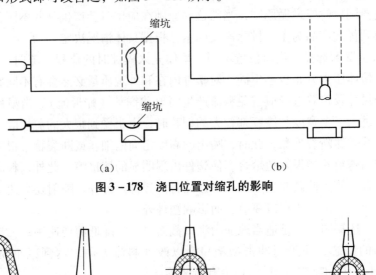

图3-178 浇口位置对缩孔的影响

图3-179 浇口形式和位置对填充的影响

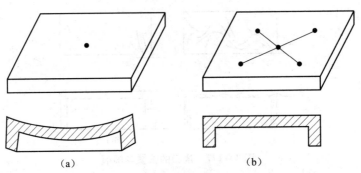

图3-180 大型板状件采用多点浇口可减小变形

④浇口位置的选择应有利于型腔内气体的排出。气体将会在塑件上造成气泡、熔接不牢或充不满模，气体被压缩产生高温，使气体燃烧并在塑件局部出现烧蚀现象，即该处表面为焦黑色等缺陷，这些均为气阻现象。如图3-181（a）所示，这种形式的浇口在注射时，会使塑料熔体进入型腔后，沿型芯周围向顶部运动，最后在型芯顶端的气体因无法排除而形成气阻。若从排气考虑，除在模具中加强排气之外，可将塑件的顶部加厚，使其先充满，最后充满浇口对边的分型面处，以利于排气，还可以通过改变浇口形式或位置来解决排气问题，如图3-181（b）、（c）所示。

⑤浇口位置的选择应减少或避免塑件的熔接痕，增加熔接牢度。在塑料流程不太长的情况，如无特殊需要，最好不要增加浇口数量，否则会增加熔接痕数量，如图3-182所示。

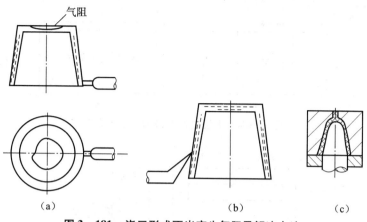

图 3 – 181　浇口形式不当产生气阻及解决办法

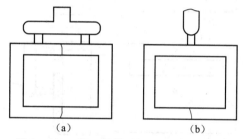

图 3 – 182　浇口数量对熔接痕数量的影响

为减少和避免熔接痕，还可以采用无熔接痕的浇口，如图 3 – 183 所示，图（b）为盘形浇口无熔接痕，而图（a）为轮辐式浇口则有熔接痕。但当塑件尺寸较大，特别是中间又带有槽或孔时，如图 3 – 184（a）所示，由于流程较长，易造成熔接处料温较低，熔接不牢，这时必须考虑增加熔接牢度的问题，此时可增加过渡浇口，如图 3 – 184（b）中的 A 部，或采用多点浇口，如图 3 – 185 所示，这时虽增加熔接数量，但缩短了流程，可以增加牢度。

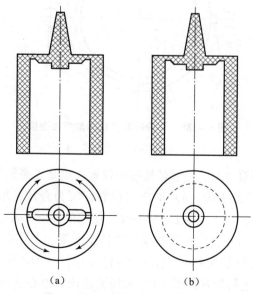

图 3 – 183　采用无熔接痕的浇口

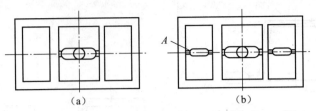

图 3 – 184　开设过渡浇口增加熔接牢度

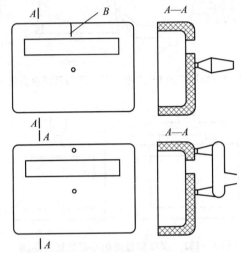

图 3 – 185　采用多点浇口增加熔接牢度

为了增加熔接牢度，可在熔接处的外侧开一冷料穴使前锋冷料溢出，如图 3 – 186 所示。

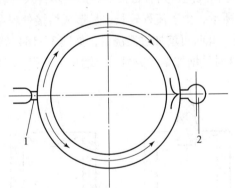

图 3 – 186　开设冷料穴以增加熔接强度

1—浇口；2—冷料穴

此外，在熔接痕不可避免时，注意熔接痕的位置，也是提高塑件强度及质量的一个很好办法。如图 3 – 187 所示，其中图（a）的浇口位置，较为合理，熔接痕短且不在一条直线上，而图（b）的形式，熔接痕与小孔连成一线，使塑件强度大大削弱。

⑥浇口位置的选择应防止料流将型芯或嵌件挤压变形。对于有细长型芯的圆筒形塑件，应避免偏心进料，以防止型芯受力不平衡而倾斜，如图 3 – 188 所示，图（a）进料位置不合理；图（b）采用两侧进料较好；图（c）采用型芯顶部中心进料最好。又如图 3 – 189 所示的壳体塑件，塑件由顶部进料，当采用小浇口时，如图（a）所示，料流将首先充满正对

着浇口的 m 处，而后流向 H 处，型芯受侧向力 p_1 和 p_2 作用，会产生弹性变形，使塑件脱模困难或破裂，并使塑料件中间隔板厚，两侧壁薄。若将浇口加宽，如图（b）所示，或采用正对型芯的两个冲击型浇口，如图（c）所示，分三路熔料均匀充模，就会防止型芯变形。

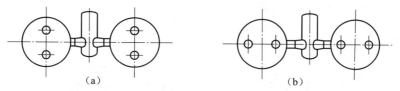

（a）　　　　　　　　　　（b）

图 3 - 187　浇口位置对熔痕方位的影响

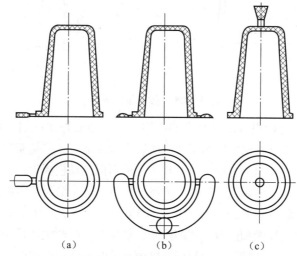

（a）　　　　　（b）　　　　　（c）

图 3 - 188　改变浇口位置防止型芯变形

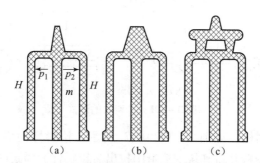

（a）　　　　　（b）　　　　　（c）

图 3 - 189　改变浇口形式或位置防止型芯变形

　　⑦浇口位置的选择应考虑高分子定向对塑件的影响。熔体在型腔内的取向对塑件带来的最显著影响是使塑件力学性能和收缩率产生各向异性，取向方向的力学性能提高，垂直于取向方向的降低，两个方向的收缩率也有很大差别。注射成型时，应尽可能减少高分子沿着流动方向上的定向作用，以免导致塑件性能、应力开裂和收缩等的方向性。完全避免定向作用是不可能的，但可通过确定浇口位置来尽量避免由于分子定向作用造成的不利影响，利用定向作用产生有利影响。如图 3 - 190 所示，图（a）是一端带有内螺纹金属嵌件的罩类塑料件，若浇口开设在壳体 A 处，由于塑料件内轴线方向取向，不能与嵌件有效包紧黏合，若浇口开设在 B 处，采用底部侧向浇口，由于塑料件内周向取向，较大收缩应力使塑料与嵌件

有较高的连接强度，也避免了塑料件的应力开裂。图（b）为聚丙烯盒，其"铰链"处要求耐折，将浇口设在 A 处（在铰链附近），熔料通过很薄的铰链（厚约 0.25 mm）充满盖部，在铰链处产生高度定向，而且在塑料件脱模后即行弯折，增强铰链区域的取向程度，有利于提高其弯曲疲劳强度，达到耐折要求。

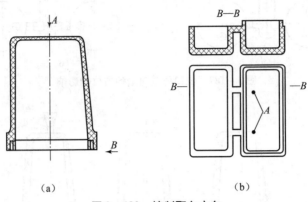

（a）　　　　　　　　　（b）

图 3 – 190　控制取向方向

（5）冷料穴和拉料杆的设计。冷料穴的作用，一是储藏每次注射成型时，流动熔体前端的冷料头，避免这些冷料进入型腔影响塑件的质量或堵塞浇口；二是兼有拉或顶出凝料作用。

冷料穴一般都设在主流道的末端，且开在主流道对面的动模板上，直径稍大于主流道大端直径，便于冷料的进入。当分流道较长时，可将分浇道的尽头沿料流方向稍作延长（长度通常为浇道直径的 1.5 ~ 2 倍）而做冷料穴，如图 3 – 191（d）所示。并非所有的注射模都要开设冷料穴，有时由于塑料的性能和注射工艺的控制，很少有冷料产生或是塑件要求不高时可以不设冷料穴。一般在冷料穴的末端设置拉料杆，以便开模时与浇口套中废料一起拉出。

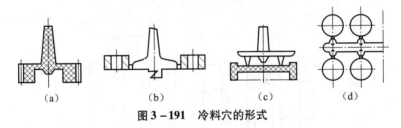

（a）　　　　　（b）　　　　　（c）　　　　　（d）

图 3 – 191　冷料穴的形式

①钩形（Z 形）拉料杆。如图 3 – 192（a）所示，拉料杆的头部为 Z 形，伸入冷料穴中，开模时钩住主流道凝料并将其从主流道中拉出。拉料杆的固定端装在推杆固定板上，当塑件推出时，凝料也被推出，稍作侧移即可将塑件连同浇注系统凝料一起取下。

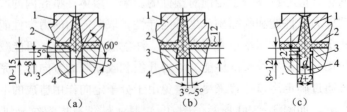

（a）　　　　　（b）　　　　　（c）

图 3 – 192　钩形（Z 形）拉料杆和底部带推杆的冷料穴

1—定模；2—冷料穴；3—动模；4—拉料杆（推杆）

这种拉料杆用于推杆或推管推出塑件的模具中，是一种常见形式。缺点是凝料推出后不能自动脱落，需人工定向取出。另外，对于某些塑件受形状限制，脱模时不允许塑件左右移动的情况，则不宜采用这种钩形拉料杆，如图3-193所示。

②锥形或沟槽拉料穴。这种拉料穴如图3-192中的（b）和（c）开设在主流道末端，储藏冷料，将拉料穴做成锥形或沟槽形，能实现先拉后顶动作，其底部推杆在塑件推出时，对凝料强制推出，凝料处于自由状态。这种拉料形式适用于弹性较好的塑料成型。与钩形拉料杆相比，此拉料形式取凝料时不需要侧移，因此，适宜自动化操作。图3-194中可以采用这种形式的拉料穴，在定模板的分流道末端开有斜孔冷料穴，开模时会先拉断点浇口，然后在拉出主流道凝料的同时，将分流道与冷料头一起拉出，最后再将凝料从动模中顶出，并自动坠落。

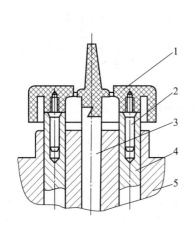

图3-193　不宜使用钩形拉料杆的例子

1—塑件；2—螺纹型芯；3—拉料杆；4—推杆；5—动模

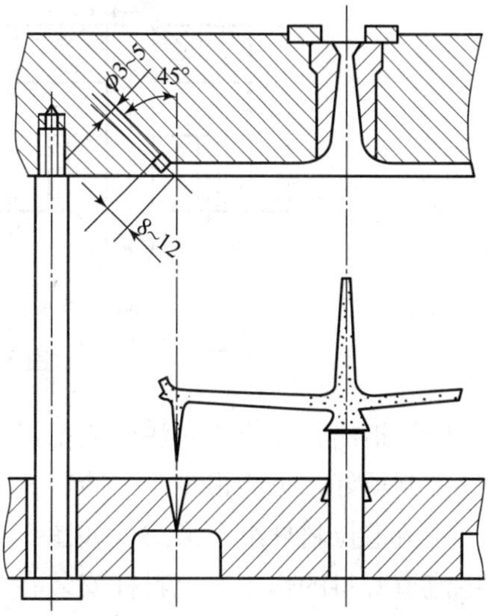

图3-194　凹坑拉料冷料穴

③球形头拉料杆。球形头拉料杆如图3-195（a）所示，这种拉料杆头部为球形，开模时靠冷料对球形头的包紧力，将主流道凝料从主流道中拉出，但其可靠性不佳。拉料杆固定端装在型芯固定板上，故当推件板推动塑件时，将主流道凝料从球形头拉料杆上强制脱出。因此，这种拉料杆常用于弹性较好的塑料件并采用推件板脱模的情况，也常用于点浇口凝料自动脱落时，起拉料作用，但球形头部分加工较困难。图3-195（b）和（c）分别为菌形头拉料杆和倒锥形拉料杆，它们均是球形头拉料杆的变异形式，使用、安装情况也相同。

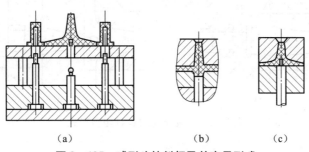

（a）　　　　　　　（b）　　　　（c）

图3-195　球形头拉料杆及其变异形式

（a）球形头拉料杆；（b）菌形头拉料杆；（c）倒锥形拉料杆

④分流锥形拉料杆。这种拉料杆的头部做成圆锥形，如图3－196（a）所示，靠塑件与浇口的连接作用，将主流道凝料拉出。为增加锥面与凝料间的摩擦力，可采用小锥度或将锥面做得粗糙些。这种拉料杆既起拉料作用，又起分流锥作用，当塑件的中心孔较大时，可将拉料杆头部做成圆锥形，并在其顶部开设冷料穴，如图3－196（b）所示。分流锥形拉料杆广泛用于单型腔、中心有孔又要求较高同心度的塑件，如齿轮模具中经常使用。

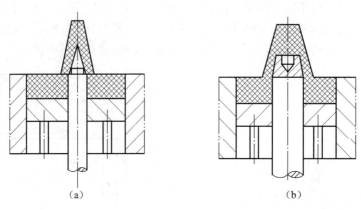

（a）　　　　　　　　　　（b）

图3－196　分流锥形拉料杆

应该指出，并非所有注射模都需要开设冷料穴，有时由于塑料的工艺性能好和成型工艺条件控制得好，可能很少产生冷料，如果塑件要求不高时，可不开设冷料穴。

主流道拉料杆组合形式，如图3－197所示，这种结构既有冷料穴作用，同时还具有脱出主流道凝料的作用。拉料杆安装在主流道对面，靠上面的凹槽将主流道拉出，其尺寸见表3－31。

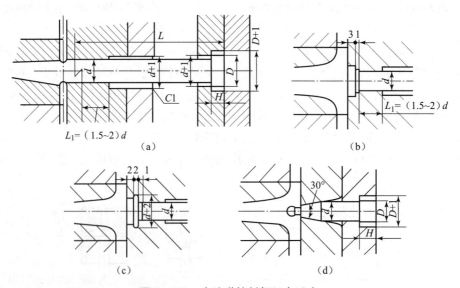

图3－197　主流道拉料杆组合形式

表 3 – 31　主流道拉料杆尺寸　　　　　　　　　　　　　mm

公称尺寸 d		D	$H_{-4.1}^{\ 0}$	与拉料杆配合的型板孔		
尺寸	公差		尺寸	d 孔公差	配合长度 L_1	
6	−0.015 −0.055	10	4	+0.03 0	10	
8		13			15	
10	−0.020 −0.070	15	5	+0.035 0		
12		17			20	
14		19	6		22	

分流道拉料杆的形式及组合形式，如图 3 – 198 所示，其尺寸见表 3 – 32。

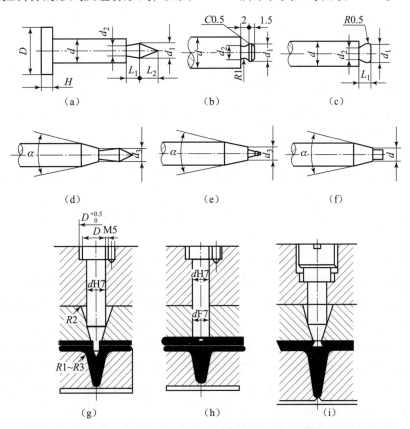

图 3 – 198　分流道拉料杆的形式及组合形式

（a）～（f）分流道拉料杆的形式；（g）～（i）分流道拉料杆的组合形式

拉料杆的材料一般采用 T8A 或 T10A，头部淬火 50～55 HRC，钩形与定模板之间以及球形拉料杆与推件板之间通常采用 H9/f9 间隙配合（但对于溢料值小的塑料，要考虑配合间隙，使之不溢料），相对固定部分采用 H7/m6 过渡配合，配合部分的表面粗糙度为 Ra0.8，与冷料接触部位的表面粗糙度 Ra 值可以稍大一些。

表 3 –32　分流道拉料杆尺寸　　　　　　　　　　　　　　　　mm

公称尺寸 d		D	$H_{-0.1}^{0}$	d_1	d_2	d_3	L_1	L_2	α
尺寸	公差		尺寸						
4	+0.016 +0.006	8	4	2.8	2.3	3	2.5	5	10°
5		9		3.3	2.8	3.5	3		
6		10	5	3.8	3	4		7	
8		13		4.8	4	5	4		
10	+0.019 +0.007	15	6	5.8	4.8	6	5		20°
12		17		7.2	6.2	8			

3. 排气和引气系统的设计

1）排气系统的设计

塑料熔体高速向注射模型腔填充，型腔内原有的空气及塑料受热或凝固而产生的低分子挥发气体，不能够及时排出，会产生如下危害：

①增加熔体充模流动的阻力，对于薄壁塑件，多表现使型腔不能充满，对于厚壁塑件，多表现为使塑料件棱边不清。

②在制品上呈现明显可见的流动痕和熔合缝，其力学性能降低。

③滞留气体在一定的压缩程度下，会渗入使塑料件产生气孔、组织疏松等表面质量缺陷。

④型腔内气体受到压缩后产生瞬时局部高温，使塑料熔体分解变色，甚至炭化烧焦（边角因炭化发黑）。

⑤由于排气不良，降低了充模速度，延长了注塑成型周期。

排气的方式有开设排气槽排气、分型面排气和利用模具零件配合间隙排气。不论哪种排气方式均应与大气相通，且都会在塑件上留下痕迹。因利用分型面和配合间隙排气不需开设专门的排气槽，设计和加工方便，故大多数情况下都采用这种方式排气。

（1）排气槽排气。当一些塑件，靠自然排气不能满足排气需要时，必须专门开设排气槽。一般来说，对于结构复杂的模具，事先较难估计发生气阻的准确位置，需要通过试模来确定其位置。通过气泡的分布及经验来判断，然后再开排气槽。排气槽一般开设在型腔最后被充满的地方，通常遵循下列原则：

①对于大型塑料注射模具，需排出的气体量多，通常应开设排气槽。排气槽最好开设在分型面上，排气槽产生飞边，易随塑件脱出。排气槽通常开设在分型面型腔一边，以便于模具制造与清理。如图 3 – 199（a）所示，排气槽宽度 $b = 3 \sim 5$ mm，深度 h 小于 0.05 mm，长度 $l = 0.7 \sim 1.0$ mm。也有将排气槽做成弯曲的形式且逐步加宽，以降低塑料溢出，如图 3 – 199（b）所示。

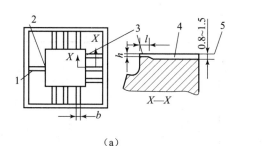

（a）

（b）

图 3 – 199 排气槽的形式

1—分流道；2—浇口；3—排气槽；4—导向沟；5—分型面

②排气槽的排气口不能正对操作人员，以防熔料喷出而发生工伤事故。

③排气槽最好开设在靠近嵌件和塑件最薄处，因为这样的部位最容易形成熔接痕，宜排出气体，并排出部分冷料。

④排气槽厚度以能够顺畅地排除型腔气体又不溢出塑料熔体为原则，即应小于塑料的溢料间隙。因此，对于黏度不同的塑料，允许的排气槽厚度有所差别。表 3 – 33 列出若干常用塑料排气槽厚度。排气槽表面应以气流方向进行抛光。

表 3 – 33 常用塑料排气槽厚度

塑料名称	排气槽厚度/mm
尼龙类塑料	≤0.015
聚烯烃塑料	≤0.02
PS、ABS、AS、ASN、POM、PET、增强尼龙	≤0.03
聚碳酸酯、PSU、PVC、PPO、丙烯酸塑料、其他增强塑料	≤0.04

（2）分型面排气。对于小型模具可利用分型面排气，但分型面应位于塑料熔体流动的末端，如图 3 – 200 所示。

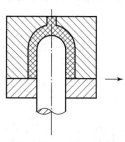

图 3 – 200 分型面排气

（3）间隙排气。多数情况下，对于流速较小的塑料制品，特别是对于中小型模具，可利用模具分型面或模具零件间的配合间隙自然地排气，可不另设排气槽。图 3 – 201 所示为间隙排气的几种形式。可利用组合式的型腔或型芯，其拼合的缝隙排气，也可利用推杆和模板或型芯的配合间隙排气，或有意增加推杆与模板和型芯的间隙。间隙的大小和排气槽一样，通常为 0.02 ~ 0.04 mm。

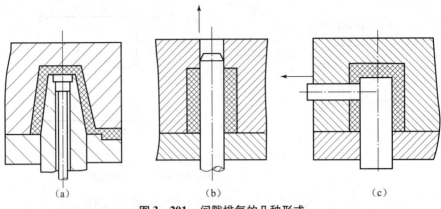

图 3 - 201 间隙排气的几种形式

尺寸较深且细的型腔，气阻位置往往出现在型腔底部，这时，模具结构应采用镶拼方式，并在镶件上制作排气间隙。

2）引气系统的设计

排气是塑件成型的需要，而引气是塑件脱模的需要。对于大型深腔壳体类塑件，注射成型后，型腔内气体被排除，塑件表面与型芯表面之间在脱模过程中形成真空，难于脱模。若强制脱模，塑件会变形或损坏，因此，必须引入气体，即在塑件与型芯之间引入空气，使塑件顺利脱模。

（1）镶拼式侧隙引气。利用模具零件间配合间隙排气时，其排气间隙可为引气间隙，但在镶件或型芯与其他成型零件为过盈配合的情况下，空气是无法引入型腔的，这时可在镶件侧面的局部开设引气槽。镶拼式侧隙引气如图 3 - 202 所示，引气槽应从镶件侧面一直延续到模外，与大气相通。与塑件接触的部分深度不应大于 0.05 mm，以免溢料堵塞，而其延长部分的深度可取 0.2 ~ 0.8 mm。这种引气方式结构简单，但引气槽易被堵塞。

（2）气阀式引气。这种引气方式是依靠引气阀的开启和关闭来实现引气的，如图 3 - 203 所示。开模推出塑件时，塑件与型芯之间的真空力将阀门吸开，空气便能引入。而当熔体注射充模时，熔体的压力将阀门紧紧压住，处于关闭状态，由于阀门接触为锥面，故不会产生缝隙。这种引气方式比较理想，但阀门的锥面加工要求较高，结构也比较复杂。引气阀可安装在型腔或型芯上，也可在型腔和型芯上同时安装，这要根据塑件脱模需要和模具的具体结构而定。

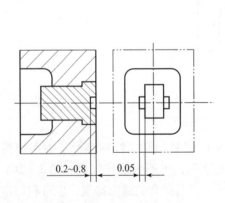

0.2~0.8   0.05

图 3 - 202 镶拼式侧隙引气

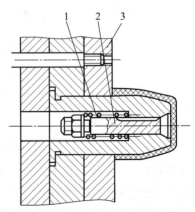

图 3 - 203 气阀式引气

1—弹簧；2—止回阀；3—推件板

🛠 **任务实施**

如图 3-1 所示的塑料壳体,拟定模具的浇注系统如下:

1. 型腔排列方式的确定

多腔模具尽可能采用平衡式排列布置,且力求紧凑,并与浇口开设的部位对称。由于该设计选择的是一模两腔,故采用直线对称排列,如图 3-204 所示。浇口采用侧浇口,且开设在分型面上。本模具确定为单分型面注射模。

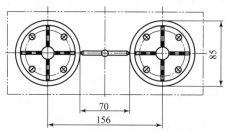

图 3-204 型腔数量的排列位置

2. 浇注系统的确定

1) 主流道尺寸

(1) 主流道长度 $L_主$。小型模具应尽量小于 60 mm,初取 50 mm 设计。

(2) 主流道小端直径 d_1。

$$d_1 = d_2 + (0.5 \sim 1) = 3 + 0.5 = 3.5 (\text{mm})$$

(3) 主流道大端直径 d_1'。

$$d_1' = d_1 + 2L_主 \tan \alpha = 3.5 + 2 \times 50 \times \tan 4° \approx 10.4 (\text{mm})$$

这里取 7mm 即可,太大会产生缺陷。

(4) 主流道球面半径 R_2。

$$R_2 = R_1 + (1 \sim 2) = 12 + 2 = 14 (\text{mm})$$

(5) 主流道球面凹入深度 h。

$$h = 3 \text{ mm}$$

(6) 主流道浇口套形式。主流道衬套为标准件,可选购。主流道和浇口套应分开设计,以便于拆卸,同时也便于选用优质钢材进行单独加工和热处理。设计中常采用碳素工具钢 (T8A 或 T10A),热处理淬火表面硬度 50~55 HRC。主流道浇口套的结构形式如图 3-205 所示。

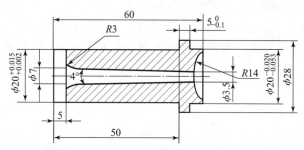

图 3-205 主流道浇口套的结构形式

2）分流道的设计。

（1）分流道布置形式。在设计时应考虑尽量减少在流道内的压力损失并尽可能避免熔体温度降低，同时还要考虑减小分流道的容积和压力平衡，因此采用平衡式分流道。

（2）分流道长度 $L_分$。根据两个型腔的结构设计，分流道较短，故设计时可适当选小一些，单边分浇道长度 $L_分$ 取 35 mm，如图 3－204 所示。

（3）分流道截面形状。为了便于加工和凝料的脱模，分流道大多设在分型面上。本设计采用梯形截面，其加工工艺性好，且塑料熔体的热量损失、流动阻力均不大。

（4）分流道截面尺寸。根据常用的分流截面尺寸，设置梯形的高 $h = 3.5$ mm，上底为 5 mm，如图 3－206 所示。

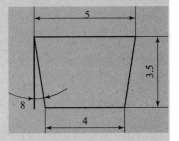

图 3－206　分流道截面形状

（5）分流道的表面粗糙度和脱模斜度。分流道的表面粗糙度要求不是很低，一般取 $Ra = 1.25 \sim 2.5$ μm 即可，此处取 $Ra = 1.6$ μm。另外，其脱模斜度一般在 $5° \sim 10°$，这里取 $8°$。

3）浇口的设计

该塑件要求不允许有裂纹和变形缺陷，表面质量要求较高，采用一模两腔注射，为便于调整充模时的剪切速率和封闭时间，因此采用侧浇口。其截面简单，易于加工，便于试模后修正，且开设在分型面上，从型腔的边缘进料。塑件轮毂和外周有 4 条肋板相连，而浇口正对其中一块肋板，有利于向轮毂和顶部填充。

侧浇口尺寸的确定如下：

（1）侧浇口的深度 a。

$$a = kt = 0.7 \times 3 = 2.1 \text{ mm}$$

式中：k——成型系数一般取 $k = 0.7$；

　　　t——塑件壁厚，一般取 $t = 3$ mm。

在工厂进行设计时，浇口深度常常先取小值，以便试模时发现问题进行修模处理，根据进料口推荐表，ABS 侧浇口的厚度为 $1.2 \sim 1.4$ mm，故此处浇口深度 a 取 1.3 mm。

（2）侧浇口的宽度 b。

$$b = \frac{k\sqrt{A}}{30} = \frac{0.7 \times \sqrt{12\,780.6}}{30} = 2.64 \text{（cm）} \approx 3 \text{（cm）}$$

式中：A——凹模内表面积（约等于塑件的外表面面积）。

（3）侧浇口的长度 c。

c 一般选用 $0.7 \sim 2.5$ mm，这里取 0.7 mm。

4）冷料穴的设计。

本设计仅有主流道冷料穴，由于该塑件表面要求没有印痕，用脱模板推出塑件，故采用与球头形拉料杆匹配的冷料穴。

3. 排气槽的设计

该塑件采用侧浇口进料，熔体经塑件下方的台阶及中间的肋板充满型腔，顶部有一个 $\phi 12$ mm 小型芯，其配合间隙可作为气体排出的方式，不会在顶部产生憋气的现象。同时，底面的气体会沿着推杆的配合间隙、分型面和型芯与脱模板之间的间隙向外推出。

四、运动机构设计

1. 导向机构

模具闭合时要求保证动模和定模或模内其他零部件之间准确对合，导向机构是注射模设计不可缺少的组成部分。此外，脱模机构也需设置导向机构。

导柱导向机构的主要零件是导柱和导套。有的不用导套而在模板上镗孔代替导套，称导向孔。模具导柱导向机构如图 3 - 207 所示。

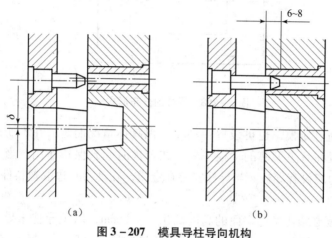

（a）　　　　　　　　　　　（b）

图 3 - 207　模具导柱导向机构

（a）短导柱导向；（b）长导柱导向

导向机构主要有导柱导向和锥面定位两种形式。导柱导向定位精度不高，能承受一定的侧向压力；锥面定位精度高，能承受大的侧压力，但导向作用不大。

1）导向机构的作用

（1）定位作用。避免模具装配时，因方向搞错而损坏成型零件，并且在模具闭合后使型腔（尤其是形状不对称的型腔）保持正确的形状，不至于由于位置的偏移而引起零件壁厚不均。

（2）导向作用。定模和动模合模时，导向零件先接触，引导动、定模沿准确方向和位置闭合，避免型芯首先进入型腔而发生损伤事故。

（3）承受一定的侧向压力。高压塑料注入型腔过程中，会产生单向侧面压力。或由于型腔侧面不对称，或由子模具的重心与分型面上的几何中心不一致，会产生较大的侧压力，均须由合模导向结构承受。但侧向压力很大时，则不能单靠导柱来承担，需要增设锥面定位装置。

（4）支撑定模型腔板或动模推件板。对于双分型面注射模，导柱还需支撑定模型腔板的重力，也对此板导向和定位。另外，对于脱模机构中设置的导柱，也有此种功能。

2）导向零件的设计原则

（1）为防止在装配时将动定模的方位搞错，导柱的布置可采用等径不对称布置或不等径对称布置，也可采用等径对称布置，并在模板外侧做上记号的方法。导向零件应均匀分布在模具的周围或靠近边缘的部位，其中心至模具边缘应有足够的距离，以保证导柱和导套固定孔周围的强度。导柱相互之间的距离应大些，以提高定位精度。

（2）根据模具的形状和大小，一副模具一般需要4个导柱，对于标准模架，其导柱数量及布置一般都是确定的。为了简化加工工艺，可采用4个直径相同的导柱，导柱位置对称，但中心距不同，如图3-208所示。

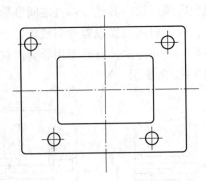

图3-208 导柱的分布形式

（3）导柱可设置在定模，也可设置在动模，视具体情况而定。在不妨碍脱模取件的情况下，导柱通常设置在有主型芯的动模一侧，在合模时起到保护作用。当采用推件板脱模时，有推件板的一边应设有导柱。当导柱安装在定模，在动模一边取塑料件放嵌件，无导柱妨碍较为方便。

（4）导柱的长度必须比型芯端面的高度高出6～8 mm，以免导柱未导正而型芯先进入型腔与其相碰而损坏，如图3-207（b）所示，长导柱导向；反之，图3-207（a）属不合理设计，短导柱引起型芯错位。

（5）当动模板与定模板采用合并加工工艺时，导柱装配处直径应与导套外径相等。

（6）为保证分型面很好地接触，导柱和导套在分型面处应制有承屑槽。一般都是削去一个面，如图3-209（a）所示；或在导套的孔口倒角，如图3-209（b）所示。

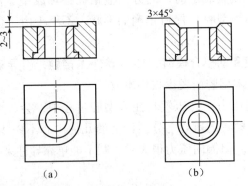

图3-209 导套的承屑槽形式

（7）各导柱、导套（导向孔）的轴线应保证平行，否则将影响合模的准确性，甚至损坏导向零件。

（8）表面粗糙度固定配合和滑动配合部分的表面粗糙度为$Ra0.8$，其余非配合面为$Ra3.2$。

（9）导柱和导套应有足够的耐磨性和韧性。导柱多采用低碳钢20钢，经渗碳淬火处理，其硬度不应低于48～55 HRC，也可直接采用 T8A 碳素工具钢，再淬火处理硬度 50～55 HRC。导套可用淬火钢或铜等耐磨材料制造，但硬度应低于导柱硬度，改善摩擦，防止导柱或导套拉毛。

3）导柱的结构、特点及用途

常用的导柱有台阶式导柱、铆合式导柱和合模销三种。这里主要讲台阶式导柱。

注射模常用的标准台阶式导柱有带头（GB 4169.4—84）和有肩的（GB 4169.5—84）两大类。导柱多为标准件，但标准的规格类型较多，有带储油槽、无储油槽及固定部分加大或不加大等多种形式。它们的形式如图3-210、图3-211所示。

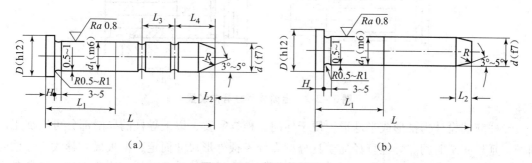

(a)   (b)

图3-210　带头导柱形式

（a）带储油槽导柱；（b）无储油槽导柱

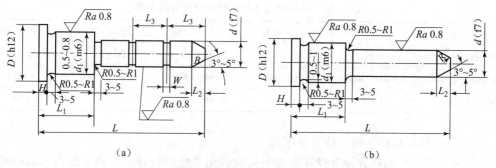

(a)   (b)

图3-211　有肩导柱形式

（a）带储油槽导柱；（b）无储油槽导柱

除安装部分有肩外，长度的其余部分直径相同，称带头导柱。除安装部分有肩，使安装的配合部分直径比外伸的工作部分直径大，称有肩导柱。带头导柱一般用于简单模具和生产批量不大的模具，可以不用导套。有肩导柱用于大批量生产并高精度导向的模具，必须采用导套，装在模具另一侧的导套安装孔可以和导柱安装孔用同一尺寸，一次加工而成，保证同轴。台阶式导柱在工作部分挠曲时，容易从模板中卸下更换，而直形导柱则较困难。

导柱与导柱孔之间一般采用间隙配合 H7/f7 或 H8/f8，导柱与安装孔之间采用过渡配合 H7/m7 或 H7/k6。图3-212所示为台阶式导柱导向装置。导柱可直接与模板导向孔配合 [图3-212（a）]，也可以与导套配合 [图3-212（b）]。有肩导柱一般与导套配合使用 [图3-212（c）]，导套外径与导柱直径相等，便于导柱固定孔和导套固定孔的加工，如果导柱固定板较薄，可采用如图3-212（d）所示的有肩导柱，其固定部分有两段，分别固定在两块模板上。图 3 - 212（c）、（d）所示两种结构的导柱固定孔与导套固定孔尺寸一致，可采用配合加工的方法，保证两侧固定孔的同轴度要求。

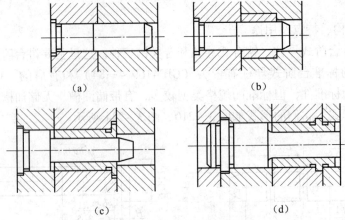

图 3 - 212　台阶式导柱导向装置

导柱前端设计为锥形或半球形，便于导向。根据需要，以上导柱的导滑部分可以加工出油槽，延长润滑时间。导柱直径随模具分型面处模板外形尺寸而定，模板尺寸越大，导柱间的中心距应越大，所选导柱直径也应越大。除了导柱长度按模具具体结构确定外，导柱其余尺寸随导柱直径而定。导柱直径 d 与模板外形尺寸的关系见表 3 - 34。

表 3 - 34　导柱直径 d 与模板外形尺寸的关系

模板外形尺寸/mm	≤150	>150 ~ 200	>200 ~ 250	>250 ~ 300	>300 ~ 400
导柱直径 d/mm	≤16	16 ~ 18	18 ~ 20	20 ~ 25	25 ~ 30
模板外形尺寸/mm	>400 ~ 500	>500 ~ 600	>600 ~ 800	>800 ~ 1 000	>1 000
导柱直径/mm	30 ~ 35	35 ~ 40	40 ~ 50	60	≥60

4）导向孔和导套的结构、特点及用途

（1）导向孔。导向孔直接开设在模板上，它适用于生产批量小、精度要求不高的模具。对于在模板上直接加工出的导向孔，对其要求可参照对导套内孔的要求设计。

（2）导套。注射模常用的标准导套有带头导套（GB 4169.3—84）和直导套（GB 4169.2—84）两大类。它们的结构形式如图 3 - 213 所示。

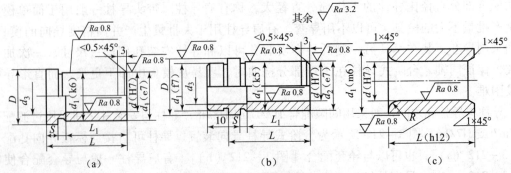

图 3 - 213　导套的结构形式

直导套常用于厚模板的导向，需与模板上导向孔有较紧配合。为防止被导柱拖出，应该有紧定螺钉固定。它的固定方式如图 3 – 214 所示。图 3 – 214（a）沿外圆周面磨一平面，用螺钉顶住，注意导套压入方向，倒角端应向上；图 3 – 214（b）沿外圆周面加工一槽，用螺钉固定，但此形式淬火时易裂；图 3 – 214（c）侧向开孔用螺钉固定；如果导套头部无垫板，则应在头部加装盖板，如图 3 – 214（d）所示。图 3 – 214（a）、（b）、（c）为直导套的固定方式，结构简单，制造方便，用于小型简单模具。

带头导套安装需要加以垫板，这种导套长度取决于模板厚度。图 3 – 214（d）为带头导套的固定方式，结构复杂，加工较难，主要用于精度要求高的大型模具。

对于大型注射模，为防止导套被拔出，导套头部安装方法如图 3 – 214（c）所示；根据生产需要，也可在导套的导滑部分开设油槽。

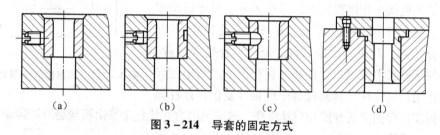

(a)　　　　(b)　　　　(c)　　　　(d)

图 3 – 214　导套的固定方式

无论带导套还是不带导套的导向孔，都应设计为通孔，或专门设计排气槽，以避免模具闭合时有空气阻力。这两种导套中，孔的工作部分长度一般是孔径的 1～1.5 倍。

5）锥面定位结构

锥面定位机构多用于大型、深腔和精度要求高的塑料件，特别是薄壁偏置不对称的壳体。大尺寸塑料件在注射时，成型压力会使型芯与型腔偏移，侧向压力会使导柱导向机构会发生卡死或导柱断裂、损坏等现象，同时由于导柱导向机构定位精度不高，为提高动定模之间的定位精度，承受大的侧压力，此时需增设锥面定位机构。

圆形型腔可用圆锥面定位，图 3 – 215 所示为锥面定位结构，常用于圆筒类塑料件，必须保留导柱导向机构，起导向作用。其锥面配合有两种形式：一种是两锥面之间镶上经淬火的零件 A；另一种是两锥面直接配合，此时两锥面均应热处理达到一定硬度，以增加耐磨性。

带导套的对合导向，虽然对中性好，但由于导柱与导套有配合间隙，导向精度不可能很高。当要求对合精度很高时，必须采用锥面对合方法。当模具比较小时，可以采用带锥面的导柱和导套，如图 3 – 216 所示。

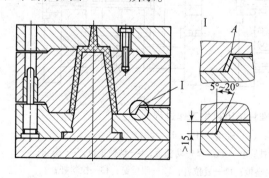

图 3 – 215　锥面定位结构

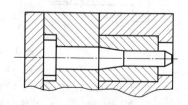

图 3 – 216　锥面导向

　　矩形型腔可在型腔四侧设斜面定位，将型腔模板的锥面与型腔设计成一整体，型芯一侧的锥面可设计成独立镶拼到型芯模板上，用 4 条淬硬的斜面镶条，如图 3-217 所示，通过对镶条斜面调整可对塑料件壁厚进行修正，且磨损后镶条便于更换。注意，镶条斜向应该在型腔压力下接触贴合更紧。这样的结构加工简单，也容易对塑件壁厚进行调整（通过镶件锥面调整）。

　　2. 推出机构

　　在注射成型的每一循环中，塑件必须由模具的型腔或型芯上脱出，脱出塑件的机构称为推出机构。

　　推杆推出机构工作过程如图 3-218 所示。推出机构零件有推杆、复位杆、推杆固定板、推板、导柱和导套等。推出过程分注射、开模、推出取件、复位、合模等过程。推杆将塑件从型芯中推出；导柱和导套在推出过程中起导向、支承作用；复位杆在合模过程中使推杆复位；推杆固

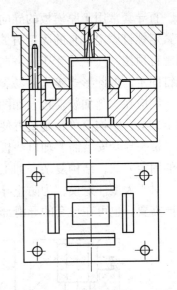

图 3-217　矩形型腔锥面对合机构

定板和推板连接和固定所有推杆与复位杆，传递推出力并使整个推出机构能协调运动。

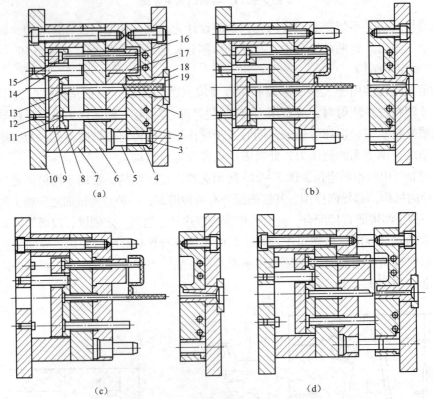

图 3-218　推杆推出机构工作过程

（a）注射；（b）开模；（c）推出塑件；（d）开始复位

1—定模座板；2, 15—导套；3, 14—导柱；4—型腔；5—动模板；6—动模垫板；7—垫块；
8—推杆固定板；9—推板；10—动模座板；11—复位杆；12—限位钉；13—拉料杆；
16—推杆；17—型芯；18—定位圈；19—浇口套

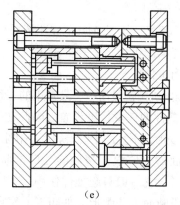

（e）

图 3－218 推杆推出机构工作过程（续）

（e）合模

1）推出机构的分类及设计

（1）推出机构的分类。

①按动力来源分。

A. 手动推出机构。开模后，靠人工操纵推出机构来推出塑件，劳动强度大，效率低，用于产量很少的小型塑件，或从无脱模机构的定模一边脱模。

B. 机动推出机构。利用注射机的开模动作驱动模具上的推出机构，实现塑件的自动脱模，生产效率高，推出力大，生产中广泛应用。

C. 液压推出机构。利用注射机上的专用液压装置，将塑件推出，推出平稳，推出力可控制，在大型模具上使用广泛。

D. 气动推出机构。利用压缩空气将塑件从模具中吹出，推出力可控制，塑件上无顶出痕迹，但需有专门的气动装置。

②按模具结构分。按模具结构可分为简单推出机构、二级推出机构、双向推出机构、点浇口自动脱模机构、带螺纹塑件的推出机构。

（2）推出机构的设计原则。

①塑件留在动模。由于推出机构的动作是通过装在注射机合模机构上的顶杆来驱动的，所以在开模过程中可保证塑件留在动模上，这样的推出机构较为简单。如因塑件结构的关系，不便留在动模上，要采取一些措施，强制塑件留在动模上。

②保证塑件不因推出而变形或损坏。应仔细分析塑件对模具的包紧力和黏附力的大小，合理地选择推出方式及推出位置，从而使塑件受力均匀、不变形、不损坏。由于塑件收缩时包紧型芯，因此脱模力作用的位置应尽量靠近型芯。同时脱模力应施加于塑件刚性和强度最大的部位，如凸缘、加强肋等处，作用面积也尽可能大一些。

③保证塑件良好的外观。推出塑件的位置应尽量设在塑件的内部或对塑件外观影响不大的部位。

④结构可靠。推出机构应工作可靠，动作灵活，制造方便，更换容易，且本身具有足够的强度和刚度。还必须考虑合模时的正确复位，不与其他零件相干涉。

⑤接触塑件的配合间隙无溢料现象。

⑥为实现注射生产的自动化，塑件要实现自动坠落，浇注系统凝料能脱出且自动坠落。

2）简单推出机构

塑件在推出机构的作用下，通过一次动作就可脱出模外的形式，叫简单推出机构，也叫一次推出机构。它一般包括推杆推出机构、推管推出机构、推件板推出机构、推块推出机构等，这类推出机构最常见，应用也最广泛。

（1）推杆推出机构。推杆推出机构是最简单、最常用的一种形式。它加工、更换都很方便，滑动阻力小，脱模效果好，可在塑件的任意位置设置，因此在生产中广泛应用。但推杆面积较小，易应力集中而推坏塑件或推变形，不宜用于脱模斜度小和阻力大的管形或箱形塑件的推出。

①推杆的形状。推杆的截面形式应根据塑件的几何形状、型腔和型芯结构的不同来设定，常见的推杆截面形状是圆形，它一般只起推件作用。

另外，顶杆顶推一端的一段断面为非圆形，如矩形、窄条形、弓形、三角形等，这些形状往往是塑件被顶推一端表面某局部的特异形状的成型面，故又称成型顶杆。有的成型推杆既参加成型又负责顶出。

安装固定段最好采用圆形，使安装孔易加工。可将工作段与安装段设计为一体，也可用焊接或铆接方法连接。常见的推杆断面形状如图3-219所示。

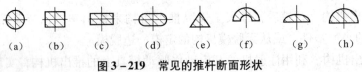

（a）　　（b）　　（c）　　（d）　　（e）　　（f）　　（g）　　（h）

图3-219　常见的推杆断面形状

推杆的外形主要有如图3-220所示的形状。A型、B型为圆形截面推杆，因为结构简单，所以最常用。A型结构最简单，尾部采用台肩式；当推杆工作部分直径较小时，为提高其刚性，做成B型的阶梯形状；C型采用插入式阶梯结构，插入部分直径小，是推杆的工作部分，用于推出面积小、推出力不大的场合；D型推杆也叫锥面推杆，它在推件时无摩擦，工作端面与塑件接触面积大，推出的塑件表面平整，而且在推件时，引气效果好，便于脱模，锥面配合角60°。

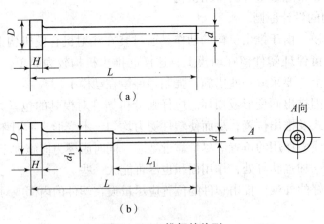

（a）

（b）

图3-220　推杆的外形

（a）A型；（b）B型

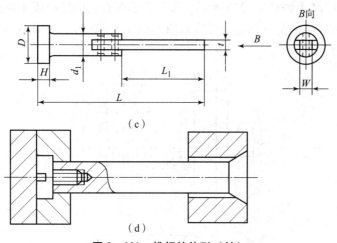

图 3 - 220　推杆的外形（续）

(c) C 型；(d) D 型

②推杆的固定形式。推杆在推件时，应具有足够的刚性，以克服塑件的包紧力及摩擦力，因此在条件允许的情况下，应选用直径较大的推杆。推杆的固定形式如图 3 - 221 所示。

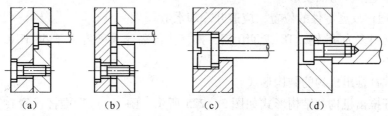

图 3 - 221　推杆的固定形式

③推杆设计时的注意事项。

A. 推杆的位置应选在脱模阻力大的地方及设在塑件强度刚度较大处，以免塑件变形损坏。如图 3 - 222（a）所示，塑件成型时对型芯的包紧力很大，所以推杆应设在型芯外侧塑件的端面上，或设在型芯内靠近侧壁处。如图 3 - 222（b）所示，推杆还可设在塑件的加强肋下面，这样既可保证塑件不变形，同时也相当于在脱模阻力大的地方设置了推杆。

B. 推杆的全长往往穿过几块模板，长度的准确尺寸受这些模板所组成的尺寸链影响，因而设计时长度尺寸宜注出参考尺寸，其准确尺寸在最后装配时调整。推杆的端面一般应高出型芯或型腔表面 0.05 ~ 0.1 mm，这样不会影响塑件以后的使用，如图 3 - 223 所示。

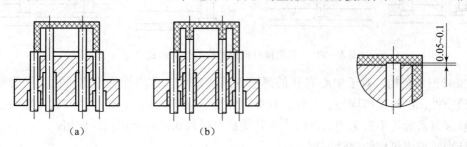

图 3 - 222　推杆的位置　　　　　　图 3 - 223　推杆端面的高度

C. 推杆的装配尺寸如图 3 – 224 所示, 推杆与其配合孔间隙应以不超过塑料的溢料间隙为限, 一般采用 H8/f7 的配合, 配合长度取直径的 1.5 ~ 2 倍, 通常不小于 10 mm, 其余部分扩大以减少摩擦。

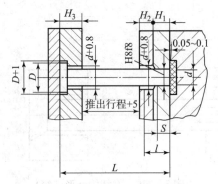

图 3 – 224 推杆的装配尺寸

D. 在保证塑件质量和顺利脱模的前提下, 推杆的数量不宜过多, 以简化模具和减少对塑件的影响。另外, 根据塑件的形状和尺寸, 尽可能使推杆位置均匀对称, 使设备所受的推出力均衡, 避免推杆弯曲变形。

E. 推杆通过成型零件的位置, 应避开冷却水道。

推杆的材料多为 45 钢、T8 或 T10 钢, 推杆头部需淬火硬度大于 50 HRC, 表面粗糙度在 $Ra1.6$ 以下。

④常见推杆推出机构的结构形式。

常见推杆推出机构的结构形式如图 3 – 225 所示。图 (a) 为推杆设置在塑件底面, 适用于板状塑件, 推出机构的复位一般应采用复位杆; 图 (b) 是利用设置在塑件内的锥形推杆推出, 接触面积大, 便于脱模, 但型芯冷却较困难; 图 (c) 是塑件不允许有推杆痕迹, 但又需要用推杆推出时, 可采用设置顶出耳推出的形式; 图 (d) 推出带嵌件的塑件时, 推杆设置在嵌件下方, 可避免在塑件上留下痕迹。

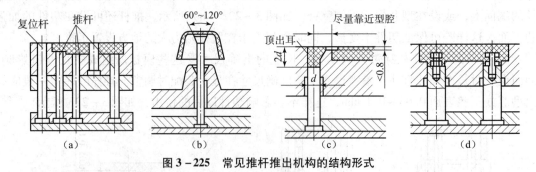

图 3 – 225 常见推杆推出机构的结构形式

（2）推管推出机构。对于中心有孔的薄壁圆筒形塑件, 可用推管推出机构。推管整个周边来推顶塑件, 机构动作均匀、可靠, 且在塑件上不留推出痕迹, 但对一些软性塑料, 如聚乙烯、软聚氯乙烯等不宜采用, 此时应与其他推出机构如推杆推出同时使用。

①设计推管推出机构的注意事项:

A. 推出塑件的厚度（也即推管的厚度）, 一般不小于 1.5 mm。

B. 推管淬硬 50~55 HRC,最小淬硬长度要大于与型腔配合长度加上推出距离。

C. 当推出快时,制品易被挤缩,其高度尺寸难于保证。

D. 推管的设计与推杆设计有许多类似之处,可看成是一种空心推杆。推管的内径与型芯配合,外径与模板配合,其配合一般均为间隙配合,对于小直径推管取 H8/f8(H7/f7),对于大直径推管取 H8/f7。推管与型芯的配合长度为推出行程加 3~5 mm,推管与模板的配合长度一般为推管外径的 1.5~2 倍,其余部分均可扩孔,推管扩孔为 $d+0.5$ mm,模板扩孔为 $D+1$ mm,为了保护型腔和型芯表面不被擦伤,推管外径要略小于塑件相应部位的外径。推管的配合如图 3-226 所示。

一般推管需单独做,推管的材料、热处理要求及表面粗糙度要求与推杆相同。

②常见推管推出机构的结构形式。主型芯和动模可同时设计在动模一边,有利于提高塑件的同轴度。如图 3-227 所示,推管推出塑件的运动方式与推杆推出塑件基本相同,只是推管中间固定一个长型芯。图 3-227(a)所示结构使模具的闭合高度加大,但结构可靠,多用于推出距离不大的场合;图 3-227(b)所示结构将型芯固定在动模座板上,型芯虽长,但结构紧凑,可作为推出机构的导柱。图 3-227(c)所示是让推管在型腔板内活动,可有效缩短推管的长度;图 3-227(d)是在推管上开长槽,型芯用圆柱销或方销固定在模板上,这种形式的型芯较短,模具结构紧凑,但紧固力较小。

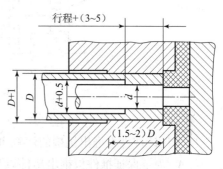

图 3-226 推管的配合

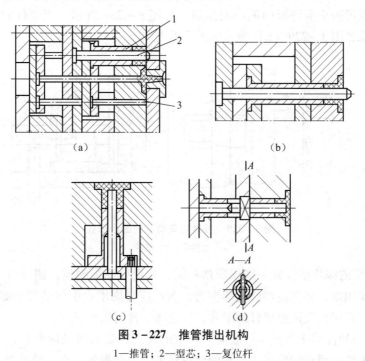

(a)   (b)

(c)   (d)

图 3-227 推管推出机构

1—推管;2—型芯;3—复位杆

(3)推件板推出机构。推件板是一块与型芯模有一定配合精度的模板,它是在塑件的

模具学

整个周边端面上进行推出的,因此,它具有作用面积大、推出力大、顶推力在塑件整个周边上均匀分布、运动平稳、塑件上无推出痕迹等优点。罩、壳、盖、盒、容器等一类塑件,特别是壁厚较小的塑件,采用脱件板脱模最适宜。但对非圆形的塑件,其配合部分加工较困难,同时因增加推件板而使模具重量增加,推件板推出机构如图3-228(a)所示。

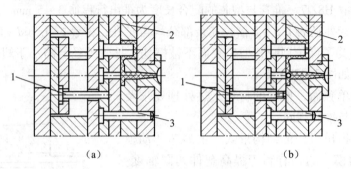

图3-228　推件板推出机构

1—推杆;2—推件板;3—导柱

①设计推件板推出机构的注意事项。

A. 为了保证推件板推出塑件以后,能留在模具上,导柱应有足够的长度。当导柱不能太长时,可采用如图3-228(b)所示结构,将推杆前端做成螺杆,拧入推件板中,以确保推件板推出塑件时不脱离导柱。

B. 在推件板推出机构中,为了减小推件板与型芯的摩擦,推件板与型芯间留有0.20~0.25 mm的间隙,并用锥面配合,一般宜设计成单边斜度为5°~10°的锥面,既能起到辅助定位的作用,也可防止推件板因偏心而溢料,如图3-229所示。当塑件脱模斜度较小时,也可直接设计成如图3-229(b)所示的配合形式。

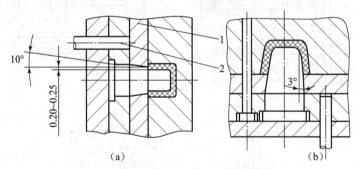

图3-229　推件板与型芯的配合形式

1—推件板;2—推杆

C. 对于大型的深腔塑件或采用软质塑料时,如用推件板脱模,塑件与型芯间容易形成真空,造成脱模困难,甚至使塑件变形损害,为此应考虑增设引气装置。如图3-230所示结构,采用中间直接设置锥面推杆的形式,使推出塑件时很快进气。

D. 推件板与塑件的接触部位一般需有一定的硬度和表面粗糙度要求,若采用整体全部淬硬,会因淬火变形而影响推件板上孔的位置精度,因此批量较大、精度要求较高的塑件成形,常将推件板设计成局部镶嵌的组合结构。

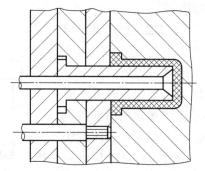

图 3 - 230　推件板推出机构的引气装置

常见的推件板镶嵌形式如图 3 - 231 所示。

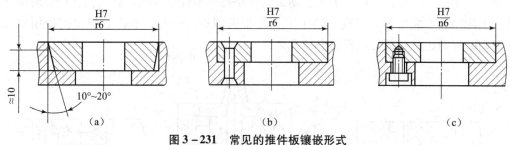

图 3 - 231　常见的推件板镶嵌形式

E. 因为推板能在合模过程中依靠合模力的作用回到初始位置，所以在结构中不必另设复位机构。

②常见推板推出机构的结构形式。常见推板推出机构的结构形式如图 3 - 232 所示。

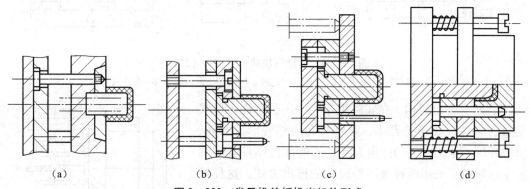

图 3 - 232　常见推件板推出机构形式

（4）推块推出机构。对于平板状带凸缘的塑件，当表面不允许有推杆痕迹，且平面度要求较高，如用推杆推出容易变形，推件板推出会产生黏模时，不宜采用上述推出机构，此时可用活动镶块或型腔将塑件推出。

①设计推块推出机构的注意事项。

A. 推块是型腔的组成部分，应有较高的硬度和很低的表面粗糙度，硬度 50 HRC 以上，表面粗糙度在 $Ra0.1$ 以下。

B. 推块与模具滑孔或型芯之间应有良好的间隙配合 H8/f8，既要求推块运动灵活，又不允许间隙处溢料。

②常见推块推出机构的结构形式。

如图 3 - 233 所示,图（a）是用螺纹型芯推出塑件,当塑件被推出后,需要手工将塑件取下并用辅助工具拧下螺纹型芯 1,重新放入模具中以便成型下一个塑件,图（b）是用活动镶块推出塑件,塑件脱模后仍与镶块在一起,所以还需手工将塑件从活动镶块上取下;如图 3 - 234 所示,图（a）是采用台阶推块推出塑件,复位杆使推块复位,图（b）是推块依靠主流道中熔体压力来实现复位,图（c）复位杆与推杆安装在一个固定板上,适用推块较大的情况,此时推块没有加工凸缘;图 3 - 235 是用型腔将塑件从型芯上推出,然后用手或辅助工具将塑件从型腔中取出。此机构在设计时应注意型腔板上的型腔不能太深,否则会给手工取件带来困难,另外,推杆要与型腔板用螺纹联结,否则取件时,型腔板会从模具上掉下来。

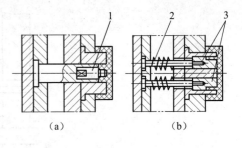

图 3 - 233　活动镶块的推出机构（一）

1—螺纹型芯；2—弹簧；3—活动镶块

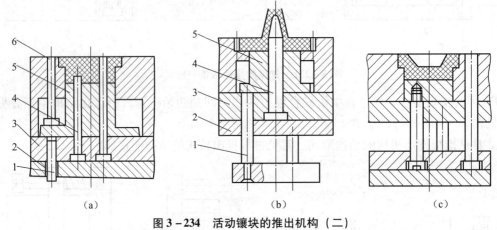

图 3 - 234　活动镶块的推出机构（二）

1—推杆；2—支承板；3—型芯固定板；4—型芯；5—推块；6—复位杆

（5）联合推出机构。在实际生产当中还会有许多形状较复杂的塑件,如深腔壳体、薄壁、有局部管形、凸筋、金属嵌件等,采用单一的推出方式,不能保证塑件会顺利脱模,这时就要采用两种或两种以上的推出方式,这种推出机构称为联合推出机构。

常见联合推出机构的结构形式如图 3 - 236 所示,图（a）为推管、推件板联合推出机构,为克服型芯和深筒周边阻力,防止塑件损坏,采用以推件板为主、推管为辅的联合推出方式;图（b）考虑到嵌件放置和凸起深筒的脱模阻力,采用推杆、推件板、推管联合推出的方式;图

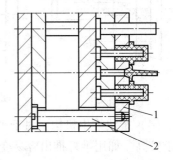

图 3 - 235　型腔推出机构

1—型腔板；2—推杆

（c）采用以推件板为主、推杆为辅的联合推出方式,可避免由于型芯内部阻力大,单独采用推件板或推杆会损坏塑件;图（d）当塑件有凸起深筒或脱模斜度较小时,深筒周边与型芯的阻力大,采用以推杆为主、推管为辅的联合推出方式。

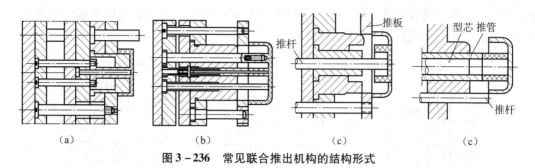

图 3 – 236　常见联合推出机构的结构形式

3）二级推出机构

由于塑件的形状特殊或生产自动化的需要，一次推出动作完成后，塑件难以全部脱出模外，如顶出力太大，易使塑件产生变形，甚至破坏，此时可采用二次推出，以分散脱模力，使塑件自动脱落。这类推出机构称为二级推出机构。

二级推出机构是在动模边实现先后两次推出动作，且这两次推出动作在时间上按一定顺序推出。

常见二级推出机构有八字形摆杆机构、U 形限制架机构、弹簧式推出机构、定距拉杆式推出机构、摆块拉板式推出机构等结构形式。

（1）八字形摆杆机构。如图 3 – 237 所示，利用八字形摆杆 5 来完成二次推出的机构。它的动作过程是：开模时注射机的顶出杆推动一次推板 6，通过定距块 7 使二次推板 4 以同样的速度推动塑件，这时型腔板 1 和塑件一起运动而脱离型芯，完成一次推出，如图 3 – 237（b）所示；当一次推板继续向上移动时，就会使八字形摆杆 5 向上顶动二次推板 4，使二次推板运动的距离大于一次推板向上运动的距离，从而将塑件从型腔中推出，完成二次推出，如图 3 – 237（c）所示。

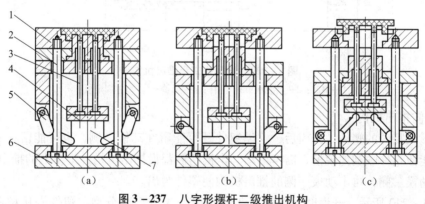

图 3 – 237　八字形摆杆二级推出机构

1—型腔板；2—长推杆；3—短推杆；4—二次推板；5—八字形摆杆；6—一次推板；7—定距块

（2）U 形限制架机构。如图 3 – 238 所示，通过 U 形限制架和摆杆来完成二次推出的机构。图 3 – 238（a）为合模状态，U 形限制架 1 固定在动模板上，摆杆 2 固定在推杆固定板的推板 8 上，夹在 U 形限制架内，圆柱销 6 固定在定模型腔板 4 上。开模时注射机顶出杆 9 推动推板 8，由于 U 形限制架的作用，摆杆只能垂直向上运动，推动圆柱销 6 使型腔板 4 和推杆 5 同时起推出塑件的作用，塑件即脱离型芯 7 完成了一次推出。当推出到如图 3 – 238（b）所示的位置时，摆杆脱离了 U 形限制架，限位螺钉 3 阻止型腔板 4 继续向上移动，同

时圆柱销 6 将两个摆杆分开，弹簧拉住摆杆紧靠在圆柱销上，当注射机继续推动推板 8 时，推杆推动塑件脱离型腔板 4，完成二次推出。

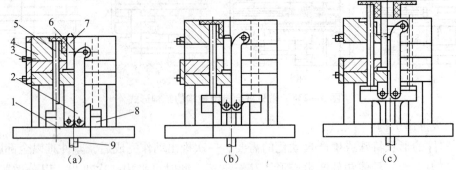

图 3 - 238　U 形限制架二级推出机构

1—U 形限制架；2—摆杆；3—限位螺钉；4—型腔板；5—推杆；6—圆柱销；7—型芯；8—推板；9—注射机顶杆

（3）弹簧式推出机构。如图 3 - 239 所示，由弹簧 4 推动型腔板 2，使塑件离开型芯一段距离，完成第一次脱模；再由推杆 3 推顶塑件脱离型腔和型芯，完成塑件自动脱落的第二次脱模动作。

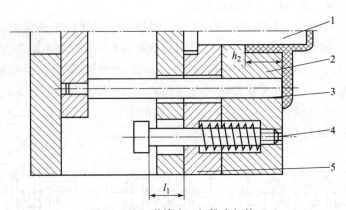

图 3 - 239　弹簧式二级推出机构

1—型芯；2—型腔板；3—推杆；4—弹簧；5—型芯固定板

4）双向推出机构

一些形状特殊的塑件，开模后，这类塑件既可能留在动模一侧，也可能留在定模一侧。这时为了能让塑件顺利地脱模，需考虑动、定模两侧都设推出机构，定模上的推出元件迫使塑件留在动模一侧，再由动模一侧的推出机构使塑件脱出。

如图 3 - 240 所示，开模时，在弹簧 2 的作用下 A 分型面分型，塑件先从型芯上脱下，保证其留在动模上，当限位螺钉 1 与定模板 3 接触后，B 分型面分型，最后在推杆 5 的作用下将塑件推出模外。这类机构称为动、定模双向推出机构，又称顺序分型推出机构。

如图 3 - 241 所示是双向推出机构其他两种形式，图（a）是利用弹簧的弹力使塑件首先从定模型腔 2 内脱出，留于动模型芯 1 上，再由动模推件板 3 推出塑件；图（b）的动作原理：开模时动模滚轮 5 压迫杠杆 6，使定模推出机构动作，迫使塑件留在动模上，最后由动模推件板 4 推出塑件。

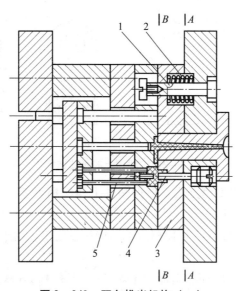

图 3 - 240 双向推出机构（一）

1—限位螺钉；2—弹簧；3—定模板；4—型芯；5—推杆

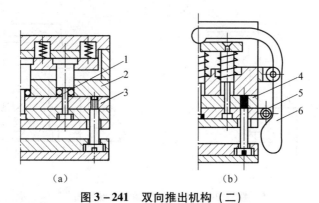

（a）　　　　　　　　　（b）

图 3 - 241 双向推出机构（二）

1—动模型芯；2—定模型腔；3，4—动模推件板；5—动模滚轮；6—杠杆

5）带螺纹塑件的脱模机构

（1）设计带螺纹制品脱模机构应注意的问题。

①对制品的要求。为了使塑件从螺纹型芯或螺纹型环上脱出，塑件和螺纹型芯或螺纹型环之间除了要有相对转动以外，还必须有相对的轴向移动。因此，在塑件设计时，塑件上必须带有防转结构。如图 3 - 242 所示是塑件上的止转结构。图 3 - 242（a）、（b）为内螺纹塑件外形上设止转的形式；图 3 - 242（c）为外螺纹塑件端面设止转的形式，图 3 - 242（d）为外螺纹塑件内形设止转的形式。

②对模具的要求。制品要求止转，模具就要有相应的防转机构来保证。当型腔与螺纹型芯同时设在动模时，型腔就可保证制品不转动。但当型腔不与螺纹型芯同时设在动模时，如型腔在定模，螺纹型芯在动模，则模具开模后，制品就离开定模上的型腔，此时即使制品外形有防转的花纹，也不起作用，即制品会留在螺纹型芯上，并随之一起转动，不能脱出。因此在模具上要另设止转机构。

模具学

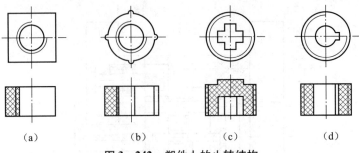

图 3 – 242　塑件上的止转结构

（2）塑件上的螺纹常用脱模方法。根据塑件上螺纹精度要求和生产批量的不同，塑件上的螺纹常用以下两种方法来脱模。

①强制脱模。采用强制脱模，可使模具的结构比较简单，用于精度不高，且螺纹形状为圆螺纹的塑件。

A. 利用塑件的弹性强制脱模。它适用于聚乙烯、聚丙烯等软性塑料。当塑件上有深度不大的半圆形粗牙螺纹时，就可以采用推件板将塑件从螺纹型芯上强制脱出，如图 3 – 243所示。

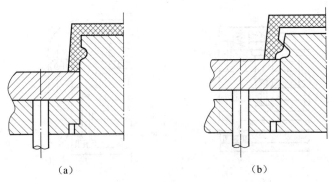

图 3 – 243　利用塑件弹性强制脱模

B. 手动脱模。手动脱出螺纹主要有两种形式：一种为模内型，这种形式的模具结构简单，加工方便，劳动强度高，生产率低，适用于试制生产和小批量生产，不易自动化。如图 3 – 244（a）所示。塑件成型后，需要先用工具将螺纹型芯拧下来，然后再由推出机构将塑件推出模外。另一种为模外型，如图 3 – 244（b）、（c）所示，开模时螺纹型芯或螺纹型环随塑件一起脱出模外，然后在模外使用专用工具由人工将塑件从螺纹型芯或螺纹型环上拧下来。

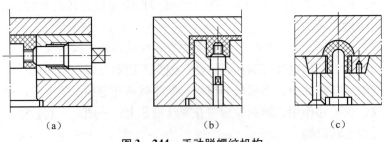

图 3 – 244　手动脱螺纹机构

C. 瓣合式脱模。螺纹型芯或型环采用瓣合式脱模，制造简单，脱模容易，但在螺纹部分有分型线，易产生飞边，清理困难。如图 3 – 245 所示，对于精度要求不高的外螺纹塑件，可采用两块拼合的螺纹型环成型，开模时，在斜导柱的作用下，型环左右分开，推件板推出塑件。

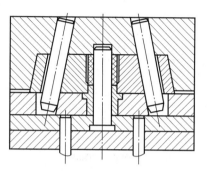

图 3 – 245　拼合的螺纹型环成型

这种方式模具一般需备有数个螺纹型芯或螺纹型环交替使用，且模外还需备有辅助取出螺纹型芯或螺纹型环的装置，有的还需备有使螺纹型芯或螺纹型环预热的装置。

②机动脱模。这种机构是利用开合的直线运动，通过齿条、齿轮或丝杆的传动，带动螺纹型芯脱出和复位，这类机动脱螺纹的模具，生产率较高，但结构很复杂，模具的制造成本一般较高，适用于大批量生产，易自动化生产。齿轮、齿条脱螺纹型芯机构，如图 3 – 246 所示，开模后，导柱齿条 9 带动固定于轴 10 右端的小齿轮，使伞齿轮 1 旋转，再通过与伞齿轮 1 相啮合的伞齿轮 2 的传动，带动螺纹拉料杆 8 和齿轮 3 旋转，然后又使齿轮 4 带动螺纹型芯 5 旋转，塑件依靠浇注系统凝料止转，塑件即可顺利脱出。由于螺纹型芯与螺纹拉料杆的转向相反，所以两者螺纹部分的旋向应相反，而螺距应相等。

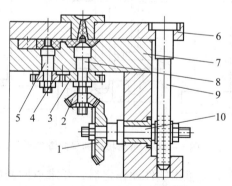

图 3 – 246　齿轮、齿条脱螺纹型芯机构

1，2—伞齿轮；3，4—齿轮；5—螺纹型芯；6—定模座板；7—型腔板；8—螺纹拉料杆；9—导柱齿条；10—轴

6）顶出元件的选材及要求

顶出元件选材及技术要求见表 3 – 35。

7）推出机构的导向与复位

（1）导向零件。当推杆较细、推杆数量较多及固定板和垫板的重量较大时，为了防止因塑件反推阻力不均而导致推杆弯曲，以至在推出时不够灵活，甚至折断，故常设导向零件。

表 3 – 35　顶出元件选材及技术要求

名称	选材	技术要求
顶杆	45 T8A、T10A	45～50 HRC 45～50 HRC
顶管	45 T8A、T10A	45～50 HRC 45～50 HRC
复位杆	45 T8A、T10A	45～50 HRC 45～50 HRC
脱件板、拉板	45 T8A、T10A 40MnB、40MnVB	45～50 HRC 40～45 HRC 调质 HB≥200
拉料杆	45 T8A、T10A	45～50 HRC 45～50 HRC

　　推出机构的导向零件一般也包括导柱和导套，但模具小、推杆数量少、塑件批量不大时，也可省去导套。导柱的数量一般不少于两个。常见的导向零件如图 3 – 247 所示，图 3 – 247（a）中的导柱，除了起导向作用外，还起支撑作用，可以减小注射成型时支承板的弯曲。当推杆的数量较多、塑件的产量较大时，光有导柱是不够的，还需装配导套，以延长导向零件的寿命及使用的可靠性，如图 3 – 247（b）所示。

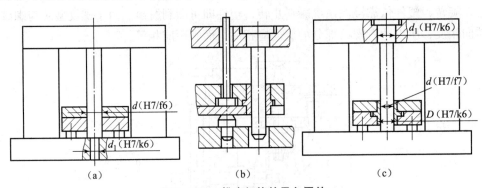

图 3 – 247　推出机构的导向零件

　　（2）复位零件。推杆在完成推出塑件动作之后，要求返回初始位置，以待下一次工作。为了使推出零件在合模后能回到原来的位置，推杆或推管推出机构中通常还设有复位杆。使推杆复位的零件称复位杆、回程杆或反推杆。借助模具的闭合动作而使推出机构复位的杆件，是推出机构中应用最广泛的一种复位零件。

　　复位杆在结构上与推杆相似，复位杆必须和推杆固定在同一块板上。两者的不同之处是它们与模板的配合间隙不同，复位杆与模板的配合间隙可以较推杆与模板的配合间隙稍大，同时它的端面要与所在动模的分型面齐平，如难以达到，宁可使复位杆端面低于动模表面不大于 0.05 mm。

　　复位杆的形式如图 3 – 248 所示，图（a）是复位杆的结构与装配尺寸；图（b）是常用形式，复位杆顶在淬火过的分型面上；图（c）是复位杆的顶面顶在不淬火的定模固定板上，为此在固定板上镶入一淬火垫块，以免在工作中复位杆将定模固定板顶出凹坑而影响准确复位。

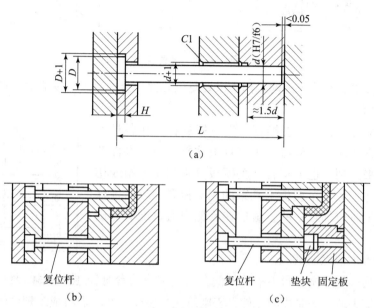

图 3－248　复位杆的形式

在塑件的几何形状和模具结构允许的情况下，也可利用推杆兼作复位杆进行复位，如图 3－249 所示。推杆兼用复位杆不需另设复位杆，可使模具结构简单。兼用推杆的设计要求与一般推杆相同，但复位状态下也应与分型面平齐。同时，兼用推杆的边缘应与型芯侧壁隔 0.1～0.15 mm，以避免兼用推杆因推杆孔的摩擦而把型芯侧壁擦伤。

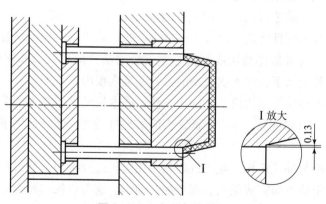

图 3－249　复位杆兼推杆

复位杆一般设置在推板的四周，数量为 2～4 个，且各复位杆的长度应一致。在推管和推块推出机构中，有时也需采用复位杆使推出机构复位。

小型模具可利用弹簧的弹力使推出机构复位，如图 3－250 所示。其中图 3－250 （a）是在弹簧的内孔装一定位杆，以免工作时弹簧偏移；图 3－250 （b）是当推板的空间位置不够时，将弹簧直接套在推杆上。使用弹簧结构简单，而且可实现推出机构先于模具闭合而复位，但不如复位杆可靠，故设计时应注意弹簧的弹力要足够，一旦弹簧失效，要及时更换。

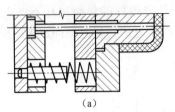

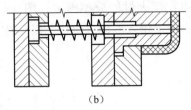

图 3 – 250　弹簧复位

所有结构形式的推件板机构，都不需要复位元件，合模时，定模表面压迫脱件板自动复位，如图 3 – 251 所示。

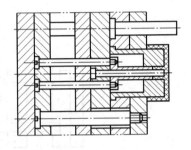

为满足装配要求，模具上推杆和复位杆的各孔在各板上有较严格的位置要求。一般可采用将各板重叠，用一次性钻铰的加工方法来达到。也可将各有关模板分别加工，用线切割或坐标镗床等保证每个模板上孔系的相对位置精度。推杆和复位杆在加工时应加长一些，最后在装配中通过配磨等确定最后长短。

图 3 – 251　推件板机构的复位

3. 侧向分型与抽芯机构

当塑件上具有与开模方向不一致的侧孔、侧凹或凸台时，在脱模之前必须先抽掉侧向成型零件，否则就无法脱模。此时需将成型塑件侧孔或侧凹等的模具零件做成活动的，这种零件称为侧型芯（俗称活动型芯）。

这种带动侧向成型零件抽出和复位的机构称为侧向分型与抽芯机构。这类模具脱出塑件的运动有两种：一种是开模时先完成侧向分型与抽芯，然后推出塑件；另一种是侧向抽芯与分型和塑件的推出同步。

（1）侧向分型与抽芯机构的分类。

①手动侧向分型与抽芯机构。手动侧向分型抽芯又可分为模内手动和模外手动两种形式。前者是在塑件脱出模具之前，由人工通过一定的传动机构实现侧向分型抽芯，然后再将塑件从模具中脱出；后者是将滑块或侧型芯做成活动镶件的形式，和塑件一起从模具中脱出，然后将其从塑件上卸下，在下次成型前再将其装入模内。

这类机构的特点是模具结构简单，制造方便，成本较低，但工人的劳动强度大，且受人力限制难以获得较大的抽拔力，生产率低，不能实现自动化。因此适用于生产批量不大或试制性生产的场合。

②机动侧向分型与抽芯机构。此类机构利用注射机的开模力，通过传动件使模具中的侧向成型零件移动一定距离而完成侧向分型与抽芯动作。这类机构的特点是模具结构复杂，制造困难，成本较高，但其优点是劳动强度小，操作方便，生产率较高，易实现自动化，故生产中应用较为广泛。机动分型抽芯机构按传动方式又可分为斜导柱、斜滑块、弯销、斜导槽、楔块、斜槽、弹簧、齿轮齿条等多种形式，其中斜导柱和斜滑块最为常用。

③液压或气动侧向分型与抽芯机构。此类机构以液压力或压缩空气作为侧向分型与抽芯的动力。它具有传动平稳、抽拔力大、抽芯距长、抽拔时间灵活等优点。缺点是液压或气动装置成本较高。由于注射机本身带有液压系统，所以用液压比气压方便，且气压只能用于所需抽拔力较小的场合。

（2）抽芯距与抽芯力的计算。

①抽芯距的确定。抽芯距 S 是指将侧型芯抽至不妨碍塑件脱模位置的距离。一般抽芯距等于成型塑件的孔深或凸台高度 h 再加 $2 \sim 3$ mm 的安全系数，如图 3 – 252（a）所示。

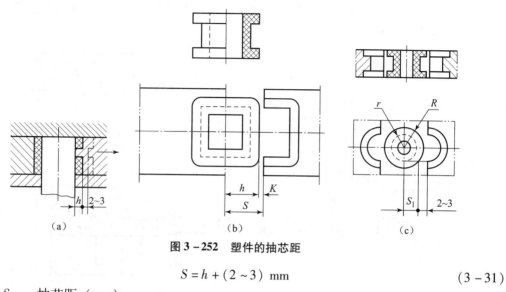

图 3 – 252　塑件的抽芯距

$$S = h + (2 \sim 3) \text{ mm} \qquad (3 – 31)$$

式中：S——抽芯距（mm）；

　　　h——塑件侧孔深度或侧凸高度（mm）。

当塑件结构比较特殊时，不能用式（3 – 31），常用作图法确定抽芯距。如图 3 – 252（b）所示的矩形骨架塑件，公式同式（3 – 31）；如图 3 – 252（c）所示的圆形骨架塑件，公式如下：

$$S = S_1 + (2 \sim 3) \text{ mm} = \sqrt{R^2 - r^2} + (2 \sim 3) \text{ mm} \qquad (3 – 32)$$

式中：R——塑件最大外圆的半径；

　　　r——阻碍塑件脱模最小圆的半径。

②抽芯力的计算。注射成型后，塑件在模具内冷却定型，由于体积的收缩，对型芯会产生一定的包紧力，要抽出侧型芯就要克服包紧力所引起的摩擦阻力。对于不带通孔的壳体类塑件，脱模时还要克服大气压力。此外，还需克服机构本身运动的摩擦阻力及塑料与钢材之间的黏附力。开始脱模的瞬间所要克服的阻力最大，称为初始抽芯力，以后脱模所需的力称为相继抽芯力，后者要比前者小。所以计算抽芯力的时候，计算的是初始抽芯力。

影响脱模力大小的因素很多，设计时应根据主要影响因素进行粗略计算。

1）斜导柱分型与抽芯机构

（1）斜导柱分型抽芯的原理。斜导柱分型抽芯机构是生产中最常见的一种形式，它是利用斜导柱等零件把开模力传递给侧型芯，使之产生侧向移动来完成抽芯动作的。这类机构的特点是结构紧凑、动作安全可靠、加工制造方便，但它的抽芯距和抽芯力受到模具结构的限制，一般用于抽芯力及抽芯距不大的场合。

斜导柱抽芯机构动作原理如图 3 – 253 所示。图 3 – 253（a）为注射完毕时的合模状态，斜导柱 3 固定在定模座板 2 上，滑块 8 在动模板 7 的导滑槽内可以移动，侧型芯 5 用销钉 4 固定在滑块 8 上；图 3 – 253（b）为开模后的状态，开模力通过斜导柱作用于滑块，迫使滑块在动模板的导滑槽内向左移动，完成侧抽芯动作；图 3 – 253（c）为推出塑件后的状态，塑件由推管 6 推出型腔；图 3 – 253（d）为合模过程中斜导柱重新插入滑块时的状态，在合模过程中，滑块 8 仍然由斜导柱作用而复位；图 3 – 253（e）为完成时合模的状态。楔紧块 1 的作用是保证侧型芯在成型过程中能抵抗型腔的内压力不使滑块产生移动。限位挡块 9、螺钉 11 及弹簧 10 是滑块在抽芯后的定位装置，保证合模时斜导柱能准确地进入滑块的斜孔，使滑块能回到成型位置。

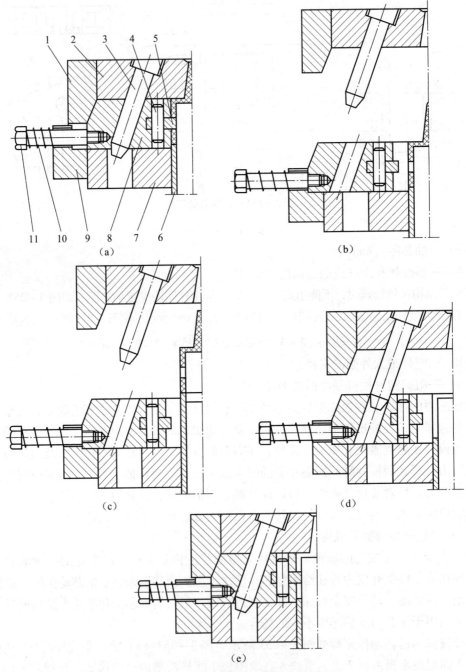

图 3 – 253　斜导柱抽芯机构动作原理

1—楔紧块；2—定模座板；3—斜导柱；4—销钉；5—侧型芯；6—推管；

7—动模板；8—滑块；9—限位挡块；10—弹簧；11—螺钉

（2）斜导柱抽芯机构的零部件设计。

① 斜导柱设计。设计斜导柱时，要先根据塑件要求，计算出所需抽拔力和抽芯距，然后确定斜导柱直径、长度和结构。

A. 斜导柱的形式。斜导柱的形状主要有两种：圆形断面和矩形断面，如图 3 – 254 所示。圆形断面的特点是制造方便，装配容易，应用广泛，如图 3 – 254（a）所示。矩形断面的特点是制造麻烦，不易装配，但其强度较高，承受的作用力较大，还有一定的延时作用，因此在实际生产中仍然使用，如图 3 – 254（b）所示。

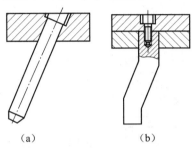

（a）　　　　　　（b）

图 3 – 254　斜导柱的形式

（a）圆形断面；（b）矩形断面

B. 斜导柱的结构形式。

斜导柱的结构形式如图 3 – 255 所示，其中图 3 – 255（a）为普通形式，其截面一般为圆形；图 3 – 255（b）是为了减小斜导柱与滑块间的摩擦，将斜导柱铣出两个相对平面，其宽度 b 为斜销直径的 0.8 倍。为便于斜导柱导入滑块，斜导柱头部通常做成半球形或圆锥形。呈圆锥形时其半锥角应大于斜销的斜角 α，以免在斜导柱的有效长度脱离后其头部仍然继续驱动滑块。

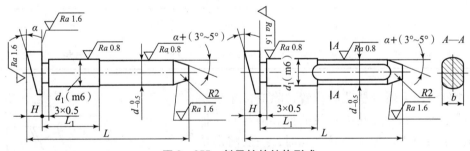

图 3 – 255　斜导柱的结构形式

斜导柱的材料一般用 T8A、T10A 或 20 钢渗碳处理，淬火硬度在 55 HRC 以上，工作表面经磨削加工后保持有 $Ra0.8$ 的表面粗糙度。

C. 斜导柱的安装形式。斜导柱的安装形式如图 3 – 256 所示。其安装部分与模板间采用 H7/m6 或 H7/n6 的过渡配合。因滑块运动的平稳性由滑块与导滑槽之间的配合精度保证，合模时滑块的最终位置又是由楔紧块保证的，斜导柱只起驱动滑块的作用，故为了运动灵活，斜导柱与滑块间可采用较松的间隙配合 H11/h11 或保持 0.5 ~ 1 mm 的间隙。有时为了使滑块运动滞后于开模运动，分型面先打开一个缝隙，使塑件从型芯上松动下来，然后斜导柱再驱动滑块开始抽芯，这时配合间隙可以放大到 1 mm 以上。

D. 斜导柱孔位置的确定。如图 3 – 257 所示，斜导柱孔位置需确定的尺寸有 a、a_1、a_2，确定步骤如下：

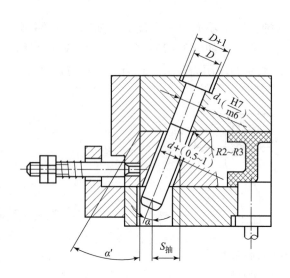

图 3 - 256　斜导柱的安装形式

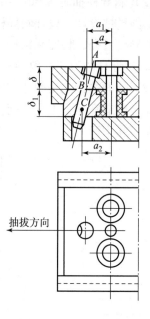

图 3 - 257　斜导柱孔位置的确定

在滑块顶面长度的 1/2 处取 B 点，通过 B 点作出倾斜导柱倾角为 α 的点画线段与模具顶面处相交于 A 点；取 A 点到模具中心线距离并调整为整数，即为孔距尺寸 a；a_1、a_2 决定于倾斜角和模板厚度，可直接查表 3 - 36。

表 3 - 36　不同倾斜角时 a_1、a_2 值

α	10°	15°	18°	20°	22°	25°
a_1	$a + 0.176\delta$	$a + 0.268\delta$	$a + 0.329\delta$	$a + 0.364\delta$	$a + 0.404\delta$	$a + 0.466\delta$
a_2	$a_1 + 0.176\delta_1$	$a_1 + 0.268\delta_1$	$a_1 + 0.329\delta_1$	$a_1 + 0.364\delta_1$	$a_1 + 0.404\delta_1$	$a_1 + 0.466\delta_1$

滑块分型面上斜导柱孔的位置，除应位于滑块的中心线上外，斜导柱孔中心线的投影应与滑块抽芯方向的轴线垂直。加工斜导柱孔时，一般将滑块装入模具的导滑槽内，在动、定模合紧后一起加工。

E. 斜导柱倾斜角的确定。斜导柱轴向与开模方向的夹角称为斜导柱的倾斜角 α。如图 3 - 258 所示，α 的大小对斜导柱的有效工作长度 L、抽芯距 S、开模行程 H 和受力状况等起着重要作用。

从斜导柱的结构考虑，希望倾斜角 α 值大一些好；而从斜导柱受力情况考虑，希望倾斜角 α 值小一些好。综合两方面考虑，理论上 α 值取 22°30′ 比较合理，一般在设计时 $\alpha < 25°$，常用为 $\alpha = 15° \sim 20°$。

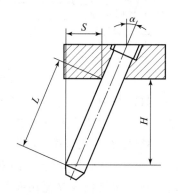

图 3 - 258　斜导柱的倾斜角、工作长度、抽芯距、开模行程的关系

F. 斜导柱直径 d 的计算。因为计算较复杂，所以在实际设计当中，常用查表法确定斜

导柱的直径。

G. 斜导柱长度的计算。圆形端面斜导柱的长度主要根据抽芯距、斜导柱直径及倾斜角来确定。图 3 – 259 中，斜导柱的长度为

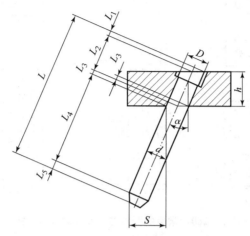

图 3 – 259　斜导柱的长度

$$L = L_1 + L_2 + L_3 + L_4 + L_5 = (D/2)\tan\alpha + h/\cos\alpha + (d/2)\tan\alpha + S/\sin\alpha + (5 \sim 10)\ \text{mm}$$

$$(3 – 33)$$

式中：L——斜导柱的总长度（mm）；

　　　D——斜导柱台肩直径（mm）；

　　　d——斜导柱工作部分的直径（mm）；

　　　h——斜导柱固定板的厚度（mm）；

　　　S——抽芯距（mm）；

　　　α——斜导柱的倾斜角（°）。

其中 $L_2 + L_3$ 为斜导柱的安装长度；$L_3 + L_4$ 为斜导柱的伸出长度；L_4 为斜导柱的有效长度 $S/\sin\alpha$；L_5 为斜导柱的头部长度，常取 5 ~ 10 mm。

斜导柱在固定板中的安装长度为 L_a：

$$L_a = L_1 + L_2 - L_3 = (D/2)\tan\alpha + h/\cos\alpha - (d/2)\tan\alpha \qquad (3 – 34)$$

也可采用查表法求得斜导柱的总长度。

②滑块设计。滑块的结构主要有两种形式：整体式和组合式。

A. 侧型芯和滑块的连接形式。图 3 – 260 是几种常见的侧型芯与滑块的连接方式。

B. 滑块的导滑形式。滑块在抽芯和复位过程中，要保证运动平稳，抽芯及复位可靠，无上下窜动和卡紧现象，在导滑槽内必须很好地导滑。滑块与导滑槽一般为 H7/f7 配合，配合形式根据模具大小、结构及塑件产量的不同而不同，常见的滑块导滑形式如图 3 – 261 所示。

滑块与导滑槽之间的配合部分一般按 H8/f7 或 H8/f8 间隙配合，非配合部分 0.5 ~ 1 mm 的间隙。滑块上斜导柱孔的进口处应倒圆，圆角半径 1 ~ 3 mm，以便复位时斜导柱进入滑块。滑块上的侧型芯为成型零件，其材料可选用 CrWMn、T10A 和 42CrMn 等材料，可淬火或调质。滑块和导滑槽一般选用 45 钢、40Cr、42CrMn 等材料，淬火硬度在 40 HRC 以上，

表面应保证粗糙度在 $Ra0.8$ 左右。

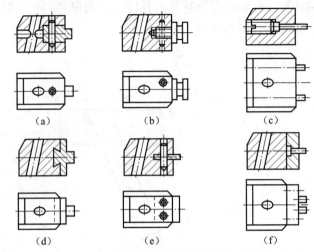

图 3 – 260　常见的侧型芯与滑块的连接形式

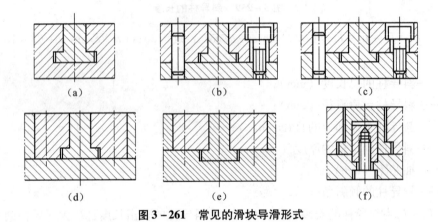

图 3 – 261　常见的滑块导滑形式

C. 滑块的定位装置。合模时为了保证斜导柱的伸出端可靠地进入滑块的斜孔，滑块在抽芯后的终止位置必须定位，定位装置必须灵活、可靠、安全。图 3 – 262 给出了几种常见的滑块定位装置。

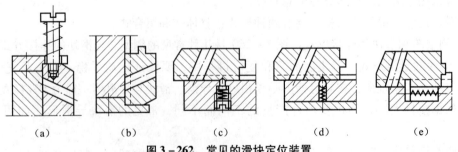

图 3 – 262　常见的滑块定位装置

D. 滑块的导滑长度。滑块在完成抽芯动作后，留在导滑槽内的长度 l 应大于滑块长度 L 的 2/3，如图 3 – 263（a）所示，否则在滑块复位时容易倾斜，损坏模具。当模具尺寸不宜加大，而导滑槽长度不够时，可在模具上采取局部加长导滑槽的方法，如图 3 – 263（b）所示。当然导滑槽长度也不能加太长，应避免无谓地加大模具尺寸。

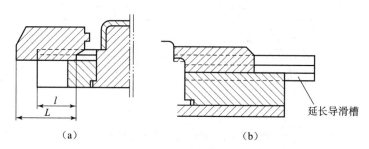

图 3 - 263　滑块的导滑长度

③楔紧块的设计。

A. 楔紧块的结构形式。一般的斜导柱为一细长杆，受力后很容易弯曲变形，因此必须设置楔紧块，以便在合模状态下能压紧滑块，承受腔内熔融塑料给予侧向成型零件的推力。楔紧块的主要形式如图 3 - 264 所示。

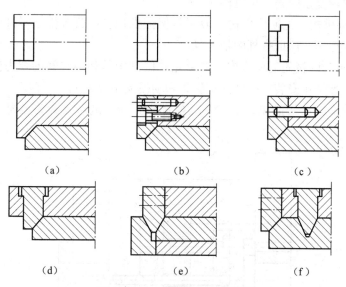

图 3 - 264　楔紧块的主要形式

B. 楔紧块的楔角。为了保证在合模时能压紧滑块，而在开模时它又能迅速脱离滑块，避免楔紧块影响斜导柱对滑块的驱动，锁紧角 α' 一般必须大于斜导柱的斜角 α，这样才能保证模具一开模，楔紧块就让开。如图 3 - 265 所示，$\alpha' = \alpha + (2° \sim 3°)$。

④斜导柱抽芯机构中的干涉现象及先复位机构。

A. 抽芯时的干涉现象。在斜导柱抽芯机构中，滑块的

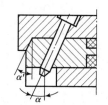

图 3 - 265　楔紧块的楔角

复位是在合模过程中实现的，而推出机构的复位一般也是在合模过程中通过复位杆实现的。若滑块的复位先于推杆的复位致使活动侧型芯与推杆相碰撞，造成推杆或侧型芯的损坏，即产生了干涉现象，如图 3 - 266 所示。

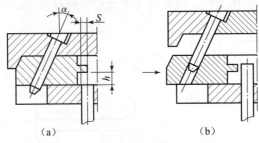

（a）　　　　　　　　　　　　（b）

图 3 – 266　侧抽芯时的干涉现象

B. 避免干涉的条件。推杆的复位通常采用复位杆来完成，但在斜导柱抽芯机构中，如果推杆与侧型芯的水平投影相重合，或是推杆的顶出距离小于侧型芯的最低面，若仍采用复位杆复位，就可能产生干涉现象。因此，采用复位杆也能起到推杆的先复位作用。条件是推杆断面至侧型芯的最近距离 h 和 $\tan\alpha$ 的乘积要大于侧型芯与推杆在水平方向的重合距离 S，即 $h \cdot \tan\alpha > S$（一般大于 0.5 mm 以上），如图 3 – 266（a）所示。如果仍不能满足要求，那就必须采用结构较复杂的先复位机构。

C. 推杆先复位机构。先复位机构一般不能保证推杆、推管等推出零件的精确复位，所以它也要与复位杆连用，保证推杆的精确复位。

图 3 – 267 所示为弹簧先复位机构。弹簧先复位机构是利用弹簧的弹力使推出机构在合模之前进行复位，弹簧 4 安装在推杆固定板 2 和动模支承板 5 之间，在复位杆 6 上挂弹簧效果是相同的。这种形式结构简单，装配及更换都很方便。缺点是弹簧容易失效，故需按时更换。

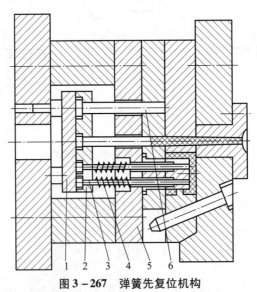

图 3 – 267　弹簧先复位机构

1—推板；2—推杆固定板；3—推杆；4—弹簧；5—支承板；6—复位杆

图 3 – 268 所示为一种楔形滑块式先复位机构。在合模时固定在定模板上的楔杆 3 与三角形滑块 2 的接触先于斜导柱与侧型芯滑块的接触，这样在楔杆的作用下，三角形滑块在推杆固定板 1 的导滑槽内向下移动的同时迫使推杆固定板向左移动，使推杆先于侧型芯滑块复位，从而避免两者发生干涉现象。

| 278 |

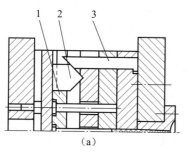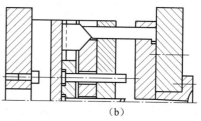

图 3 - 268　楔形滑块式先复位机构

1—推杆固定板；2—三角形滑块；3—楔杆

图 3 - 269 所示为摆杆复位机构。摆杆复位机构与楔形滑块复位机构相似，所不同的是由摆杆 3 代替了楔形滑块的作用。合模时楔形杆 1 推动摆杆 3，使其朝箭头方向转动，推动顶出板 4 使顶杆 5 复位。

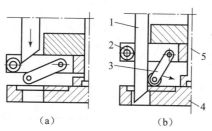

图 3 - 269　摆杆复位机构

1—楔形杆；2—滚轮；3—摆杆；4—顶出板；5—顶杆

先复位机构的形式还有许多，如杠杆式先复位机构等。

（3）斜导柱分型与抽芯机构的形式。

①斜导柱在定模、滑块在动模的结构。这种结构应用非常广泛，前面举的例图当中全是此结构的外侧抽芯形式。图 3 - 270 为斜导柱内侧抽芯机构。图 3 - 271 为斜导柱侧向延迟分型。

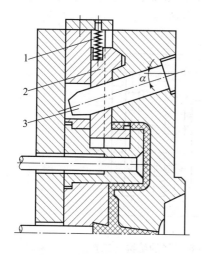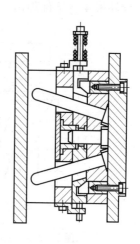

图 3 - 270　斜导柱内侧抽芯机构

1—弹簧；2—滑块；3—斜导柱

图 3 - 271　斜导柱侧向延迟分型

斜导柱在定模、滑块在动模的结构在设计结构时，应避免复位时滑块与推出机构发生干涉。

②斜导柱在动模、滑块在定模的结构。这种形式的模具结构较为简单，加工方便，但需要人工取塑件，生产率较低，仅适用于小批量生产的简单模具。

这种模具结构如图 3 – 272 所示，该模具的特点是没有推出机构，型腔制成瓣合式模块，可在定模板上滑动，斜导柱 5 与型腔滑块 3 上的斜导柱孔之间存在较大的间隙 c（$c = 1.6 \sim 3.6$ mm）。开模时，在型腔滑块移动之前，模具首先分开一段距离 s（$s = c / \sin \alpha$），使型芯 4 从塑件中脱出 s 距离并与塑件发生松动，然后型腔滑块在斜导柱的带动下分开而脱离塑件，最后由人工将塑件取出。

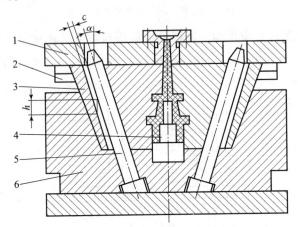

图 3 – 272　斜导柱在动模、滑块在定模的结构（一）
1—定模座板；2—导滑槽；3—型腔滑块；4—型芯；5—斜导柱；6—动模座板

如图 3 – 273 所示为这种模具结构的另一种结构形式，为型芯浮动式斜导柱定模抽芯。它的特点是型芯 13 与动模板 10 之间有一段可相对运动的距离。开模时，动模部分向下移动，在弹簧 6 和顶销 5 的作用下在 A 处分型，由于塑件包紧力的作用，型芯 13 不动，此时侧型芯滑块 14 在斜导柱 12 的作用下开始侧抽芯退出塑件。继续开模时，型芯 13 的台肩与动模板 10 接触，模具在 B 处分型，包在型芯上的塑件随动模一起向下移动从型腔镶件 2 中脱出，最后由推件板 4 将塑件顶出。

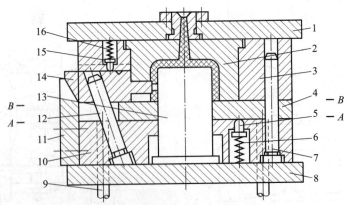

图 3 – 273　斜导柱在动模、滑块在定模的结构（二）
1—定模座板；2—型腔镶件；3—定模板；4—推件板；5—顶销；6—弹簧；7—导柱；8—支承板；9—推杆；
10—动模板；11—楔紧块；12—斜导柱；13—型芯；14—侧型芯滑块；15—定位顶销；16—弹簧

③斜导柱与滑块同在定模的机构。有时因塑件结构需要，滑块与斜导柱都设在定模部分，这时对模具结构提出了新的要求。如前所述，只有实现斜导柱与滑块的相对运动才能完成侧抽芯动作。而斜导柱与滑块被同时安装在定模时，要实现二者的相对运动就需要采用顺序分型机构来完成。模具中用来保证模具各分型面按一定顺序打开的机构叫顺序分型机构或定距分型拉紧机构。

定距分型拉紧机构除了用于顺序分型外，还常用于使用点浇口的双分型面模具的浇注系统凝料的取出及确保塑件留在动模上而设置的双分型面模具的顺序分型。常用的定距分型拉紧机构有以下几种：

A. 弹簧螺钉式顺序分型机构。

弹簧螺钉式顺序分型机构如图3-274所示。开模时，由于弹簧8的作用首先从A分型面分开，主流道凝料从主流道中脱出，同时侧型芯滑块1在斜导柱2的作用下开始侧向抽芯。当动模移动至定距螺钉7起限位作用时，抽芯动作结束。此时动模继续移动，分型面B分开，塑件脱出定模，留在型芯3上，最后由推件板5推出塑件。这种结构形式较为简单，制造方便，适用于抽心力不大的场合。

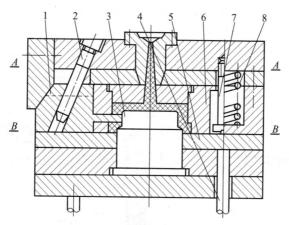

图3-274　弹簧螺钉式顺序分型机构

1—侧型芯滑块；2—斜导柱；3—型芯；4—推杆；5—推件板；6—型腔板；7—定距螺钉；8—弹簧

B. 摆钩式顺序分型机构。

摆钩式顺序分型机构如图3-275所示。当抽芯力较大的时候可采用此种结构形式。开模时，由于摆钩8紧紧钩住动模板11上的挡块12，迫使分型面A首先分开，此时侧型芯滑块1在斜导柱2的作用下开始做抽芯动作，在侧型芯全部抽出塑件的同时，压块9上的斜面使摆钩8按逆时针方向转动而脱离挡块12。当动模继续移动时，定模板10被定距螺钉5拉住，使分型面B分开，塑件由型芯3带出定模，最后由推件板4推出塑件。这种结构拉紧力大，动作可靠，适用于抽芯力较大的场合。

C. 滑块式定距分型拉紧机构

滑块式定距分型拉紧机构如图3-276所示。其中图3-276（a）为闭合状态；图3-276（b）为分开状态。开模时，由于拉钩2钩住滑块3，因此定模板5与定模座板7首先从Ⅰ面分开。分开一段距离后，压块1的斜面作用在滑块3上，使其向模内滑动而脱离拉钩2。动模继续移动时，由于定距螺钉6的作用，使分型面Ⅱ分开，最后取出塑件。合模时，

Ⅱ面首先闭合，继而滑块 3 脱离压块 1，并在弹簧作用下复位，直至恢复起始拉紧状态。这种结构可用于各种定距分型的场合。

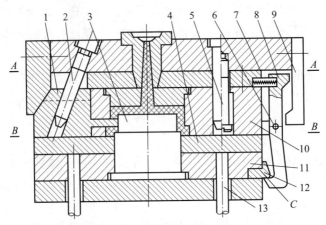

图 3 – 275　摆钩式顺序分型机构

1—侧型芯滑块；2—斜导柱；3—型芯；4—推件板；5—定距螺钉；6—转轴；7—弹簧；
8—摆钩；9—压块；10—定模板；11—动模板；12—挡块；13—推杆

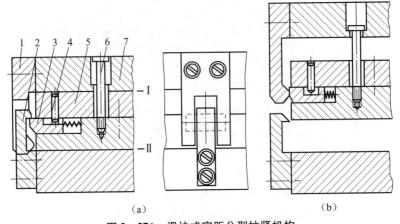

（a）　　　　　　　　　　　　（b）

图 3 – 276　滑块式定距分型拉紧机构

1—压块；2—拉钩；3—滑块；4—限位销；5—定模板；6—定距螺钉；7—定模座板

D. 导柱式定距分型拉紧机构

导柱式定距分型拉紧机构如图 3 – 277 所示。导柱 3 固定在型芯固定板 8 上，靠近头部有一半圆槽，在相对应的孔内装有定位钉 4 及弹簧。开模时，在弹簧压力作用下，定位钉头压在导柱上的半圆槽内，这时型腔 10 随动模移动而分开分型面 Ⅰ。当斜导柱 5 完成抽芯动作后，兼作导柱的导柱拉杆 9 上的型腔与限位螺钉 11 相碰，强迫型腔 10 停止移动，此时开模力大于定位钉对导柱槽的压力，使定位钉左移而脱离导柱槽，这样，便分开分型面 Ⅱ。开模后，在推杆 13 的作用下，由推件板 7 推出塑件。

如图 3 – 278 所示为斜导柱和滑块同在定模抽内侧型芯的机构。开模时在弹簧 2 的作用下，模具首先沿 A 面分型打开，此时斜导柱驱动滑块 4 完成内侧抽芯，继续开模由限位钉 1 限位沿 B 面分开。塑件被带到动模，最后由推杆推出。

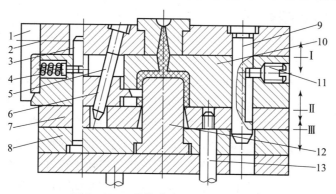

图 3 – 277　导柱式定距分型拉紧机构

1—锁紧块；2—定模板；3—导柱；4—定位钉；5—斜导柱；6—滑块；7—推件板；8—型芯固定板；
9—导柱拉杆；10—型腔；11—限位螺钉；12—型芯；13—推杆

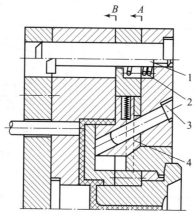

图 3 – 278　斜导柱和滑块同在定模抽内侧型芯的机构

1—限位钉；2—弹簧；3—斜导柱；4—滑块

④斜导柱与滑块同在动模的结构。这种结构一般可以通过推件板推出机构来实现斜导柱与滑块的相对运动，如图 3 – 279 所示。侧型芯滑块 2 安装在推件板 4 的导滑槽内，开模时侧型芯滑块 2 与斜导柱 3 并无相对运动，当推出机构开始动作时，推杆 6 推动推件板 4，使塑件脱离型芯 7，与此同时，侧型芯滑块 2 在斜导柱 3 的作用下离开塑件，完成抽芯动作。这种结构由于滑块始终不脱离斜导柱，所以滑块不设定位装置。由于斜导柱的总长受定模厚度的限制，这种结构只适用于抽芯距不大的场合。

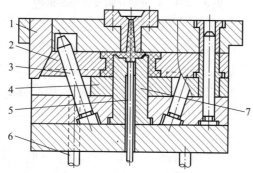

图 3 – 279　斜导柱与滑块同在动模的结构

1—楔紧块；2—侧型芯滑块；3—斜导柱；4—推件板；5—推杆；6—浇注系统推杆；7—型芯

2）斜滑块分型抽芯机构

斜滑块分型抽芯机构与斜导柱分型抽芯机构相比具有结构简单、安全可靠、制造方便等优点，因此应用也较为广泛。

（1）滑块导滑的斜滑块分型抽芯机构。滑块导滑的分型抽芯机构主要用于当塑件侧面的凹槽或孔较浅，所需抽拔距不大，但成型面积较大的场合。通常斜滑块和模套都设计在动模一边，以便在利用顶出力的同时，达到推出塑件的侧向分型的目的。

①斜滑块外侧分型抽芯机构。如图 3 – 280 所示为斜滑块外侧分型抽芯机构。该塑件为绕线轮，外侧是深度较浅但面积较大的侧凹，因此将斜滑块 1 设计成瓣合式型腔镶块。开模后，斜滑块在推杆 2 的作用下，沿导滑槽的方向移动，同时向两侧分开，塑件也顺势脱离动模型芯 4、6。这种结构要注意的是必须用限位销 7 来限位，否则在开模时斜滑块容易脱出锥形模套 5。

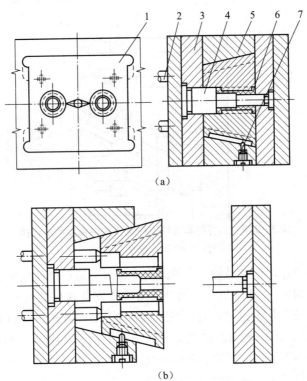

（a）

（b）

图 3 – 280　斜滑块外侧分型抽芯机构

1—斜滑块；2—推杆；3—型芯固定板；4，6—型芯；5—锥形模套；7—限位销

②斜滑块内侧分型抽芯机构。如图 3 – 281 所示为斜滑块内侧分型抽芯机构。塑件内部是带有直槽的内螺纹，开模后，在推杆 5 的作用下，使斜滑块 2 沿动模板 3 中的导滑槽移动，这样塑件的顶出和内侧抽芯同时进行，最后塑件既离开了型芯 4 又脱离了斜滑块。这种结构要注意的是塑件的内螺纹必须用直槽分成几段，否则滑块无法脱出。

斜滑块的导滑与组合形式：

①斜滑块的导滑形式。滑块导滑部分的形状可分为矩形、半圆形、燕尾形等，如图 3 –282所示。

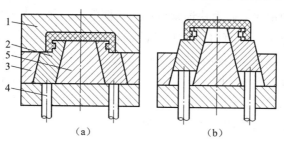

图 3 - 281　斜滑块内侧分型抽芯机构

1—型腔板；2—斜滑块；3—动模板；4—型芯；5—推杆

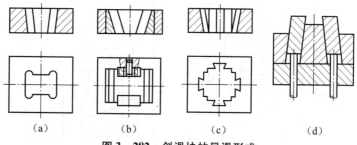

图 3 - 282　斜滑块的导滑形式

②斜滑块的组合形式。斜滑块通常由 2 ~ 6 块组成瓣合型腔，其组合形式如图 3 - 283 所示。斜滑块的组合原则是尽量保证塑件的外观质量，不使塑件表面留有明显的镶拼痕迹，且还要使滑块的组合部分具有足够的强度。如果塑件外形有转折处，其滑块的拼缝线应与塑件的转折线相重合，如图 3 - 283 （e）所示。

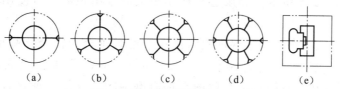

图 3 - 283　斜滑块的组合形式

斜滑块侧向分型抽芯机构的设计要点：

①正确选择主型芯的位置。图 3 - 284 （a）中，因为主型芯被安装在定模，所以开模后，主型芯立即从塑件中抽出，导致滑块分型时，塑件黏附在附着力较大的斜滑块一边。正确的形式如图 3 - 284 （b）所示，将主型芯设计在动模上，这样由于较长型芯的定向作用，塑件的脱出就比较顺利了。

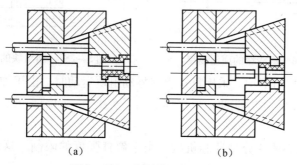

图 3 - 284　主型芯位置的选择

②开模时要止动斜滑块。斜滑块通常设计在动模部分，并要求塑件对动模部分的包紧力大于对定模部分的包紧力。但有时因为塑件的结构较特殊，定模部分的包紧力大于动模部分，此时如果没有止动装置，则斜滑块可能在开模时被带动，使塑件损坏或留于定模而无法取出，如图 3-285（a）所示。图 3-285（b）是设有止动装置的结构，开模时由于制动钉在弹簧的作用下紧压斜滑块，使斜滑块在开模时达到了止动要求，防止滑块黏附于定模。当塑件脱离定模后，在推杆的作用下使斜滑块分型。

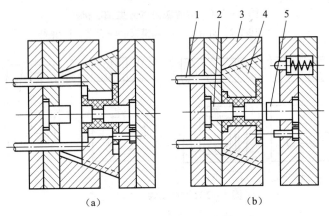

图 3-285　弹簧钉止动装置

③斜滑块的斜角和推出行程。由于斜滑块的强度较高，斜滑块的斜角可比斜导柱的斜角大一些，一般在 ≤30° 内选取。斜滑块推出模套的行程，卧式模具不大于斜滑块高度的 1/3，如图 3-286 所示。如果必须使用更大的推出距离，可使用加长斜滑块导向的方法。

④斜滑块的装配要求。为了保证斜滑块在合模时拼合面密合，避免产生飞边现象，斜滑块装配后必须使其底面离模套有 0.2 ~ 0.5 mm 的间隙，上面高出模套 0.4 ~ 0.6 mm，这样可以在斜滑块与模套的配合面有磨损时，仍能保证拼合面的紧密性，如图 3-287 所示。

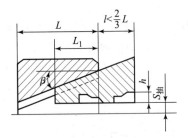

图 3-286　斜滑块的顶出高度

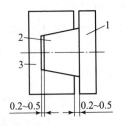

图 3-287　斜滑块的装配要求

⑤解决斜滑块的推力不均。采用推杆直接推动滑块运动时，由于加工制造误差，往往会出现推力不均的现象，严重时能使塑件损坏。为了解决这一问题，可在推杆与滑块之间加设一个推板。

（2）斜杆导滑的斜滑块分型抽芯机构。由于斜杆强度的限制，这种分型抽芯机构多用于抽拔力和抽拔距都较小的场合。

①斜杆导滑的外侧分型抽芯机构。

如图3-288所示为斜杆导滑的外侧分型抽芯机构。共由5个成型滑块1构成，每个成型滑块成型两个深度不大的凹字。成型滑块与方形斜杆2连接在一起，斜杆在锥形模套6底部的方形孔内滑动，推杆固定板4推动斜杆，带动成型滑块按斜杆倾斜方向移动，完成抽芯动作，并在推杆的作用下推出塑件。

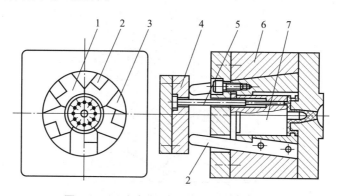

图3-288　斜杆导滑的外侧分型抽芯机构

1—成型滑块；2—斜杆；3—滑座；4—推杆固定板；

5—推杆；6—模套；7—型芯

②斜杆导滑的内侧分型抽芯机构。

如图3-289是斜杆导滑的内侧分型抽芯机构。斜杆的头部为成型滑块，它安装在型芯3的斜孔中，其下端与滑块座6上的转销5连接（转销可以在滑块座的滑槽内滑动），并能绕转销转动，滑块座固定在推杆固定板7内。开模后，注射机的顶出装置通过推板8使推杆4和斜杆向上运动，由于斜孔的作用，斜杆同时还向内侧抽芯移动，从而在推杆推出塑件的同时斜杆完成内侧抽芯的动作。

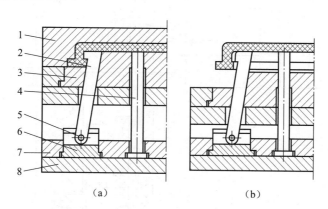

（a）　　　　　　　　　　　（b）

图3-289　斜杆导滑的内侧分型抽芯机构

1—定模板；2—斜滑块；3—型芯；4—推杆；5—转销；

6—滑块座；7—推杆固定板；8—推板

其他形式的侧向分型抽芯机构还有斜导槽侧分型抽芯机构、弯销分型抽芯机构、楔块侧向抽芯机构、齿轮齿条侧向抽芯机构、弹性元件侧向抽芯机构、液压或气动式侧向抽芯机构、手动侧向分型抽芯机构等。

3）斜导柱、斜滑块、弹簧联合分型抽芯机构

图 3 - 290 所示为斜导柱、斜滑块联合抽芯机构。斜滑块 2 插入外滑块 5，其后端制成斜面并以 T 形槽与内滑块 6 相配合，横销 4 贯穿内滑块 6 及外滑块 5。开模时，斜导柱 7 首先带动内滑块 6 移动，这时斜滑块 2 被抽动，完成制件小侧凹处的抽芯，同时止动销 3 从外滑块 5 中抽出，此后在横销 4 的作用下，斜导柱 7 带动外滑块 5 完成全部抽芯动作。

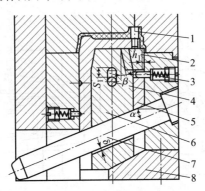

图 3 - 290　斜导柱、斜滑块联合抽芯机构

1—型芯；2—斜滑块；3—止动销；4—横销；5—外滑块；
6—内滑块；7—斜导柱；8—锁紧块

图 3 - 291 所示为弹簧、斜导柱内外抽芯机构。顶出时，推杆 1 推动动模板 3，外滑块 6 在斜导柱 2 作用下完成制品外侧凹的抽芯，与此同时，当内滑块 7 被推动 l 距离时，在弹簧 4 的作用下，将移动 S 距离，完成制品内侧抽芯。

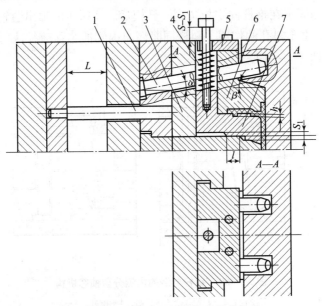

图 3 - 291　弹簧、斜导柱内外抽芯机构

1—推杆；2—斜导柱；3—动模板；4—弹簧；
5—挡板；6—外滑块；7—内滑块

4）抽芯机构零件选材及技术要求

抽芯机构零件选材及技术要求见表 3 - 37。

表 3-37 抽芯机构零件选材及技术要求

零件名称	选材	技术要求
斜导柱	T8A、T10A	55～60 HRC
侧型芯/哈夫块、斜滑块 1. 大批量生产 形状复杂	38CrMoAl	调质氮化 1 000 HV 左右
	Cr12MoV	淬火 50～55 HRC
	Cr12	55～60 HRC
形状简单 2. 中小批量生产 形状复杂	Cr6WV	淬火 55～60 HRC
	45	淬火 45～50 HRC
	9Mn2V、CrWMn	淬火 55～60 HRC
	40Cr	淬火 45～50 HRC
形状简单	45	调质 28～30 HRC
	T8A、T10A	淬火 45～50 HRC
滑块、导滑零件	45、T8A、T10A	45～50 HRC 55～60 HRC
斜楔压紧块	45、A5	45～50 HRC

 任务实施

如图 3-1 所示的塑料壳体,模具导向与定位机构和推出机构的设计如下。

1. 模具导向与定位机构设计

注射模的导向机构用于动、定模之间的开合模导向和推出机构的运动导向。按作用分为模外定位和模内定位。模外定位是通过定位圈使模具的浇口套与注射机喷嘴精确定位;而模内定位则通过导柱导套进行合模定位。本模具所成型的塑件比较简单,模具定位精度要求不是很高,因此可以采用模架本身所带的定位机构。

2. 模具推出机构设计

本塑件采用圆周为推板、中心为推杆的联合推出方式。推板推出时为了减小推板与型芯的摩擦,设计中在推板与型芯之间留出 0.2 mm 的间隙并采用锥面配合,如图 3-292 所示,可以防推板因偏心而产生溢料,同时避免了推板与型芯产生摩擦。

五、模温调节系统设计

1. 模具温度对塑件质量及模塑效率的影响

1) 模具温度对塑件质量的影响

模具温度(模温)及其波动对塑件的收缩率、变形、尺寸稳定性、机械强度、应力开裂和表面质量等都有直接影响。

(1) 模温过低。

在充模速度不高的情况下，塑件内应力增大，易引起翘曲变形或应力开裂，尤其对于黏度较大的工程塑料；模温过低，熔体流动性差，引起塑件轮廓不清，甚至充不满或形成熔接痕，机械强度降低，塑件表面无光泽等缺陷。

（2）模温过高。成型收缩率大，脱模和脱模后变形大，塑件形状和尺寸精度降低，且易出现溢料和黏模。

（3）模温不均。型芯和型腔温差过大，塑件收缩不均，导致塑件翘曲变形，影响塑件的形状和尺寸精度。

因此，为确保塑件质量，模温必须适当、稳定和均匀。

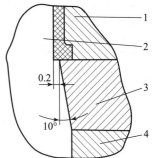

图 3 - 292　型芯与推板
1—型腔；2—型芯；
3—推板；4—型芯固定板

2）模具温度对模塑效率的影响

一般注射到模内的塑料温度为 200 ℃左右，而塑件固化后从模具中取出时其温度在 60 ℃以下。在注射成型周期中，注射时间占 5%，冷却时间占 80%，推出时间占 15%。因此，在保证塑件质量和成型工艺的前提下，提高成型效率的有效途径是缩短冷却时间。

2. 模具温度控制系统的要求

为保证工艺顺利进行和获得合格塑件，要求模温保持在规定的范围内，并保持均匀。

（1）不同特性的塑料要求模温不同。常用热塑性塑料注射模塑模温见表 3 - 38，应根据塑料品种和模具尺寸等不同情况进行温度调节。

表 3 - 38　常用热塑性塑料注射模塑模温

塑料	模温/℃	塑料	模温/℃
低压聚乙烯	60 ~ 70	尼龙 610	20 ~ 60
高压	35 ~ 55	尼龙 1010	40 ~ 80
聚丙烯	50 ~ 90	聚甲醛*	90 ~ 120
聚苯乙烯	30 ~ 65	聚碳酸酯*	90 ~ 120
硬聚氯乙烯	30 ~ 160	氯化聚醚*	80 ~ 110
有机玻璃	40 ~ 60	聚苯醚*	110 ~ 150
ABS	50 ~ 80	聚砜*	130 ~ 150
改性聚苯乙烯	40 ~ 60	聚三氟氯乙烯*	110 ~ 130
尼龙 6	40 ~ 80		
注：有 * 号者表示模具应进行加热。			

（2）应设计出合理的冷却回路，使模温保持均匀，塑件的各部分同时冷却，以提高塑件质量和生产率。

（3）模温控制系统要尽量结构简单，加工方便，成本低。

（4）注射模热交换系统必须具有冷却或加热的功能，必要时还应二者兼有，以实现准确地控制模温。

3. 加热装置的设计

1）模具加热的基本要求

要使模具加热均匀，保证符合塑件成型温度的条件，在设计模具电阻加热装置时，必须考虑以下基本要求：

（1）正确合理地布设电热元件。

（2）大型模具的电热板，应安装两套控制温度仪表，分别控制调节电热板中央和边缘部位的温度。

（3）电热板的中央和边缘部位分别采用不同功率的电热元件，一般模具中央部位电热元件功率稍小，边缘部位的电热元件功率稍大。

（4）加强模具的保温措施，减少热量的传导和热辐射的损失。

2）模具加热的方式

当要求模具温度在80℃以上时，就要设加热装置。常采用水和电加热。

4. 冷却系统设计

1）影响模具冷却时间的因素

冷却时间是指熔体充满型腔到塑件最厚壁部位的中心温度降到热变形温度所需的时间，或塑件断面内平均温度降到脱模温度所需要的时间。冷却时间的长短与下列因素有关：

（1）塑料品种。不同塑料传热性能不同，则冷却时间也不同。导热系数小的，则冷却时间长。

（2）塑件壁厚。壁厚越大，所需冷却时间越长。冷却时间与塑件壁厚的平方成正比。

（3）模具材料。不同模具材料热导率不同，则冷却时间也不同。可在型腔需加快散热的部位（如浇口附近），选用热导率大的材料（如铍青铜）做镶件，来加快该部位的冷却速度。

（4）模具温度。模温对塑件的冷却速度及冷却时间如前所述。

（5）冷却回路的分布。设计冷却回路时应注意冷却通道的尺寸及位置的分布，来保证型腔和型芯表面迅速而均匀地冷却。

（6）冷却温度及流动状态。为保证模具均匀冷却，冷却水入口与出口的温差以小为好，一般控制在5℃以下，精密塑件应控制在2℃~3℃，甚至更低。

2）冷却介质

模具冷却方法通常是水冷却法，模具的钢材料传热快，因此一般来说冷却水管距型腔的距离对型腔的冷却影响不大，主要影响因素是冷却介质的流量。

冷却水在通道中的流速以高为宜，这时冷却水的流动状态为湍流。流速低，冷却水的流动状态为层流，传热效率低。为保证冷却水呈湍流状态，入口水温不应太低（10℃~18℃）。

3）冷却系统的设计原则

（1）冷却水孔应尽量多、孔径应尽量大。冷却孔道间距较大，模具表面温度就不均匀。图3-293（a）中的5个大孔要比图3-293（b）中的2个小孔冷却效果好得多，但图3-293（a）中的模具表面温差较小，塑件冷却较均匀，这样成型的塑件变形小，尺寸精度易保证。

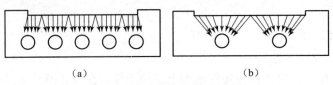

（a）   （b）

图 3 – 293　冷却水孔数量及孔径

（2）冷却水道尽可能按型腔的形状分布。当塑件壁厚均匀时，冷却水道至型腔表面的距离最好相等，但是当塑件壁厚不均匀时，厚的地方冷却水道至型腔表面的距离应近一些，加强冷却，如图 3 – 294 所示。一般水孔边离型腔的距离大于 10 mm，常用 12 ~ 15 mm，距离太近则冷却不易均匀，太远则效率低。

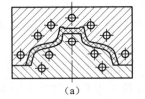
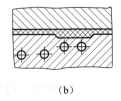

（a）   （b）

图 3 – 294　冷却水道的布置形式

（3）浇口处加强冷却。熔料填充型腔时，浇口附近的温度最高，距浇口距离越远温度越低。因此浇口附近应加强冷却，在它的附近设冷却水的入口，而在温度较低的远处只需通过经热交换后的温水即可，如图 3 – 295 所示。

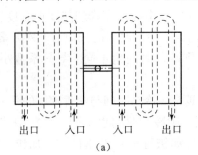
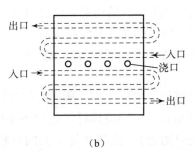

（a）   （b）

图 3 – 295　冷却水道的出、入口布置

（4）降低入水与出水的温差。冷却回路长度应控制在 1.2 ~ 1.5 m 以下，为了避免回路过长（如串联）现象，使塑件取得大致相同的冷却速度，可以采用改变冷却水道排列方式的方法。如图 3 – 296 所示，图 3 – 296（b）的形式比图 3 – 296（a）好，降低了出、入水的温差，增强了冷却效果，但多路并联需控制好各路的流量和水温的一致性。一般模具温差应在 5 ℃左右。

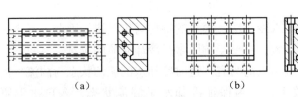

（a）   （b）

图 3 – 296　冷却水道的排列形式

（5）冷却水道设置应合理。在模具或模板上钻孔或铣槽，通入冷水；应不妨碍顶出机构的动作；进、出水水嘴接头应设在不影响操作的方向，尽可能设在模具的同一侧，通常朝向注射机的背面。

（6）冷却水道要避免接近熔接痕部位，以免熔接不牢，影响塑件的强度。

（7）冷却水道的大小要易于加工和清理，一般孔径为 8 ~ 10 mm。冷却孔道的中线与塑件表面的距离应为冷却孔道直径的 1~2 倍，冷却孔道的中心距离应为冷却孔道直径的 3~5 倍。

（8）型腔和型芯要分别冷却，采用两条回路，要保证冷却平衡，减小型芯壁与型腔壁之间的温度差。

（9）对型芯内部的冷却要注意水道穿过型芯和模板接缝处的密封，以防漏水。

（10）小型薄壁塑件，且成型工艺要求模温不太高时，可不设冷却装置。

（11）为保证传热效果，水道中水流应处于紊流状态（应增大冷却水流速度），一定的孔径应有一定的流量与之对应。

4）常见冷却系统的结构

（1）沟道式冷却。沟道式冷却指直接在模具或模板上钻孔或铣槽，通入冷却水，如图 3 - 297 所示。

（2）管道式冷却。管道式冷却指在模具或模板上钻孔或铣槽，在孔或槽内嵌入铜管，在铜管中通入冷却水，如图 3 - 298 所示。

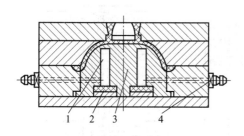

图 3 - 297　沟道式冷却

1—通道；2—密封胶垫；3—型芯；4—水嘴

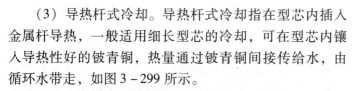

图 3 - 298　管道式冷却

1—软管；2—铜管（或钢管）

（3）导热杆式冷却。导热杆式冷却指在型芯内插入金属杆导热，一般适用细长型芯的冷却，可在型芯内镶入导热性好的铍青铜，热量通过铍青铜间接传给水，由循环水带走，如图 3 - 299 所示。

5）冷却通道的布置形式

冷却通道的布置形式一般有串联和并联两种形式，串联水道中间堵塞时能及时发现，但流程长，流动阻力大，且温度不易均匀。并联管道分几路通水流动，阻力小，温度均匀，但中间堵塞时不能及时发现，管接头多。

（1）直流式和直流循环式。直流式和直流循环式冷却装置如图 3 - 300 所示，这种形式结构简单，加工方便，但模具冷却不均匀。图 3 - 300（b）用水管接头和橡胶管连成多路循环，冷却效果更差。适用于成型面积较大的浅型塑件。

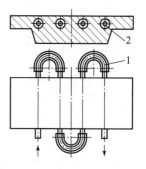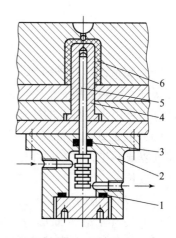

图 3 - 299　导热杆式冷却

1，3—密封环；2—支架；4—凸模；
5—导热杆；6—塑件

（3）循环式。这种结构形式，对型腔和型芯的冷却效果较好，但制造比较复杂，通道难以加工，成本高，主要用于中小型注射模具。图 3 - 301（a）为间歇循环式，多层立体布置，各层单独回路，各回路冷却平衡较难，出入口数量较多，加工费时，采用钻孔易加工，用堵头使冷却水沿指定方向流动；图3-301（b）为平面盘旋式，图3-301（c）为立体盘旋式，它们皆为连续循环式，冷却槽加工成螺旋状，且只有一个入口和出口，其冷却效果比闪歇循环式稍差。立体盘旋式主要用于深腔塑件型芯的冷却。

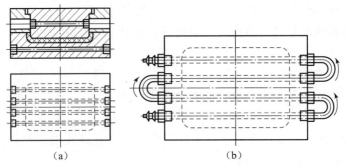

(a)　　　　　　　　　　　　　(b)

图3-300　直流式和直流循环式冷却装置

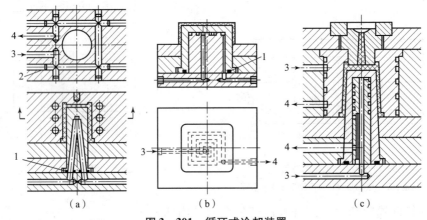

（a）　　　　　　（b）　　　　　　（c）

图3-301　循环式冷却装置

1—密封圈；2—堵塞；3—入口；4—出口

（3）喷流式。这种结构形式主要用于长型芯的冷却，如图3-302所示。它以水管代替型芯镶件，结构简单，成本较低，对于中心浇口冷却效果较好。这种形式既可用于细小型芯的冷却也可用于大型芯的冷却或多个小型芯的并联冷却。

（4）隔板式。隔板式冷却装置如图3-303所示。在型芯中打出冷却孔后，内装一块隔板将孔隔成两半，仅在顶部相通形成回路。它适用于大型芯或多个小型芯的冷却，但冷却水的流程较长。

6）冷却水道的加工与密封

（1）冷却水道的加工。冷却水道主要有两种形式，一种是开设在模板中截面为圆形的孔，另一种是开设在型芯或型腔周围截面为矩形的槽。

对矩形截面的水道一般是采用铣削的方式来加工出水槽，然后通过与其他零件装配后形成冷却水道，因此，对此类冷却水道在设计时一定要保证处于零件的可加工面上。在装配时还需要考虑避免漏水，必要时应在零件适当部位加工出放置密封圈的槽。

（2）冷却水道的密封。冷却水道在模具工作过程中应不渗漏冷却介质，所以必须考虑密封。密封的方法主要有以下几种：

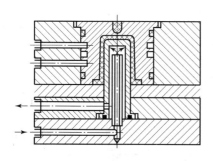

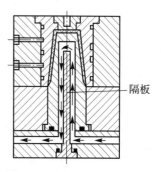

隔板

图 3 - 302　喷流式冷却装置　　　　　图 3 - 303　隔板式冷却装置

①采用紧配的方法，对圆形水孔在需要密封的孔口塞入一段材料，形成过盈配合。

②采用嵌入橡胶垫片方法，对由装配形成冷却水道的，在装配面之间放入一层 1.5 mm 的橡胶片，橡胶片的形状可根据水道需要裁剪出适当的形状，如图 3 - 304 所示，装配后可有效防止漏水。

③采用螺塞密封的方法，如图 3 - 305 所示。

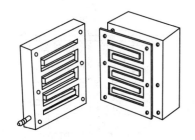

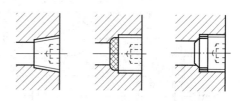

图 3 - 304　采用嵌入橡胶垫片密封的方法　　　　图 3 - 305　采用螺塞密封的方法

 任务实施

如图 3 - 1 所示的塑料壳体，模具冷却系统的设计和模具图的绘制如下。

1. 模具冷却系统的设计

1）冷却介质

ABS 属中等黏度材料，其成型温度及模具温度分别为 200 ℃和 50 ℃ ~ 80 ℃，所以，模具温度初步选定为 50 ℃，用常温水对模具进行冷却。

2）型腔和型芯冷却水道的设置

由于塑件上有 4 条肋板，主型芯设计时要在型芯上开 4 条沟槽，同时考虑推杆要通过主型芯推出塑件的轮毂部分，因此给冷却系统带来了难度。设计时在主型芯的下部采用简单冷却流道式来设计，小型芯采用隔板式冷却水道。型腔采用两条水道进行冷却，冷却水道布置如图 3 - 306 所示。

2. 模具图的绘制

1）总装图

经过上述一系列计算和绘图，将设计结果用总装图来表示模具结构，如图 3 - 307 所示。

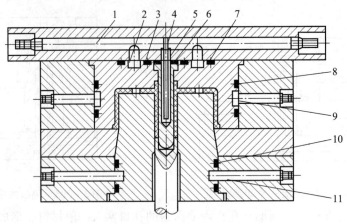

图 3 – 306 冷却水道布置

1—定模板水道；2—型腔水道；3, 6, 7, 8, 10—O 形密封圈；4—隔板；5—小型芯水道；

9—型腔圆周水道；11—主型芯圆周水道

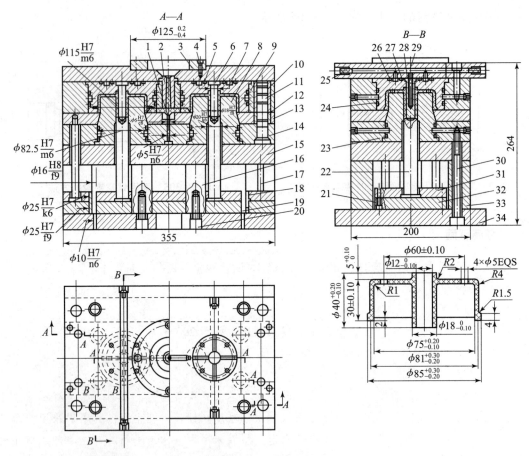

图 3 – 307 模具总装图

1—拉料杆；2—浇口套；3—定位圈；4, 17, 20, 21, 30—螺钉；5—定模座板；6—小型芯；7—型腔；8—主型芯；

9—定模板；10—导套；11—导柱；12—推板导套；13, 32—推板；14—型芯固定板；15—支承板；16—支承柱；

18—推板导套；19—推板导柱；22—推杆；23, 24, 26, 27, 28—O 形密封圈；25—水嘴；

29—隔板；31—推杆固定板；33—垫块；34—动模座板

2）零件图

零件图由总装图来拆分。

【学习小结】

（1）新模具注塑成型之前或机台更换其他模具生产时，试模是必不可少的部分，试模结果的好坏将直接影响工厂的后续生产是否顺畅，因此在试模过程中必须遵循合理的操作步骤和记录试模过程中有用的技术参数，以利于产品的批量生产。

（2）注射成型前的准备对塑件质量有较大影响，实际生产中应加以注意；理解注射成型工艺过程，才能更好地选择成型工艺参数，提高生产效率和设备利用率。

（3）注射模不一定包含所有的组成部分，例如塑件无凹凸，则模具无侧向分型与抽芯机构。

（4）模具的型腔数目越多，其生产效率就越高，但塑件的质量会越差，所以型腔数目要综合考虑才能确定；分型面的类型比较多，优先选用平直分型面；分型面的选择应优先保证塑件质量，然后再考虑其他因素。

（5）掌握了典型的注射模结构，才能根据塑件的形状特点，选用合适的注射模。

（6）理解不同注射成型机的特点，可根据塑件外形更好地选用注射机；掌握注射成型机的工艺参数，对设计与之相配的注射模有重要意义。

（7）针对某一塑件设计的成型零部件，一般不会包含所有的成型零部件类型；成型零部件的工作尺寸直接决定了塑件尺寸，其计算应综合考虑塑件的尺寸精度要求和所选塑料的收缩率。

（8）垫块和支承柱的应用范围是不同的；应了解标准注射模架的类型和应用。

（9）主流道的设计应便于浇注系统凝料从模具中顺利取出；分流道布置形式与型腔布置形式对比理解，更容易掌握；塑料所适用的浇口形式各有不同，实际使用时，浇口的尺寸常常需要通过试模加以修正。

（10）模具尽量不专门设置排气系统，而依靠各部分之间的间隙进行排气；如果模具须设置排气系统，注意排气槽的深度和塑料的品种有关。

（11）对于小型注射模，可以不设置导向机构。

（12）推出机构本身兼有导向作用；理解推出机构的设计原则，才能更好地进行推出机构的设计；在一次脱模后，塑件难以从型腔中取出或不能自动脱落，或者一次脱模塑件受力过大时，才会采用二次推出。

（13）抽芯力与抽芯距的确定，可以对照推出机构的设计计算；斜导柱侧向抽芯机构和斜滑块侧向抽芯机构的应用范围不同，当塑件的侧凹较浅、抽芯力较大，而抽芯距不大时，才会采用斜滑块抽芯机构。

（14）注射模的冷却系统是为了使从模具中取出的塑件温度降低，但对于某些结晶型塑料，使用高模温可避免在存放或使用过程中塑件尺寸发生变化；不同塑料注射时，适宜的温度有利于熔体流动、充模和缩短塑件成型周期。

（15）目前应用较多的加热方法是电加热，电加热模具时，模具的平面部位用电热板，圆形部位用电热圈，模具体内用电热棒，对模具各个部分进行加热。

（16）对于精度要求高、生产批量大的塑件，在设计时，应优先布置冷却系统，而后再设计推出机构；冷却水路越长，阻力越大，转弯处的阻力更大，弯头不宜超过5个。

（17）冷却系统的计算公式一般为经验公式，是从模具的设计生产中总结而来的，对于特别大或特别小的注射模，应通过试模驾确定。

项目五　典型注射模实例

实例　灯罩注射模二次顶出侧向抽芯机构设计

1. 塑件形状及结构要求

如图 3-308 所示制件为一防尘灯罩，材料为 PS，要求透明度高，表面光洁无斑痕，两边螺纹保证一定的同轴度。

2. 模具结构设计

模具结构如图 3-309 所示。原模具结构中型芯、顶管为一体且作为固定型芯静止不动，开模时塑料制品脱离型芯后，总是黏于斜滑块的一侧（部分由于塑件法兰无脱模斜度）造成不易脱模，强行脱下易产生划痕，而且要人工取出。顶出机构中，直接用斜推杆顶出斜滑块（无导滑槽），造成生产率低，产品质量不高，而且不安全。后经修改，采用了一模两腔三板式点浇口模具结构，斜导柱导向斜滑块，塑件的推出用导管顶出（由于螺纹有一定的深度）。用斜导柱代替斜滑槽可以降低加工难度及模具成本。因为动模固定板 12 只起到锁紧的作用，所以其尺寸和厚度可大大减小。由于斜滑块底部与顶杆间相对滑动，易引起磨损，故可在斜滑块底部加一耐磨板 10，顶杆端部也应淬火处理以延长使用寿命。

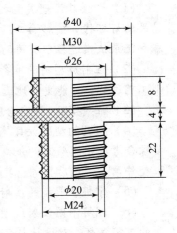

图 3-308　防尘灯罩

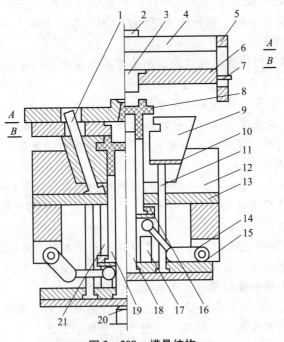

图 3-309　模具结构

1—斜导柱；2—主流道衬套；3—上型芯；4—定模座板；5—限位板；6—定模板；7—限位销；8—塑件；
9—斜滑块；10—耐磨板；11—顶杆；12—动模固定板；13—支承垫板；14—八字形摆块；15—顶杆固定板；
16—顶管推板；17—定位块；18—下型芯；19—顶管；20—注射机油缸顶出杆；21—复位杆

3. 模具工作过程

注射保压及冷却完毕后，先由分型面 *A—A* 分开，移动一定距离，当定模板 6 上的限位销 7 碰到限位板 5 上的限位孔壁时，分型面 *B—B* 分开，上型芯 3 也随之脱出塑件（制件仍留在斜滑块中）。模板移动结束，注射机油缸顶出杆 20 开始工作，推动顶杆固定板 15 向前顶出，顶杆固定板通过定位块 17 也推动顶管推板 16 同时前移，两斜滑块在顶杆 11 的作用下沿斜导柱向两边分开，而由于下型芯 18 也随顶杆固定板 15 一起前进，所以塑件从斜滑块中脱出而留于下型芯 18 上。当移动到一定位置，顶杆固定板 15 接触到八字形摆块 14，由于八字形摆块与顶管推板 16 接触点比与顶杆固定板 15 接触点距支点的距离大，使顶管推板向前移动的距离要大于一次顶杆固定板前移的距离，从而使塑件从型芯上脱下来。合模时，顶管推板由复位杆 21 通过定模板 6 的合模而复位，顶杆固定板 15 也由斜滑块通过定模板 6 的合模而复位，同时，八字形摆块 14 也随之回复到原来位置，合模结束等待下一次注射。

【学习小结】

（1）当塑件有较高公差要求时，要优先布置冷却系统。

（2）对比单分型面注射模和双分型面注射模的设计过程，更易掌握两类模具设计的不同之处。

（3）模架的选择要符合国家标准。

项目六　其他塑料成型工艺知识拓展

任务一　挤出成型工艺

挤出成型又称为挤压成型。挤出成型是生产各种热塑性塑料型材（如管、棒、丝）的主要成型方法，即轴向任何处断面的形状和尺寸相同的制品，均可以采用挤出方法成型。图 3－310 所示为挤出成型的塑料制品。

图 3－310　挤出成型的塑料制品

塑料挤出成型与其他成型方法相比较（如注射成型、压缩成型等）具有以下特点：

（1）挤出生产过程是连续的，可根据需要生产任意长度的塑料制品。

（2）模具结构简单，尺寸稳定。

（3）生产效率高，生产量大，成本低，应用范围广，能生产管材、棒材、板材、薄膜、

单丝、电线电缆、异型材等。

任务二　真空吹塑成型工艺

真空吹塑成型主要用于热塑性塑料中空容器的成型，如薄壁塑料瓶、桶以及玩具类塑件。根据真空吹塑成型方法不同，可分为挤出吹塑成型、注射吹塑成型、注射拉伸吹塑成型、多层吹塑成型等。图3-311为吹塑制品及吹塑模具。

(a)　　　　　　　　　　　　　(b)

图3-311　吹塑制品及吹塑模具

(a) 吹塑制品；(b) 吹塑模具

这种真空吹塑成型方法的优点是模具结构简单，投资少，操作容易，适用于多种热塑性塑料的中空塑料制品的吹塑成型。缺点是塑料制品的壁厚不均匀，需要后加工以去除飞边和余料。

任务三　泡沫塑料成型工艺

泡沫塑料是以树脂为基体，采用发泡剂制成的内部含有大量微型泡孔的轻质高分子材料。常用的合成树脂有聚苯乙烯、聚氨酯、聚氯乙烯、聚烯烃类等。泡沫塑件成型的主要方法有压缩成型、注射成型和挤出成型等。

泡沫塑料与纯塑料比，质量更轻，热导率更低，吸湿性小，比强度高，防振性强及隔声效果好。目前，此成型工艺已广泛用于建筑上的保温隔声，仪器仪表、家用电器、工艺品的防振防潮包装，水面漂浮及制冷装置的绝热等方面。

任务四　气辅成型工艺

传统注射成型不能成型大型、复杂、薄厚不均等制品，气辅成型是为了克服传统注射成型的局限而发展起来的。

整个成型周期可细分为塑料熔体充填、切换延迟、气体注射、保压冷却、气体释放和脱模顶出6个部分，如图3-312所示。

由于气辅成型比传统注射成型有许多优点，所以主要用于管道状制品、大型扁平结构制品和由不同厚度截面组成的制品，广泛用于家电、汽车、日常用品等方面，具有较广阔的发展前景。

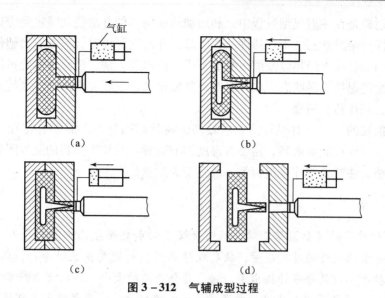

气缸

（a）　　　　　　　　　　（b）

（c）　　　　　　　　　　（d）

图 3 – 312　气辅成型过程

任务五　热流道成型工艺

模具在成型过程中，每个成型周期内都会有浇注流道凝料产生并从模具中脱出，这些流道凝料如果要再次利用，必须粉碎并重新熔融，挤出造粒，这样会耗费大量能量、人力和时间，并使性能降低和增加污染的可能性。热流道成型可以克服这些问题，在一些发达国家，热流道注射模的相关元件已经标准化，热流道模具在注射模中占有较大的比例。

一、热流道成型原理

热流道注射模结构如图 3 – 313 所示。该模具的浇注系统称为热流道浇注系统。

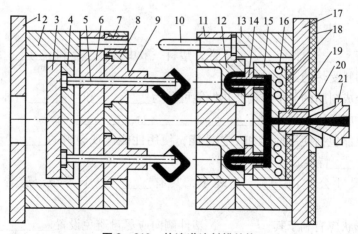

图 3 – 313　热流道注射模结构

1—动模座板；2—支架；3—推板；4—推杆固定板；5—推杆；6—支承板；7—导套；8—动模板；9—型芯；
10—导柱；11—定模板；12—凹模；13—支架；14—喷嘴；15—热流道板；16—加热器孔道；
17—定模座板；18—绝热层；19—主流道衬套；20—定位圈；21—注射机喷嘴

热流道注射模是在注射成型过程中，利用加热或绝热的办法使从喷嘴到浇口为止的浇注系统塑料始终保持熔融状态，不与塑件一起冷却，在每次开模时，只需取出塑件而没有浇注系统凝料。利用加热或者绝热以及缩短喷嘴至模腔距离等方法，使浇注系统里的熔料在注塑和开模过程中始终保持熔融状态，在开模时只需取出塑件不需要取出浇注系统凝料而又能连续生产的模具，叫作热流道模具。

热流道注射模的缺点是对模具的要求较高，模具结构复杂，需要有特殊的喷嘴，成本高，维修困难。温度控制要求高，需要有温度调节装置。对加工塑料的品种限制较大，对成型周期要求严格，注塑要求连续进行等，故宜于大批量生产。

【学习小结】

（1）挤出硬质塑料（如聚苯乙烯、低密度聚乙烯和硬聚氯乙烯等）冷却过快，易产生残余内应力，并影响塑件的外观质量；软质或结晶型塑料则要求及时冷却，以免塑件变形；挤出机的主要技术参数是每分钟挤出量，它应符合产品的大小、形状及生产率的需要。

（2）真空成型设备简单，生产效率高，能加工薄壁塑件，其成型方法有很多。

（3）采用各种不同的树脂和发泡方法，可制成性能各异的泡沫塑料，泡沫塑料由于气体的存在而具有低密度、防空气对流、不易传热、吸声等优点，被广泛作为建筑上的隔离材料、制冷方面的绝热材料、仪器与仪表的防振材料等。

（4）气辅成型将发泡成型和注射成型的优点结合在一起，即可降低模具型腔内熔体的压力，又可避免发泡成型产生的粗糙表面，可在保证产品质量的前提下大幅度降低生产成本，具有良好的经济效益。

（5）不是所有的塑料都能采用热流道注射模，适用于热流道注射模的塑料主要有聚乙烯、聚丙烯、聚苯乙烯、ABS、聚甲醛等；绝热流道注射模和加热流道注射模对模具的温度调节系统、绝热措施的要求不同。

【思考与练习】

一、填空题

1. 塑料具有＿＿＿＿性、＿＿＿＿性，塑料一般由＿＿＿＿和＿＿＿＿组成。

2. 热塑性塑料受热的三态是指＿＿＿＿、＿＿＿＿、＿＿＿＿。

3. 塑料按合成树脂的分子结构及热性能可分为＿＿＿＿和＿＿＿＿两种。

4. 塑料按性能及用途可分为＿＿＿＿、＿＿＿＿、＿＿＿＿。

5. 塑料的性能包括使用性能和工艺性能，使用性能体现塑料的＿＿＿＿；工艺性能体现了塑料的＿＿＿＿特性。

6. 塑件的尺寸公差由＿＿＿＿表示，共有＿＿＿＿个等级，随着数字的增大要求＿＿＿＿。

7. 塑件的形状应有利于其＿＿＿＿，塑件侧向应尽量避免设置＿＿＿＿或＿＿＿＿。

8. 塑件的壁厚总体原则是＿＿＿＿，有尖角时应设计成过渡，其作用是＿＿＿＿、＿＿＿＿和＿＿＿＿。

9. 对于模具制作成本方面，塑件上的字应该为＿＿＿＿，模具上相应地为＿＿＿＿。

10. 塑件的脱模斜度一般为＿＿＿＿。

11. 加强筋的作用主要是_____、_____和_____。

12. 注射机在注射成型前，当注射机料筒中残存塑料与将要使用的塑料不同或颜色不同时，要清洗料筒。清洗的方法有_____、_____。

13. 注射模塑成型完整的注射过程包括_____、_____、_____、_____和_____、_____。

14. 注射模塑工艺的条件是_____、_____和_____。

15. 在注射成型过程中应控制合理的温度，即控制_____、_____和_____温度。

16. 注射模塑过程需要控制的压力有_____压力和_____压力。

17. 注射模具一般由_____、_____、_____、_____、_____和_____、_____组成。

18. 两板模有_____个分型面，三板模有_____个分型面。

19. 型芯成型零件的_____表面，型腔成型塑件的_____表面。

20. 锁模力在_____时候起作用，若不足会出现_____和_____现象。

21. 模具上定位圈与注射机上固定模板上的定位孔是_____配合，其目的是_____，否则会出现_____现象。

22. 塑件所需注射量应小于或等于注射机允许的最大注射量的_____，否则塑件会出现_____、_____和_____等缺陷。

23. 分型面选择时为便于侧向分型和抽芯，若塑件有侧孔或侧凹，宜将侧型芯设置在_____上，除液压抽芯机构外，一般应将抽芯或分型距较大的放在_____上。

24. 为了保证塑件质量，分型面选择时，对有同轴度要求的塑件，应将有同轴度要求的部分设在_____。

25. 为了便于排气，一般选择分型面与熔体流动的_____相重合。

26. 一般的浇注系统由_____、_____、_____、_____四部分组成，圆筒形件常用_____浇口。

27. 浇口的作用_____、_____和_____。

28. 分流道表面没有主流道光滑的作用是_____、_____和_____。冷料穴的作用是_____。

29. 避免喷射现象产生的措施有_____和_____。

30. 可以自动脱落的浇口有_____和_____，需两个分型面的浇口是_____，潜伏式浇口是_____的变异。

31. 对于小型的塑件常采用嵌入式多型腔组合凹模，各单个凹模常采用_____、_____、_____或_____等方法制成，然后整体嵌入模板中。

32. 影响塑件尺寸公差的因素有_____、_____、_____、_____。

33. 塑料模成型零件的制造公差约为塑件总公差的_____，成型零件的最大磨损量，对于中小型塑件取_____；对于大型塑件则取_____。

34. 塑料模的型腔刚度计算从以下三方面考虑：_____、_____、_____。

35. 成型零件是指直接与塑料_____或_____并决定塑件_____、_____的零件。

36. 简单推出机构包括_____、_____、_____、_____和_____，分别适合_____、_____、_____、_____和_____塑件。

37. 推出系统一般由_____、_____、_____和_____组成。

38. 顺序推出机构有_____和_____两种。

39. _____情况需要两次推出。

40. 推板上装有支撑钉的作用是_____和_____。

41. 侧向抽芯动力来源有_____、_____和_____。

42. 斜导柱抽芯由_____、_____、_____、_____和_____组成，作用分别是_____、_____、_____、_____和_____。

43. 斜销的倾角 α 是_____，锁紧块的角度较之大_____，作用是_____，斜滑块的工作角度是_____。

44. 定距分型拉紧机构在有_____个分型面时使用。

45. 斜滑块止动的方法有_____和_____两种。

46. 滑块是靠_____带动移动，斜滑块是靠_____带动移动。

二、判断题

1. 填充剂是塑料中必不可少的成分。（　　）

2. ABS 属于通用塑料，聚乙烯为工程塑料。（　　）

3. 通常结晶型塑料是不透明的，非结晶型塑料是透明的。（　　）

4. 不同的热固性塑料流动性不同，同一种塑料流动性是一定的。（　　）

5. 塑件内表面的脱模斜度小于外表面的脱模斜度。（　　）

6. 加强筋的侧壁必须有足够的斜度，筋的根部应呈圆弧过渡。（　　）

7. 注射模塑成型方法适用于所有热塑性塑料，也可用于热固性塑料的成型。（　　）

8. 压缩模塑成型主要用于热固性塑料的成型，也可用于热塑性塑料的成型。（　　）

9. 传递模塑成型工艺适用于所有热固性塑料。（　　）

10. 注射机能处理的最小注射量通常大于额定注射量的 40%。（　　）

11. 接触塑件的模具是成型零件，其余全都是结构零件。（　　）

12. 塑件位置尺寸精度要求高的，其模具相关成型零件应尽量设置在模具的一侧。（　　）

13. 排气槽一般常开在分型面上，其出口可对着任意方向。（　　）

14. 制件上远离浇口处即为型腔最后填充处。（　　）

15. 非平衡式浇口熔体到各个型腔的时间不一致。（　　）

16. 为了减小分流道对熔体流动阻力，分流道表面必须修得光滑。（　　）

17. 较长的分浇道应在中间开设冷料穴，以便容纳注射开始时产生的冷料和防止空气进入模具型腔内。（　　）

18. 浇口的主要作用是防止熔体倒流，便于凝料与塑件分离。（　　）

19. 脱模斜度小、脱模阻力大的管形和箱形塑件，应尽量选用推杆推出。（　　）

20. 通常推出元件为推杆、推管、推块时，需增设先复位机构。（　　）

21. 斜导柱角度与锁紧块角度不同是为了在开模时使楔紧面的分开慢于斜导柱驱动滑块分开。（　　）

三、选择题

1. 除少数几种工艺外，在大多数塑料成型过程中都要求聚合物处于（　　　）。

    A. 玻璃态　　　　B. 黏流态　　　　C. 高弹态　　　　D. 固态

2. 填充剂的作用有（　　　）。

    A. 增量　　　　B. 阻止降解　　　　C. 提高流动性　　　　D. 改性

3. 影响热塑性塑料收缩，使塑件尺寸变大的原因有（　　　）。

    A. 热收缩　　　　B. 弹性恢复　　　　C. 结晶收缩　　　　D. 收缩的方向

4. 塑料中的水分及挥发物来源有（　　　）。

    A. 原料自带　　　　B. 储存吸收　　　　C. 反应产物　　　　D. 生产遗留

5. 衡量热塑性塑料流动性的指标有（　　　）。

    A. 熔融指数　　　　B. 拉西格指数　　　　C. 阿基德螺旋值　　　D. 收缩率

6. 预防应力开裂的措施有（　　　）。

    A. 加入增强填料　　　　　　　　　B. 合理设计塑件结构

    C. 塑件后处理　　　　　　　　　　D. 合理设计模具结构

7. 对塑料成型不利的是（　　　）。

    A. 吸湿性　　　　B. 热敏性　　　　C. 水敏性　　　　D. 结晶

8. 采用螺杆式注射机时，螺杆顶部熔料在螺杆转动后退时所受到的压力称（　　　）。

    A. 注射压力　　　　B. 塑化压力　　　　C. 保压压力　　　　D. 型腔内压力

9. 塑料品种的流动性差，塑件的总体尺寸（　　　）。

    A. 不能太小

    B. 不能太大

    C. 受模具制造工艺限制

    D. 根据塑件的使用性能而确定，不受流动性限制

10. 下列不属于表观质量问题的是（　　　）。

    A. 熔接痕　　　　B. 塑件翘曲变形　　　C. 塑件有气泡　　　D. 塑件强度下降

11. 在模具使用过程中，成型塑件的表面粗糙度（　　　）。

    A. 没有变化

    B. 有变化，无法确定变大变小

    C. 有变化，会变大

    D. 不能确定

12. 塑件外形设计的原则是（　　　）。

    A. 尽可能完美

    B. 在满足使用性能的前提下，尽量以利于成型，尽量不采用侧向抽芯机构

    C. 可以有内侧凹

    D. 不用考虑模具的复杂性

13. 塑件加强肋的方向应与料流方向（　　　）。

    A. 一致　　　　B. 垂直　　　　C. 45°　　　　D. 没有关系

14. 通常开模后，要求塑件留在设有推出机构（　　　）的一侧。

    A. 动模　　　　B. 定模　　　　C. 凹模　　　　D. 均可

15. 对于大型塑件来说，影响塑件尺寸精度最重要的因素是（　　）。
　　A. 成型零件的制造公差　　　　　B. 成型收缩率的影响
　　C. 成型零件的磨损量　　　　　　D. 模具安装配合误差

16. 一般地，模具设计和制造时，型芯尺寸先取（　　）值，型腔尺寸先取（　　）值，便于修模和防止模具自然磨损。
　　A. 大、大　　　　B. 小、大　　　　C. 小、小　　　　D. 大、小

17. 将注射模具分为单分型面注射模、双分型面注射模等是按（　　）分类的。
　　A. 按所使用的注射机的形式　　　B. 按成型材料
　　C. 按注射模的总体特征　　　　　D. 按模具的型腔数目

18. 为了使模具主流道的中心线与喷嘴的中心线相重合，注射机上的定位孔直径 D 与模具定位环直径尺寸 d 的关系应该是（　　）。
　　A. $D < d$　　　　B. $D = d$　　　　C. $D > d$　　　　D. 不一定

19. 下列浇口类型中，浇注凝料与塑件连接在一起，在脱模过程中随着塑件脱落的是（　　）。
　　A. 点浇口　　　　B. 侧浇口　　　　C. 潜伏式浇口　　　　D. 热嘴

20. 组合式凹模常见的形式有（　　）。
　　A. 嵌入式组合凹模　　　　　　　B. 镶拼式组合凹模
　　C. 局部镶嵌式组合凹模　　　　　D. 瓣合式凹模

21. 标准模架中可以提供的推出系统的零件有（　　）。
　　A. 推杆　　　　B. 推杆固定板　　　　C. 推板　　　　D. 复位杆

22. 模具中需要给出公差配合关系的常用配合零件有（　　）。
　　A. 型腔与模板间的配合件　　　　B. 浇口套与模板间的配合件
　　C. 导柱、导套间的配合件　　　　D. 复位杆与模板间的配合件

23. 图 3－314 所示采用了联合推出机构，有（　　）推出。

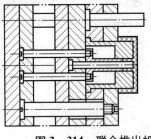

图 3－314　联合推出机构

　　A. 推杆　　　　B. 推板　　　　C. 推管　　　　D. 推块

四、名词解释

1. 塑料：

2. 应力开裂：

3. 熔体破裂：

4. 取向与结晶：

5. 溢边值：

6. 分型面：

7. 浇注系统：

8. 抽芯距：

9. 侧向分型与抽芯机构：

10. 抽芯干涉现象：

五、问答题

1. 取向对聚合物性能有什么影响？

2. 降解对聚合物性能有什么影响？

3. 熔合缝对塑件有什么影响？

4. 对于热敏性和水敏性塑料，成型时应采取什么措施？

5. 写出常用热塑性塑料和热固性塑料的缩写代号。

6. 塑件的几何形状设计包括哪些内容？

7. 塑件的壁厚过薄过厚会使塑件产生哪些缺陷？

8. 为什么要避免制件上具有侧孔或侧凹？可强制脱模的侧凹条件是什么？

9. 为什么有的塑件要设置嵌件？设计嵌件时需要注意哪些问题？

10. 注射机由哪几部分组成？各部分的作用如何？

11. 塑料熔体进入模腔分哪四个阶段？

12. 塑件的后处理主要指哪些？有什么作用？

13. 塑料模的支承零件包括哪些？

14. 标准模架有哪些形式？

15. 设计注射模时应校核注射机哪些技术参数？

16. 注射机喷嘴前端球面与模具浇口套始端的尺寸关系是什么？

17. 安装模具有哪几种方法？

18. 什么叫分型面？按分型面特征可分为哪几种？分型面的选择原则有哪些？

19. 按注射模的结构特征来分，注射模主要有哪几种类型？

20. 注射模的普通浇注系统由哪几部分组成？各部分有什么作用？

21. 浇注系统的设计原则是什么？

22. 浇口套常用什么材料？采用何种热处理？

23. 分流道的截面形状有哪些？常用的是哪几种？

24. 常用的浇口形式有哪些？各有什么特点？用于什么情况？

25. 浇口位置的选择原则是什么？

26. 冷料穴有什么作用？冷料穴的位置在哪里？拉料杆有哪些结构形式？

27. 排气与引气有什么不同？

28. 影响塑件公差的因素有哪些？其主要因素是哪些？

29. 什么是工作尺寸？成型零件的工作尺寸有哪些？

30. 对模具强度及刚度的要求有哪些？

31. 导向机构有什么作用？导柱和导套的结构形式有哪几种？

32. 推出机构有哪些类型？设计原则有哪些？

33. 什么叫侧向分型与抽芯机构？有哪些形式？

34. 斜导柱抽芯机构的组成部分及工作原理如何？

35. 斜导柱的斜角怎样取值？楔紧块的楔角与斜导柱的斜角有什么关系？

36. 什么是抽芯干涉？常见的先复位机构有哪些？

37. 斜导柱分型与抽芯机构的形式有哪些？

38. 冷却系统的设计原则是什么？

模块四　模具零件加工与装配训练

●知识目标

1. 了解模具加工基础知识
2. 掌握模具零件加工方法
3. 理解模具装配过程及特点
4. 掌握模具装配方法
5. 掌握模具零件的连接方法
6. 了解模具的检测内容、标准及工具

●技能目标

1. 能制定典型模具零件的加工工艺过程
2. 能装配简单模具

　　制件的精度高低、表面质量好坏，取决于模具零件的制造工艺。设计科学合理的制造工艺是保证模具零件中成型零件质量的关键。

　　模具的装配和调整是模具制造中的关键工作。模具装配质量的好坏直接影响制件的质量、模具的技术状态和使用寿命。

●任务描述

　　如图 2-1 端盖零件，采用落料、拉深、冲孔复合模，试分析模具典型零件加工工艺过程及复合模的装配过程。

●任务分析

　　制件的精度高低、表面质量的好坏，取决于模具零件的制造工艺，设计科学合理的制造工艺。要正确装配图 2-1 所示端盖的冲压复合模具，就要掌握冲压的相关知识。本模块的主要内容包括模具零件加工方法、模具装配方法等。

项目一 模具零件加工方法

任务一 模具加工基础知识

一、模具的加工设备

1. 模具加工与制造设备

制造模具的机器，可分为一般性和专门性两类。

（1）一般工作机：包括车床、刨床、钻床、攻螺纹机、车削中心、铣床、镗床、综合加工机等。

（2）放电加工机：包括电极放电加工机、线切割放电加工机、细孔放电加工机等。

（3）研磨抛光加工机：包括平面磨床、圆筒磨床、成型磨床、光学投影磨床、工模磨床、手工抛光工具、曲面自动抛光加工机等。

2. 模具测量与检验设备

（1）长度测量工具：包括游标卡尺、高度规、千分尺、指示量规等。

（2）孔径测量工具：包括游标卡尺、高度规、卡规、环规、柱塞规、内径测定器等。

（3）角度测量工具：包括角度规、分度盘等。

（4）平面、曲面测量工具：包括二坐标测定仪、三坐标测定仪等。

（5）表面粗糙度测量工具。

（6）几何公差测量工具：包括圆度测量机、圆柱形状测量机、轮廓形状测量机、万能投影机等。

（7）变位位置测量工具：包括电气式测位器、电气非接触式变位计、光学非接触式变位计等。

（8）非破坏检验工具：包括超声波探伤检验工具、磁气探伤检验工具、涡电流探伤检验工具等。

（9）其他测量工具：包括温度测量工具、金相检验工具、残余应力测量工具等。

3. 模具组装与试模设备

模具组装与试模设备包括组立平台、高度规、钳工工具、合模机、试模冲床设备等。

冲压模零件有：凸模上盖板、凸模下盖板、导料板、下模板、外内径凸模。

二、模具制作流程

一般模具的制作流程如图 4-1 所示，在设计、备料步骤以后开始模具的加工，可将其区分为以下五个阶段。

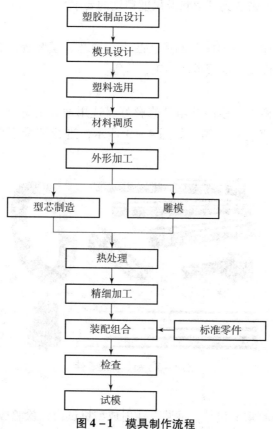

图 4-1 模具制作流程

1. 外形加工阶段

由于塑料制品结构形状不同，因此模具结构的组成也会不同，但模具基本结构组成是相同的。在备料后通常会先以一般的工作机进行外形的加工，除了加工模板的外形，还包含分模面的配合。目前因模具工业的发展及批量生产的要求，市面上有各种规格的标准模座组可供选用，如图 4-2 所示，可节省模具加工时间及降低成本。

图 4-2 标准模座组

2. 雕模阶段

雕模阶段包括凹模、凸模、型芯、模腔等的加工，根据各组件的需要，使用工作机、数

控机械或特殊机械加工，来达到其形状及尺度精度的要求。

3. 后续处理阶段

后续处理阶段的工作包括模座及凹模、凸模、型芯、模腔等的精细加工，模板的热处理、表面硬化、蚀纹，以及冷却管道的加工，等等。

4. 装配阶段

将已完成的模座、模板、模腔等组件修整好，选用适合的标准零件，如导销、导销衬套、顶出销、复位销、浇道衬套等，如图 4-3 所示，进行装配组合工作，直至模具组装完成。

图 4-3　模具标准零件

5. 检查阶段

用测量仪器检查模具重要尺寸，并装上注射成型机试模，检验成型品状况及尺寸，有问题时再对模具进行适当的修整。

任务二　模具零件加工方法

机械加工主要用于模具的外形加工及雕模。

一、车床

车床用于圆形零件的加工。模具上的圆形零件，大部分属于标准零件，这些零件是由专业制造工厂制造的，如导销、导销衬套、顶出销、复位销、定位环等，但对于特殊规格的标准零件，仍须使用车床加工。

除了这些标准零件外，车床主要用来加工模具的型芯、模腔，形状包括圆柱形、圆锥形及特殊形状，也可加工内、外螺纹。

二、钻床

钻床的主要工作为钻孔，但也可用于镗孔、攻螺纹、铰孔等工作。钻床的种类有台式钻床、立式钻床、旋臂钻床等，应用于加工模具上的各种销孔、螺钉孔、安装孔、冷却管道以及模腔的凹孔。

三、铣床

铣床是模具加工最重要的机械，加工变化多、精度高，可铣削平面、斜面、端面、沟槽、台阶、内外圆弧、钻孔、镗孔、成型铣削等，适合用于模具外形及雕模加工。

四、刨床

刨床可刨削平面、台阶、沟槽、曲面等，种类有小工件加工用的牛头刨床、大工件加工用的龙门刨床及仿削刨床等。刨床主要应用于模具的外形加工、曲面的分模面加工等。

五、雕刻机

雕刻机有平面雕刻机与立体雕刻机两种。平面雕刻机雕刻深度相同的文字、图案、刻度；立体雕刻机既可做平面雕刻，又可以做三坐标的立体雕刻，常用于雕刻玩具、铜币等小型模具的模腔。

六、磨床

磨床为精密的加工机械，可研磨尺寸精确、表面光滑的加工面；也可研磨经热处理硬化后的模具材料。磨床有平面磨床、圆筒磨床、无心磨床、成型投影磨床、工具磨床等多种。

七、带锯机

带锯机可分为立式及卧式两种，卧式主要用于备料，立式可做直线或曲线锯切，但因锯切面粗糙，模具加工不常使用。带锯机也可装置带锉或砂布带，做锉削、砂光工作。

八、数值控制设备（NC、CNC设备）

目前大部分的加工机械都可结合CNC装置，常用的有CNC车床、CNC铣床、CNC加工中心机等，数值控制设备使得模具的加工形态产生极大的变化，取代了很多传统的加工设备，甚至影响到模具的设计与整个加工过程。

九、放电加工机（EDM）

对于已经淬火硬化的材料及切削加工困难的模腔，大都应用放电加工机来加工。放电加工机可用于加工工件上的穿透孔或不穿透孔，在塑胶模具制造上是一种重要的加工机械。

十、线切割放电加工机（W-EDM）

线切割放电加工是结合放电加工与带锯机的加工方式而成的，用来在工件上加工穿透孔或切割工件外形。

十一、超声波加工机

超声波为振动频率为16~40 kHz的音波，利用超声波振荡器，可将电能转变为低振幅高频率的机械能；将此高频率振动，靠工具喇叭的放大传递到加工工具，同时在加工工具与工件间注入磨料混合液，即可使磨料撞击工件表面而产生切削作用。

任务三　特殊加工

一、锻造法

模具加工应用的锻造法是以压力锻造为主，用来加工凹模模腔，其方法如图4-4所示，先制造一个原模，原模的形状与欲加工的凹模凹凸相反，必须经过淬火硬化并精细研磨光滑。压力锻造机将原模压入较软或退火软化的模具材料中，使材料产生塑性变形成为凹模。由于原模表面光滑，加上挤压摩擦，凹模模腔表面会相当光亮；利用同一原模，可在短时间内加工多件凹模，且精度良好，常用于较浅、形状简单的模腔加工。

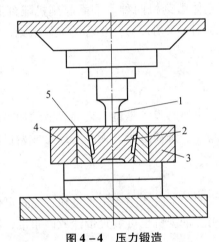

图4-4　压力锻造

1—原模；2—凹模材料；3—保持环；4—退火钢；5—淬火钢

二、铸造法

模具制造应用铸造法，主要制造凹模、凸模、型芯等组件；优点是可制造多件、节省时间，可利用不同材料制造形状复杂的模具，但因材料会收缩，所以尺寸不易控制准确。铸造的方式有很多，包括砂模铸造、压铸、重力模铸造、脱蜡铸造、石膏模铸造、陶瓷壳模铸造等，它们几乎都可用于模具的制造。铸造的材料如低硬度或低熔点合金，可应用于生产批量小的模具；有些铸造方法则可铸造高熔点金属，用于大批量模具生产，如铍铜即是利用压力铸造的方式成型的。

三、电铸法

利用电镀的原理，将原模及电铸金属置于电解液中，通电后，原模上会附着一层类似电镀层的被覆层；待达到一定厚度后（1～15 mm），将原模取下，即可获得一翻制的电铸板。将此电铸板以低熔点合金加强，即可作为模具的模腔，如图4-5所示。电铸法可用黄铜、铝、锌等金属材料或石膏、塑胶、蜡等非金属材料制造原模，也可用现成的成品做原模。经电铸复制成模具。由于电铸是在40 ℃～60 ℃的温度下进行加工，受温度影响小，尺寸相当精确；但所需时间很长，至少需要数天，在安排模具加工过程时，应加注意。电铸板是用作模具的模腔，应有足够的强度及耐用性，但目前因电镀技术的限制，电铸金属仍以镍为主。

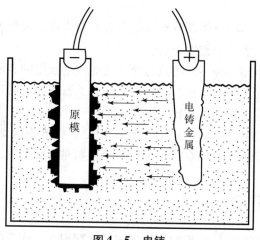

图 4 – 5 电铸

四、腐蚀加工法

腐蚀加工是利用化学药品侵蚀材料表面的一种加工方法，用于加工模具的模腔表面，主要用于汽车、家电等的塑胶零件表面装饰，俗称咬花；也用于铭牌、刻度盘、印制电路板的制造，配合摄影，可复制与原图相同的凸版，称为照相制版。其加工过程如图 4 – 6 所示，先在模板表面涂感光剂，上面覆盖原版底片后，用紫外线照射，使感光剂感光；再以水冲洗，未感光的感光剂会被冲洗掉，感光部分留下与底片相同的图形。模板以腐蚀液腐蚀，无感光剂保护的模板表面会被腐蚀而凹入，待腐蚀到所要求的深度后，将腐蚀液及感光剂冲洗掉即完成。

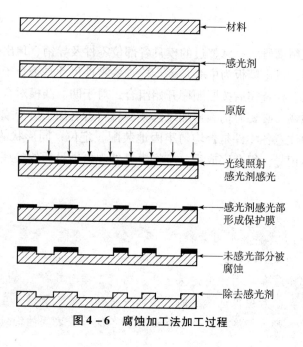

图 4 – 6 腐蚀加工法加工过程

任务四　模具的镜面加工

所谓模具镜面加工，即将模腔部分磨成平滑表面的作业。模腔表面所需抛光的程度，主要视所压铸出来的铸件的表面粗糙度而定。

模腔抛光处理，是运用各种不同的技巧及工具而获得预期的表面效果，也是钳工工作的一种，一般所使用的抛光工具有各种形状的锉刀、人工石锉刀、砥石、砂布、砂纸、钻石磨料、橡胶砂轮、手提砂轮、毡质抛光轮等。

一般未要求光度的铸件，使用 $240^{\#}$ 砂纸或 $320^{\#}$ 油石抛光模腔即可，若需使铸件在电镀后得到五金的光度，模腔就必须以 $600^{\#}$ 以上的砂纸或其他方法抛光。

任务五　手工作业

手工作业主要是做模具后续处理的精细加工及装配组合，作业的方式包括以下几种：

一、钳工作业

模具模腔若以切削刀具加工，其表面刀痕较深，须加以修整，以提高精度、降低表面粗糙度值。修整时可用锉刀、刮刀、砂布、手提砂轮机、电动锉刀、电动或气动修整器、超声波磨研机等工具，以手工来进行。

二、细磨作业

在经锉刀、砂轮、砂布等平滑加工后的模具表面，其表面粗糙度值约为 $Ra10$；为使模具模腔更加光滑，必须再进行镜面加工作业。

三、装配作业

将制造完成且经精细研磨、修整过的模具各部位零件及导销、顶出销等标准零件，根据模具组合图及零件图，以主模板为中心，逐步检查各零件尺寸是否合于公差，且组合后之累积误差是否合于要求。检查完后按照顺序开始组合，对于凹、凸模对合部位及滑动部位应特别注意，务必配合顺畅；必要时仍须再加以修整。材料若有加工应变或热处理应变，也应一并修整。组合时，须注意各零件是否均匀牢固地装配、定位；同形状的零件经组合调整后，不得他用，并应标示记号。组合完成后，应将模具外观再做最后的整理。

 任务实施

如图 2-1 所示端盖零件，采用落料、拉深、冲孔复合模，本模具选用导套来编制其加工工艺过程。导套如图 4-7 所示。

导套在模具中起定位和导向作用，保证凸、凹模工作时具有正确的相对位置。为了保证良好的导向，导套在装配后应保证模架的活动部分移动平稳。所以，在加工过程中除了保证导套配合表面的尺寸和形状精度外，还应保证导套各配合面之间的同轴度要求。为了提高导套的耐磨性并保持较好的韧性，导套一般选用低碳钢（20 钢）进行渗碳、淬火处理，导套的基本表面是旋转体圆柱体，因此导套的主要加工方法是车削和磨削，对于配合精度要求高的部位，配合表面还要进行研磨。为了保证导套的形状和位置精度，加工时，粗加工一般采用一次装夹同时加工外圆和内孔，精加工采用互为基准的方法来保证内孔和外圆的同轴要求。

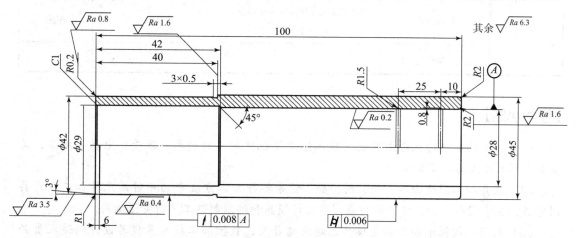

注：材料：20 钢　热处理：渗碳层深度 0.8 ~ 1.2 mm，HRC 58~62

图 4 – 7　导套

导套的加工工艺过程见表 4 – 1 所示。

表 4 – 1　导套的加工工艺过程

工序号	工序名称	工序内容	设备
1	下料	按尺寸 φ47 mm×105 mm 切断	锯床
2	车外圆及内孔	车端面保持长度 103 mm； 钻 φ28 mm 的孔至 φ26mm； 车 φ42 mm 的外圆至 φ42.4 mm； 倒角； 切 3 mm×0.5 mm 的槽至尺寸； 镗 φ28 mm 的孔至 φ27.6 mm； 镗油槽； 镗 φ29 mm 的孔至尺寸； 倒角	车床
3	车外圆倒角	车 φ45 mm 的外圆至尺寸； 车端面保持长度 100 mm； 倒内外圆角	车床
4	检验		
5	热处理	按热处理工艺进行，保证渗碳层深度 0.8 ~ 1.2 mm，硬度 58 ~62 HRC	

续表

工序号	工序名称	工序内容	设备
6	磨内外圆	磨 $\phi42$ mm 外圆达图样要求； 磨 $\phi28$ mm 内孔，留研磨量 0.01 mm	万能外圆磨床
7	研磨内孔	研磨 $\phi28$ mm 的孔达图样要求； 研磨 $R2$ mm 的内圆孔	车床
8	检验		

【学习小结】

(1) 模具的制造特点是生产制造技术集中了机械加工的精华，既是机电结合加工，又要配合模具钳工的手工加工。

(2) 模具加工制造由车、铣、刨、磨、钻等各种加工方法中的一种或几种加工方式共同完成，应掌握各种加工方法的特点，在设计模具和编制制造工艺时灵活运用。

(3) 采用数控机床加工制造模具已越来越普及，数控加工技术是模具设计制造人员必备的技能之一。

(4) 模具制造应知特殊加工方法的特点，依照成型零件的形状、大小、尺寸精度、制作数量等条件，采用最适当的加工方法。

(5) 抛光不仅使工件更加美观，而且能够改善材料表面的耐腐蚀性、耐磨性，还可以使模具拥有其他优点，如使塑料制品易于脱模，减少生产注塑周期等。因而抛光在塑料模具制作过程中是很重要的一道工序。

(6) 模具手工作业主要做模具后续处理的精细加工及装配组合。

项目二　模具装配

任务一　模具装配过程及特点

在装配过程中，既要保证配合零件的配合精度，又要保证零件之间位置精度，还要保证具有相对运动的零（部）件之间的运动精度。

一、模具装配过程

模具的装配过程一般包括前期准备、零（部）件装配、总装配、检验测试 4 个阶段。

1. 前期准备

前期准备主要包括研究装配图纸、清理检验零件、布置装配场地。装配图纸是进行装配的主要依据，通过对装配图纸的分析研究，了解模具的结构、主要技术要求、零（部）件的功能、零（部）件之间的连接方式等，从而选择合理的装配基准、方法及顺序；清理检验零件的主要目的是去除零件表面的油污和杂质，检验零件有无加工缺陷，检查主要零件的尺寸和形状精度；最后根据装配要求，准备好工作台、装配所需的各种装配工具、测量工具及其他的设备等，布置好场地。

2. 零（部）件装配

主要根据零（部）件的功能及装配的要求装配各零（部）件，包括模架、凹模和凸模或型芯和型腔、卸料和推出机构以及其他机构，装配的零（部）件必须满足装配的技术要求。零（部）件之间的连接可以分为可拆连接和不可拆连接。

可拆连接是指装配的零件拆时不受损坏，拆卸后还能重新装在一起，如螺纹连接、键连接和销连接等。

不可拆连接是装配后的零件是不可拆的，如要拆卸会损坏某些零件，如焊接、铆接等。

3. 总装配

总装配指在一定的装配基准上将零件及组装好的部件按一定的装配顺序组装在一起，成为一副完整的模具。装配过程中，必须保证装配精度并满足规定的各项技术要求。

4. 检验测试

根据有关模具验收条件和标准对模具进行全面检验，并在实际生产条件下进行试模，按试模制件的质量对模具进行调整、修正或更换零（部）件，然后再进行试模，直到试模制件合格为止。

二、模具装配特点

模具装配的组织形式有固定式装配和移动式装配。装配时应根据模具的特点以及生产的批量采用不同的装配组织形式。

1. 固定式装配

固定式装配指将模具的全部装配工作或部分部件安装集中安排在一个固定的地点进行。固定式装配可以分为全部装配工作都在固定地点的集中装配和不同的部件的固定地点的分散装配。

2. 移动式装配

移动式装配指按一定装配顺序，将装配完的部分从一个工作地点移动到另一个工作地点，每个工作地点完成一个或几个工序的装配工作。

模具一般属单件小批量生产。一些零件在制造过程中可以按照图纸标注的尺寸和公差独立地进行加工；一些零件在制造过程中需要协调其他零件的相关尺寸，只有部分尺寸可以按照图纸标注尺寸进行加工；还有一些零件需要在装配的过程中采用配制加工，图纸上的尺寸只是作为参考。因此，模具装配适合采用固定集中的装配形式，在装配过程中可边装配边修配来保证装配的精度。

任务二　模具装配方法

模具生产属于单件小批量生产，加工出的零件一般都存在加工误差，对模具的装配精度造成影响，从而影响模具制件的质量。因此，必须针对不同的零件采用相应的装配方法来提高装配精度。常用的装配方法主要有互换装配法、分组装配法、修配装配法、调整装配法。

一、互换装配法

互换装配法是指在装配过程中，各装配零件不需要进行选择或调整直接装配即可达到装配精度的装配方法。

互换装配方法对零件的加工精度要求高，必须将其加工误差控制在允许的范围内，从而加大了零件加工和装配过程中的难度。

二、分组装配法

分组装配法是指在装配过程中将加工好的零件按实际的加工尺寸和精度分组，按组进行装配的装配方法。

分组装配法中同组零件可以实现互换装配，从而降低对零件加工精度的要求，放宽零件的公差范围，使零件加工的难度降低，具有很好的经济效益。

三、修配装配法

修配装配法是指在装配过程中去除指定零件上预留的修配量，从而改变零件的实际尺寸，使其达到装配要求并保证装配精度的装配方法。

修配装配法对零件的加工精度要求不高，可以允许零件有较大的加工公差，而且能够获得较高的装配精度。

四、调整装配法

调整装配法是指在装配的过程中利用可调整的零件来改变装配零件的位置，从而达到装配要求的装配方法。

调整装配法一般利用螺栓、垫片、挡环或者装配件之间的间隙来调整装配公差保证装配精度。此方法对零件的加工精度要求也不高，但对装配工人的技术有一定要求，而且生产率不高。

任务三　模具零件的连接方法

模具零件的连接方法主要有机械式连接和非机械式连接两大类，机械式连接包括紧固件法、压入法、铆接法、挤紧法、焊接法等；非机械式连接主要包括热套法、低熔点合金法、黏结法等。

一、紧固件法

紧固件法主要利用定位销和螺钉等来进行零件的连接，如图4-8所示。

图4-8（a）为利用定位销和螺钉进行连接，此方法适用于进行大截面零件的连接。图4-8（b）只用螺钉连接，连接要紧固牢靠，不能松动，当凸模材料为硬质合金时，螺孔用电火花加工。图4-8（c）只用定位销连接，此方法一般适用于截面形状比较复杂的凸模或壁厚较薄的凸凹模零件。图4-8（d）利用斜压块和螺钉进行连接，连接时螺钉要拧紧，斜压块的锥度要求准确配合。图4-8（e）利用钢丝进行连接，先在固定板上加工出槽宽等于钢丝直径的长槽，然后将钢丝及凸模一起装入固定板固定，连接时钢丝与固定板槽以及凸模槽配合要紧密。

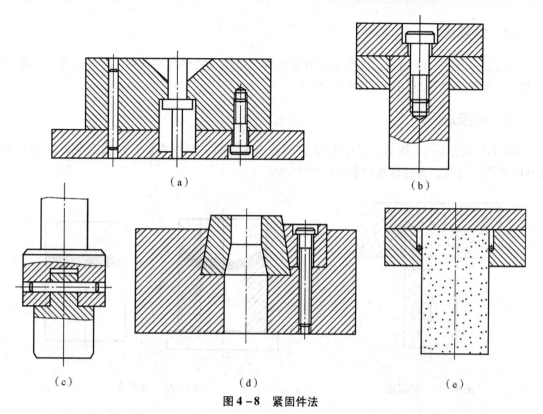

图 4 - 8 紧固件法

（a）定位销和螺钉连接；（b）螺钉连接；（c）定位销连接；（d）斜压块和螺钉连接；（e）钢丝连接

二、压入法

压入法如图 4 - 9 所示，定位配合部分一般采用 H7/m6、H7/n6 及 H7/r6 的配合，Ra 在 1.6 ~ 0.8 μm 以下。压入法连接牢固可靠，但对于压入型孔的精度要求高，不易加工，一般适用于将凸模压入固定板内和将冷冲模压入套圈内。

三、铆接法

铆接法如图 4 - 10 所示，零件与型孔之间的过盈量应为 0.01 ~ 0.03 mm，固定板型孔铆接周边倒角为 $C0.5 ~ C0.1$。一般适用于连接冲裁板厚小于 2 mm 的冲截凸模和其他轴向力不太大的零件。

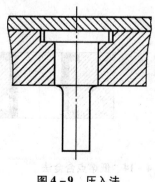

图 4 - 9 压入法

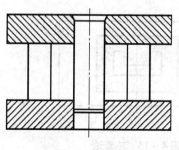

图 4 - 10 铆接法

四、挤紧法

挤紧法如图 4-11 所示，先在凸模外轮廓开一条槽，将模具装入固定板，再将固定板材料挤入凸模槽从而起到固定连接的作用。

五、焊接法

焊接法如图 4-12 所示，采用 H62 黄铜或 105 焊料，利用火焰钎焊或高频钎焊加热到 1 000 ℃进行焊接，再将焊接件放入电炉中去应力。

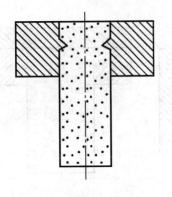
图 4-11　挤紧法

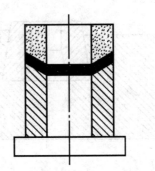
图 4-12　焊接法

六、热套法

热套法如图 4-13 所示，将加工好的凸模或凹模、固定板及合金块的配合面清理干净，预热 300 ℃～450 ℃，模套预热到 200 ℃～250 ℃后热套，等冷却后便可将零件固定。

此法主要用于固定凹模和凸模拼块以及硬质合金模块。

七、低熔点合金法

低熔点合金法如图 4-14 所示，由于铋、铅、锡、锑等低熔点金属在冷凝时体积膨胀，所以可以利用低熔点合金的这一特性来固定零件，主要用于固定凸模、凹模、导柱、导套、浇注导向板及卸料板型孔等。

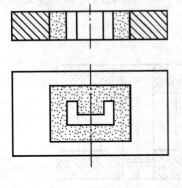
图 4-13　热套法

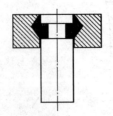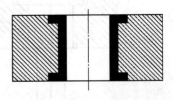
图 4-14　低熔点合金法

低熔点合金法工艺简单，操作方便，有足够的强度，合金重复使用，对被浇注的型孔及零件安装部位的精度要求较低，便于调整维修。但采用低熔点合金法，操作起来比较费时，模具定位较困难，预热时模具易发生变形，而且会消耗一些价格较贵的金属。

八、黏结法

1. 环氧树脂黏结法

环氧树脂黏结法如图 4-15 所示，环氧树脂是合成树脂，在硬化状态下对各种金属和非金属材料表面附着力非常强，具有很强的黏结力。

这种方法简化了型孔的加工，易于保证凸模间隙及导柱、导套之间的配合精度，提高了模具的制造质量。因此，常应用于固定凸（凹）模，不耐高温，一般只适于冲压力不大的中小型冲模。

2. 无机黏结剂法

无机黏结剂法如图 4-16 所示，无机黏结剂与环氧树脂黏结法结构形式相类似，只是黏结缝更小。

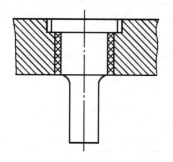　　　　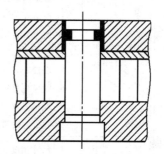

图 4-15　环氧树脂黏结法　　　　图 4-16　无机黏结剂法

无机黏结剂法工艺简单，黏结强度高、不变形、耐高温、不导电，但其本身有脆性，不宜受较大的冲击负荷，所以只适用于冲薄板料的冲模黏结固定凸模用。

任务四　模具的检测内容、标准及工具

一、模具检测内容

模具检测是模具设计、生产制造过程的重要环节，只有在模具加工制造的每个环节按照相应的质量标准来生产制造和检测才能保证模具最终的产品质量。模具产品质量按模具加工出的制件质量、模具精度、模具寿命和模具标准化水平四个方面来检测和验收。其检测范围一般包括外观检测、尺寸检测、模具材质及热处理等技术要求检测、试模和制件质量检测、质量稳定性检测等方面。冷冲模具和型腔模具的主要检测内容见表 4-2。

二、模具检测标准

模具检测的标准有主要产品标准和质量标准两种，各类模具具有各自的标准。模具标准件的质量按有关国家标准制定的质量要求检测。

表4－2　冷冲模具和型腔模具的主要检测内容

模具类型	检测内容	检测说明
冷冲模具	模具性能	1. 模具各部分牢固可靠，定位准确，活动部分能灵活、平稳、协调地运动； 2. 模具安装平稳，调整和操作方便安全，能满足正常工作和批量生产的需要； 3. 主要受力零件要有足够的强度及刚度； 4. 成形零件表面粗糙度等级高，刃口锋利； 5. 导向系统良好； 6. 卸件正常，废料容易退出，送料方便； 7. 消耗材料少； 8. 配件齐全，性能良好
	制件质量	1. 尺寸精度、表面粗糙度等应符合图样规定的要求； 2. 结构完整、表面形状光整平滑，没有各种成形缺陷及弊病； 3. 冲裁毛刺不能超过规定的数值； 4. 制件质量稳定。
型腔模具	模具性能	1. 各工作部分牢固可靠，活动部分能灵活、平稳、协调地运动，定位准确； 2. 模具安装平稳，调整和操作方便安全，能满足正常工作和批量生产效率的要求； 3. 便于投入生产，没有苛刻的成型条件； 4. 各主要受力零件要有足够的强度及刚度； 5. 嵌件安装方便、可靠； 6. 脱模良好； 7. 加料、取料、浇注金属及取件方便，消耗材料少； 8. 配件、附件齐全，使用性能良好
	制件质量	1. 尺寸精度、表面粗糙度符合图样要求； 2. 结构完整，表面光整平滑，没有缺陷及弊病； 3. 顶杆残留凹痕不得太深； 4. 飞边不得超过规定要求； 5. 制件质量稳定，性能良好

1. 模具主要产品标准

目前，国家颁布的模具主要产品标准有冲模标准、塑料注射模标准、压铸模标准、锻模标准和拉丝模标准。

2. 模具质量标准

目前，国家颁布的模具质量标准有冲模质量标准、塑料模具质量标准、压铸模具质量标准、辊锻模具质量标准、橡胶模具质量标准、玻璃制品模具质量标准。

三、模具检测工具

模具是由许多零件组合而成的，只有精密的模具零件，才能组合成良好的模具。因此，在模具零件加工过程及装配时，必须详细检查各部位的尺寸精度。检查模具精度时应用的测量用具有以下几种：

1. 一般测量用具

一般测量工具包括游标卡尺、千分尺、深度规、缸径规、圆弧规、角度规、塞尺、螺距

规、直角规、游标高度尺、量块、量表、平板等。

2. 投影仪

投影仪可用以测量一般量具不易测量的工件轮廓尺寸，或有曲线轮廓的零件，如齿轮、凸轮等。测量时将工件放大投影，以提高测量的精确度；并可利用反射的投影，观察工件表面状况。

3. 三坐标测定仪

一般量具仅能做一坐标的测量，即只能做直线方式的测量。投影仪属于二坐标测量，即能做平面上二轴向的测量。对于立体的工件则必须使用能测量三轴向的测量仪器，三坐标测定仪即用以测量立体的工件，可显示工件上任一点在三度空间的坐标值，测量模具极为方便。

 任务实施

如图 2-1 所示端盖零件，采用落料、拉深、冲孔复合模，模具的装配如下。

1. 复合模的装配

复合模一般以凸凹模作为装配基件。其装配顺序如下：

（1）装配模架，导套与上模座采用 H7/r6 配合，导柱与下模座采用 R7/h6 基轴制配合。

（2）装配凸凹模组件（凸凹模及其固定板）和凸模组件（凸模及其固定板）。

（3）将凸凹模组件用螺钉和销钉安装固定在指定模座（正装式复合模为上模座，倒装式复合模为下模座）的相应位置上。

（4）以凸凹模为基准，将凸模组件及凹模初步固定在另一模座上，调整凸模组件及凹模的位置，使凸模刃口和凹模刃口分别与凸凹模的内、外刃口配合，并保证配合间隙均匀后固紧凸模组件与凹模。

（5）试冲检查合格后，将凸模组件、凹模和相应模座一起钻铰销孔。

（6）卸开上、下模，安装相应的定位、卸料、推件或顶出零件，再重新组装上、下模，并用螺钉和定位销紧固。

2. 凸、凹模间隙的调整

冲模中凸、凹模之间的间隙大小及其均匀程度是直接影响冲件质量和模具使用寿命的主要因素之一，因此，在制造冲模时，必须保证凸、凹模间隙的大小及均匀一致性。通常，凸、凹模间隙的大小根据设计要求在凸、凹模加工时保证，而凸、凹模之间间隙的均匀性则是在模具装配时保证的。

冲模装配时调整凸、凹模间隙的方法很多，需根据冲模的结构特点、间隙值的大小和装配条件来确定。这里用垫片法来调整。

垫片法是利用厚度与凸、凹模单面间隙相等的垫片来调整间隙，是简便而常用的一种方法。其方法如下：

（1）按图样要求组装上模与下模，一般来说，上模只用螺钉稍微拧紧，下模用螺钉和销钉紧固。

（2）在凹模刃口四周垫入厚薄均匀，厚度等于凸、凹模单面间隙的垫片（金属片或纸片），再将上、下模合模，使凸模进入相应的凹模孔内，并用等高垫铁垫起。

（3）观察凸模能否顺利进入凹模，与垫片能否有良好的接触。若在某方向上与垫片接触的松紧程度相差较大，表明间隙不均匀，这时可用手锤轻轻敲打凸模固定板，使之调整到凸模在各方向与凹模孔内垫片的松紧程度一致为止。

（4）调整合适后，在将上模用螺钉紧固，并配装销钉孔，打入定位销。

【学习小结】

（1）模具的装配与检测是整个模具设计制造过程中的最后一个阶段，它包括装配、检测、试模和调整等工作。

（2）通过装配与检测可以保证模具的工作性能、使用效果和寿命等。

（3）根据模具的结构特点和技术条件，以一定的装配顺序和方法，组装成满足使用要求的模具。

（4）合理、可靠地进行相邻零（部）件的连接与固定，是模具装配工艺中的基本装配技术与技能，也是保证模具装配精度、质量与使用性能的重要工艺内容。

（5）模具零件的加工精度是确保模具精度的关键；通常在模具加工和装配过程中，模具钳工需要自检，品管人员也要按图样尺寸公差和技术要求逐一进行检查和验收，同时，对模具零件表面粗糙度、热处理要求使用标准检测仪器量测；对复杂型面的测量可用样板、样架或三次元测量；对标准模架及配件，应按相应标准和验收级别查收。

【思考与练习】

1. 请说明模具加工的流程。
2. 请说明放电加工及线切割加工的异同。
3. 镜面加工的步骤是什么？
4. 模具的装配过程一般分为哪几个阶段？各阶段的主要内容是什么？
5. 模具的装配方法有哪些？
6. 模具零件主要有哪些连接方法？

参 考 文 献

[1] 杨占尧. 模具导论[M]. 北京：高等教育出版社，2010.

[2] 苏伟. 模具概论[M]. 北京：人民邮电出版社，2009.

[3] 马新生. 模具设计基础[M]. 北京：北京邮电出版社，2012.

[4] 付宏生. 塑料成型模具设计[M]. 北京：化学工业出版社，2010.

[5] 陶春生. 模具设计与制造[M]. 长沙：国防科技大学出版社，1993.

[6] 叶久新. 塑料模设计指导[M]. 北京：北京理工大学出版社，2009.

[7] 孙晓林. 塑料模具设计实例教程[M]. 北京：清华大学出版社，2008.

[8] 王成光. 模具学[M]. 天津：南开大学出版社，2014.

[9] 杨关全. 冷冲模设计资料与指导[M]. 大连：大连理工大学出版社，2007.

[10] 王嘉. 冷冲模设计与制造实例[M]. 北京：机械工业出版社，2009.

[11] 王立人. 冲压模具设计指导[M]. 北京：北京理工大学出版社，2009.

[12] 张荣清. 模具设计与制造[M]. 北京：高等教育出版社，2003.

[13] 滕宏春. 模具设计技能训练[M]. 北京：电子工业出版社，2010.